普通高等教育"十二五"规划教材
高等学校公共课计算机规划教材

C语言学习指导与课程设计实践

杜祥军　主编
杨厚俊　丛书主编
王霄鹏　尹　卓　赵　毅　编著

電子工業出版社
Publishing House of Electronics Industry
北京·BEIJING

内 容 简 介

本书以程序设计思想为主线，以问题为导向，以程序设计语法重难点分析为基础，以运用程序设计解决实际问题的能力培养为目标，以集成开发环境为工具，在不同环节设计相似的、与实际结合紧密的问题，启发学生掌握不同程序设计思想的问题解决方法和程序设计过程中的具体语法重难点。全书共三章，主要内容包括：计算机程序设计引论，C 语言学习指导，C 语言课程设计。本书提供配套电子课件。

本书可以作为高等学校计算机科学与技术、软件工程、网络工程、信息安全、软件外包等本科专业相关课程的教材，还可供相关领域的工程技术人员学习、参考。

图书在版编目（CIP）数据

C 语言学习指导与课程设计实践 / 杜祥军主编. — 北京：电子工业出版社，2015.8

高等学校公共课计算机规划教材

ISBN 978-7-121-26825-0

I. ①C… II. ①杜… III. ①C 语言－程序设计－高等学校－教材 IV. ①TP312

中国版本图书馆 CIP 数据核字（2015）第 174201 号

策划编辑：王晓庆

责任编辑：王晓庆

印　　刷：三河市华成印务有限公司

装　　订：三河市华成印务有限公司

出版发行：电子工业出版社

北京市海淀区万寿路 173 信箱　　邮编：100036

开　　本：787×1092　1/16　印张：14.25　字数：411 千字

版　　次：2015 年 8 月第 1 版

印　　次：2015 年 8 月第 1 次印刷

印　　数：3000 册　　定价：35.00 元

凡所购买电子工业出版社图书有缺损问题，请向购买书店调换。若书店售缺，请与本社发行部联系，联系及邮购电话：(010)88254888。

质量投诉请发邮件至 zlts@phei.com.cn，盗版侵权举报请发邮件至 dbqq@phei.com.cn。

服务热线：(010)88258888。

前　言

随着计算机日益广泛而深刻的运用，计算这个原本专门的数学概念已经泛化到了人类的整个知识领域，并上升为普适的科学概念和哲学概念，成为人们认识事物、研究问题的一种新视角、新观念和新方法。计算机是现代社会进行自动化计算的基础工具，编写计算机程序解决实际问题是计算机相关专业学生需要掌握的基本技能。

本书主要针对计算机科学与技术、软件工程、网络工程、信息安全、物联网工程等相关专业的大学一年级学生编写。C 语言程序设计是许多高等学校面向一年级学生开设的主要课程，是进一步学习其他专业的基础。笔者总结了多年程序设计课程授课经验，参考国内其他高等学校的程序设计课程教材及相关书籍，编写了本书，旨在为大学一年级学生学好程序设计类课程提供帮助。

本书包含计算机程序设计引论、C 语言学习指导、C 语言课程设计三大部分，涉及大量 C 语言知识点，并包含大量经典问题，意在突出实践性，尽量做到使零基础的学生能够在掌握基础语法和重难点知识的同时，掌握利用计算机程序设计解决问题的方法。

（1）计算机程序设计引论部分讲授计算机系统组成、进制、信息表示与存储、计算机发展、计算机程序设计、计算机语言等方面的基础性知识。每部分均以程序设计人员需要了解的基础内容为重点，不做过多讲解，较深入的内容请参考其他书籍。

（2）C 语言学习指导部分引入了形式多样的例题与综合练习题，包括程序调试分析、程序填空、知识点分析和程序设计实验。以程序调试分析、程序填空等多种形式的题目作为知识点学习的引导，降低学习难度，提高学习兴趣；以分析与编程题强化对于容易出错的、难以掌握的知识点的理解；以问题描述清晰、输入/输出完备、示例数据充分的综合实验题引导学生对问题进行分析建模，并以计算机程序对问题解决步骤进行描述，最终解决问题。本章所设计的内容突出综合知识点的学习和运用，不过多讲述理论内容。

（3）C 语言课程设计是本书的第 3 章。该部分内容通过引入程序设计方法、软件工程思想、基础数据结构、基础算法等内容，注重培养学生大型程序设计开发能力。书中给出了大量例题和练习题，题目难度覆盖面广，题意新颖，能够满足不同基础的学生的选题与设计，并突出系统性和创新性。

教学中，可以根据教学对象和学时等具体情况对书中的内容进行删减和组合，也可以进行适当扩展。本书提供配套电子课件，请登录华信教育资源网（http://www.hxedu.com.cn）注册下载。

本书可作为高等学校一年级开设的“高级语言程序设计”课程的辅助或实验教材，也适应于编程基础薄弱的其他人员；对已学习“计算机科学概论”、“计算机导论”、“计算机基础”等课程的学生，第 1 章可略过。

本书由杜祥军主编，参加本书编写的包括王霄鹏、尹卓、赵毅等青岛大学信息工程学院的多位教师，李建波、刘肃亮等老师对本书的编写提出了众多宝贵意见和建议，杨厚俊院长对全书进行了审阅。此外，本书在编写过程中，参考了多所高校的程序设计类精品课程与多本教材（参见参考文献部分）。但由于成稿仓促，书中内容可能仍存在诸多问题，请读者予以指正。在此一并致谢。

作者

2015 年 8 月于青岛

前言

目　录

第 1 章　计算机程序设计引论……1
1.1　计算机组成……1
1.1.1　计算机硬件组成……1
1.1.2　计算机软件系统……2
1.2　信息的表示与存储……3
1.2.1　进制与进制转换……3
1.2.2　信息存储单位……6
1.2.3　数值的表示……7
1.2.4　非数值信息表示……11
1.3　现代计算机的发展……11
1.3.1　第一代：电子管时代……12
1.3.2　第二代：晶体管时代……12
1.3.3　第三代：集成电路时代……12
1.3.4　第四代：大规模集成电路时代……13
1.4　计算机程序设计……13
1.4.1　程序与指令……13
1.4.2　程序设计语言的功能……15
1.4.3　程序设计语言的语法……17
1.4.4　程序的编译与编程环境……19
1.5　计算机语言的发展……20
1.5.1　机器语言……20
1.5.2　汇编语言……21
1.5.3　高级语言……21
1.6　利用计算机程序解决问题的过程……22
1.6.1　分析问题，明确输入和输出……22
1.6.2　寻求解决方案，抽象出数学模型……22
1.6.3　确定解题步骤，设计合适算法……23
1.6.4　编写程序代码……23
1.6.5　运行和调试程序……24
1.6.6　整理文档……24
1.7　本章小结……24
第 2 章　C 语言学习指导……25
2.1　初识 C 语言程序……25
2.1.1　学习目标……25
2.1.2　知识要点与练习……25
2.1.3　实验内容……27
2.2　标准输入与输出……27
2.2.1　学习目标……27
2.2.2　知识要点与练习……27
2.2.3　实验内容……30
2.3　数据存储、表示与计算……31
2.3.1　学习目标……31
2.3.2　知识要点与练习……31
2.3.3　实验内容……41
2.4　基本程序结构……42
2.4.1　学习目标……42
2.4.2　知识要点与练习……42
2.4.3　实验内容……48
2.5　函数……52
2.5.1　学习目标……52
2.5.2　知识要点与练习……52
2.5.3　实验内容……55
2.6　数组……57
2.6.1　学习目标……57
2.6.2　知识要点与练习……58
2.6.3　实验内容……63
2.7　字符串……64
2.7.1　学习目标……64
2.7.2　知识要点与练习……64
2.7.3　实验内容……68
2.8　指针……70
2.8.1　学习目标……70
2.8.2　知识要点与练习……70
2.8.3　实验内容……75
2.9　结构体与共用体……76
2.9.1　学习目标……76
2.9.2　知识要点与练习……77
2.9.3　实验内容……80
2.10　文件……81
2.10.1　学习目标……81
2.10.2　知识要点与练习……81

2.10.3 实验内容……88
2.11 综合实验……88

第3章 C语言课程设计……92
3.1 课程设计目标与要求……92
3.1.1 目标与要求……92
3.1.2 过程与进度安排……92
3.1.3 考核与评价……93
3.2 程序设计方法……94
3.2.1 结构化程序设计……94
3.2.2 面向对象的程序设计……95
3.2.3 面向问题的程序设计……96
3.2.4 程序设计方法的比较……96
3.3 复杂数据存储与数据结构基础……97
3.3.1 抽象数据类型与数据结构……97
3.3.2 数组……100
3.3.3 链表……101
3.3.4 堆栈……103
3.3.5 综合练习……104
3.4 算法基础……105
3.4.1 算法的概念与表示……105
3.4.2 简单算法举例……109
3.4.3 穷举算法……112
3.4.4 递推算法……113
3.4.5 递归算法……116
3.4.6 分治算法……119
3.4.7 回溯算法……120
3.4.8 贪心算法……123
3.4.9 综合练习……125
3.5 软件开发流程……127
3.5.1 软件生命周期……127
3.5.2 软件开发流程……128
3.6 C语言编程技巧与常用功能……142
3.6.1 屏幕输出和键盘输入……142
3.6.2 图形程序设计……149
3.6.3 声音程序设计……157
3.7 课程设计题目汇总……161
3.7.1 算法与数值计算类……161
3.7.2 系统与应用类……169
3.7.3 游戏与图形界面类……175

附录A C语言头文件与库函数……183
附录B 常用C语言集成开发环境……200
附录C ASCII码表……219
参考文献……222

第1章 计算机程序设计引论

1.1 计算机组成

计算机系统由硬件和软件两部分组成。硬件是构成计算机系统的各种物理设备的总称，如显示器、主板、鼠标、键盘等。软件是运行、维护、管理计算机的各类程序和文档，包括语言处理程序、操作系统、数据库管理系统、应用软件等。

1.1.1 计算机硬件组成

目前计算机的硬件组成仍以经典的冯·诺依曼体系结构为主。该结构可以划分为三个子系统：处理器子系统、存储器子系统和输入/输出子系统。如图 1.1 所示，这三个子系统通过总线连接在一起。

处理器也就是 CPU（中央处理器或处理器）（如图 1.2 所示），是计算机中的核心部件。在 CPU 内部有三个组成部分：算术逻辑单元、控制单元和寄存器组。算术逻辑单元 ALU 即运算器，负责进行算术和逻辑运算；控制单元即控制器，主要是控制程序的执行；寄存器组用来临时存放参与 ALU 运算的各种数据，主要有数据寄存器、指令寄存器和指令计数器等。

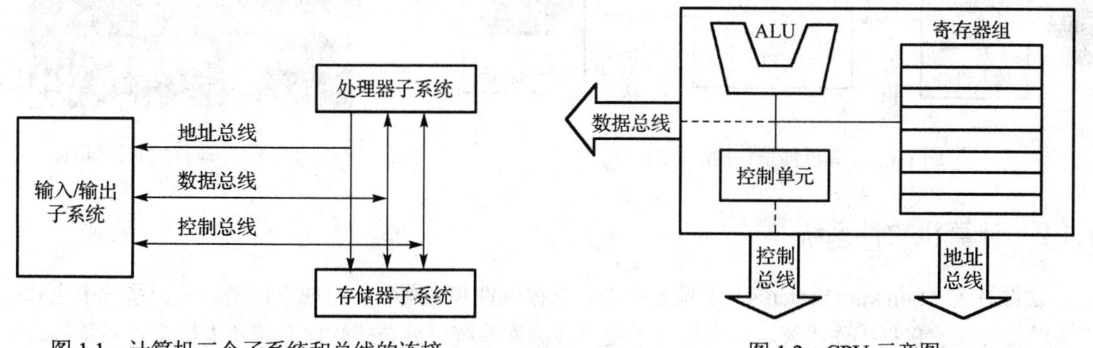

图 1.1 计算机三个子系统和总线的连接

图 1.2 CPU 示意图

存储器是计算机的记忆部分，由主存储器和辅助存储器组成。主存储器简称内存，是计算机内部的存储器，与 CPU 直接进行电路连接。计算机在执行程序时，程序和运行该程序的数据都存储于此。无论 CPU 数据处理的长度是多少，在存储器系统中都是以字节为单位进行组织的，即每个存储器字节都有唯一的标识，叫做存储器地址。CPU 对存储单元内的数据进行存取操作就是通过存储器地址进行的。主存储器有随机存取存储器（RAM）和只读存储器（ROM）两种类型。RAM 是计算机主存储器系统的主要组成部分，对其单元的存取操作是随机发生的，但其中的数据会随系统断电而消失。ROM 是指其中的数据只能读出，而不能写入。这种存储器芯片是为了存放只需读取的数据和程序而设计的，数据和程序在使用之前被写入。辅助存储器简称外存，具有外设的特性，以 I/O 总线的方式和主机连接。与主存储器相比，其存储容量大，存储的信息不会因断电而消失，价格便宜，但存取速度慢。

输入/输出设备包括许多类型的设备（有时简称外设），以及连接这些设备和处理器、存储器进行数据通信的接口电路。输入/输出设备的功能千差万别，工作速度要比 CPU 和存储器慢许多，因此需要接口在其间起到缓冲的作用，实现主机和外设交换数据速度的匹配。

连接 CPU、存储器和外设（或者外设接口）的总线就是内部总线，内部总线为三总线结构，分别是地址总线、数据总线和控制总线。地址总线是单向的，总是传送 CPU 需要对存储器和外设进行数据读/写的地址信息。CPU 通过存储器单元的地址来寻找需要进行存取操作的对应单元，而对外设（接口）也是通过统一编址的方法，按不同的地址对不同的外设进行操作的。地址总线的数目决定了机器的寻址空间大小。数据总线在 CPU、存储器和外设之间可以双向传输数据，其宽度是计算机处理能力的重要指标，一次存取的数据越多，说明 CPU 的处理能力越强。一般 16 位 CPU 是指数据总线有 16 位，32 位 CPU 是指数据总线有 32 位。控制总线不同于前两种总线，CPU 根据指令操作的类型，对其发出不同的控制信号，控制其他两种总线或其他 I/O 部件。控制总线是单个信号线的集合，在某个操作发生时只有一个或几个控制信号线起作用。对每个信号而言是单一方向的。外存既是输入设备，又是输出设备，如图 1.3 所示。

图 1.4 列出了许多计算机主机部件，你能识别出它们在计算机中分别起什么作用吗？

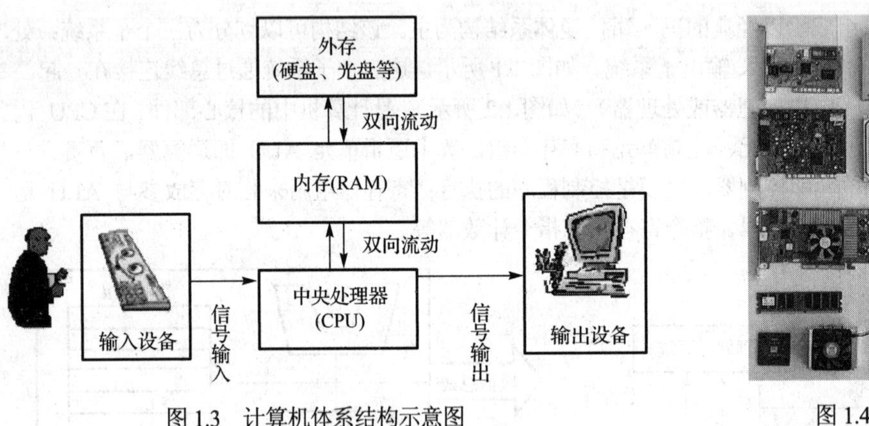

图 1.3 计算机体系结构示意图

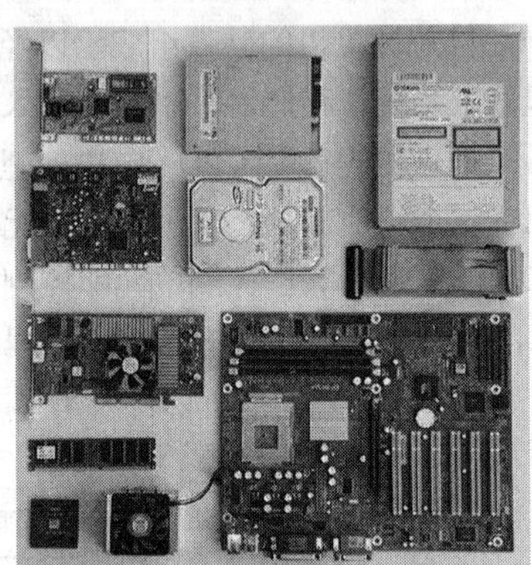

图 1.4 计算机主机部件

1.1.2 计算机软件系统

软件系统（Software Systems）由系统软件、支撑软件和应用软件组成，它是计算机系统中由软件组成的部分。它包括操作系统、语言处理系统、数据库系统、分布式软件系统和人机交互系统等。

操作系统的主要功能是资源管理、程序控制和人机交互等。计算机系统的资源可分为设备资源和信息资源两大类。设备资源指的是组成计算机的硬件设备，如中央处理器、主存储器、磁盘存储器、打印机、磁带存储器、显示器、键盘输入设备和鼠标等。信息资源指的是存放于计算机内的各种数据，如文件、程序库、知识库、系统软件和应用软件等。操作系统位于底层硬件与用户之间，是二者沟通的桥梁。用户可以通过操作系统的用户界面输入命令，操作系统对命令进行解释，驱动硬件设备，实现用户需求。

操作系统是一个庞大的管理控制程序，大致包括 5 方面的管理功能：进程与处理机管理、作业管理、存储管理、设备管理、文件管理。目前个人计算机上常见的操作系统有 Windows、Linux、MAC OS、UNIX、DOS、OS/2、XENIX、Netware 等，如图 1.5 和图 1.6 所示。

支撑软件是支撑各种软件的开发与维护的软件，又称为软件开发环境。它主要包括环境数据库、各种接口软件和工具组。著名的软件开发环境有 MyEclipse、Visual Studio.NET、SQL Server、Oracle 等。

图 1.5　Windows 操作系统界面

图 1.6　MAC 操作系统界面

应用软件是专门为某一应用目的而编制的软件，较常见的有以下几类。

（1）文字处理软件

用于输入、存储、修改、编辑、打印文字材料等，如 Word、WPS 等。

（2）信息管理软件

用于输入、存储、修改、检索各种信息，如工资管理软件、人事管理软件、仓库管理软件、计划管理软件等。这种软件发展到一定水平后，各个单项的软件相互联系起来，计算机和管理人员组成一个和谐的整体，各种信息在其中合理地流动，形成一个完整、高效的管理信息系统，简称 MIS。

（3）辅助设计软件

用于高效地绘制、修改工程图纸，进行设计中的常规计算，帮助人们寻找好的设计解决方案，如 AutoCAD 等。

（4）实时控制软件

用于随时采集生产装置、飞行器等的运行状态信息，以此为依据，按预定的方案实施自动或半自动控制，安全、准确地完成任务。

（5）其他软件

除上述之外的其他应用软件，如游戏软件、浏览器等。

1.2　信息的表示与存储

1.2.1　进制与进制转换

1. 进制

进制对于现代计算机的设计具有重要的意义。人们最熟悉的是十进制数系，但是，几乎所有的计算机采用的都是二进制数系，所有的外界信息在被转化为不同的二进制数后，计算机才能对其进行传送、存储和加工处理。当我们进行程序设计时，与二进制数之间进行转换比较方便的八进制数系、十六进制数系表示法也经常使用。无论是哪种数系，其共同之处都是进位计数制。

一般说来，如果数制只采用 R 个基本符号，则称为基 R 数制，R 称为数制的“基数”，而数制中每个固定位置对应的单位值称为“权”。进位计数制的编码符合“逢 R 进位”的规则，各位的权是以 R 为底的幂，一个数可按权展开成为多项式。例如，一个十进制数 256.47 可按权展开为：

$$256.47=2\times10^{2}+5\times10^{1}+6\times10^{0}+4\times10^{-1}+7\times10^{-2}$$

对任意一个 R 进制的数 X，其值 $V(X)$可表示为：

$$V(X)=\underbrace{\sum_{i=0}^{n-1}X_iR^i}_{\text{整数部分}}+\underbrace{\sum_{i=-1}^{-m}X_iR^i}_{\text{小数部分}}$$

式中，m、n 为正整数，R^i 是第 i 位的权，在 X_0 与 X_{-1} 之间用小数点隔开。通常，数字 X_i 满足下列条件：

$$0 \leqslant X_i < R$$

换句话说，R 进制中的数使用 0～(R–1)个数字符号。表 1.1 所示为几种进位数制。

表 1.1 几种进位数制

进 制	基 数	进 位 原 则	基 本 符 号
二进制	2	逢 2 进 1	0,1
八进制	8	逢 8 进 1	0,1,2,3,4,5,6,7
十进制	10	逢 10 进 1	0,1,2,3,4,5,6,7,8,9
十六进制	16	逢 16 进 1	0,1,2,3,4,5,6,7,8,9,A,B,C,D,E,F

其中，十六进制数 A～F 分别对应十进制数的 10～15。

对于二进制来说，基数为 2，每位的权是以 2 为底的幂，遵循逢 2 进 1 原则，基本符号只有两个：0 和 1。下面是二进制数的例子：

1011.01

几乎所有的计算机都采用二进制的数系，采用二进制码表示信息，有如下几个优点。

（1）易于物理实现

因为具有两种稳定状态的物理器件很多，如门电路的导通与截止，电压的高与低，而它们恰好对应表示 1 和 0 两个符号。假如采用十进制，要制造具有 10 种稳定状态的物理电路则是非常困难的。

（2）二进制数运算简单

数学推导证明，对 R 进制的算术求和、求积规则各有 $R(R+1)/2$ 种。如采用十进制，就有 55 种求和与求积的运算规则；而二进制仅各有三种，因而简化了运算器等物理器件的设计。

（3）机器可靠性高

由于电压的高低、电流的有无等都是一种质的变化，两种状态分明，所以基 2 码的传递抗干扰能力强，鉴别信息的可靠性高。

（4）通用性强

基 2 码不仅成功地运用于数值信息编码（二进制），而且适用于各种非数值信息的数字化编码。特别是仅有的两个符号 0 和 1 正好与逻辑命题的两个值“真”与“假”相对应，从而为计算机实现逻辑运算和逻辑判断提供了方便。

虽然计算机内部均用基 2 码（0 和 1）来表示各种信息，但计算机与外部交往仍采用人们熟悉和便于阅读的形式，如十进制数据、文字显示及图形描述等。其间的转换，则由计算机系统的硬件和软件来实现。

基 2 码也有其不足之处，如它表示数的容量最小。表示同一个数，二进制较其他进制需要更多的位数。

2. 进制转换

（1）R 进制数转换为十进制数

基数为 R 的数，只要将各位数字与它的权相乘，其积相加，和数就是十进制数。例如：

$$(11111111.11)_2=1\times2^7+1\times2^6+1\times2^5+1\times2^4+1\times2^3+1\times2^2+1\times2^1+1\times2^0+1\times2^{-1}+1\times2^{-2}$$
$$=(255.75)_{10}$$

$$(3506.2)_8=3\times8^3+5\times8^2+0\times8^1+6\times8^0+2\times8^{-1}=(1862.25)_{10}$$

$$(0.2A)_{16}=2\times16^{-1}+10\times16^{-2}=(0.1640625)_{10}$$

从以上几个例子可以看到：当从 R 进制数转换到十进制数时，可以把小数点作为起点，分别向左右两边进行，即对其整数部分和小数部分分别转换。对于二进制数来说，只要把数位是 1 的那些位的权值相加，其和就是等效的十进制数。因此，二-十进制转换是最简便的，同时也是最常用的一种。

（2）十进制数转换为 R 进制数

将十进制数转换为基数为 R 的等效表示时，可将此数分成整数与小数两部分分别转换，然后再拼接起来即可。

① 十进制整数转换成 R 进制的整数

十进制整数转换成 R 进制的整数，可用十进制数连续地除以 R，其余数即为相应 R 进制数的各位系数。此方法称之除 R 取余法。任何一个十进制整数 N，都可以用一个 R 进制数来表示：

$$N=X_0+X_1R^1+X_2R^2+\cdots+X_{n-1}R^{n-1}=X_0+(X_1+X_2R^1+\cdots+X_{n-1}R^{n-2})R=X_0+Q_1R$$

由此可知，若用 N 除以 R，则商为 Q_1，余数是 X_0。

同理：$Q_1=X_1+Q_2R$，Q_1 再除以 R，则商为 Q_2，余数是 X_1。以此类推：$Q_i=X_i+(X_{i+1}+X_{i+2}R^1+\cdots+X_{n-1}R^{n-2-i})R=X_i+Q_{i+1}R$，$Q_i$ 除以 R，则商为 Q_{i+1}，余数是 X_i。这样除下去，直到商为 0 时为止，每次除 R 的余数 X_0，X_1，X_2，…，X_{n-1} 即构成 R 进制数。例如，将十进制数 68 转化为二进制数，用除 2 取余法：

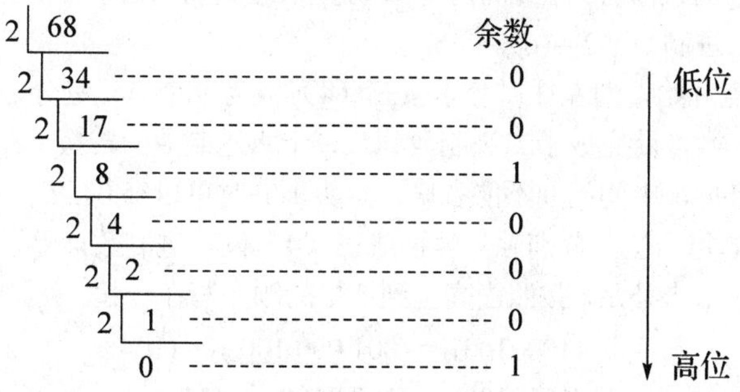

2 | 68　　余数
2 | 34 ---------- 0　低位
2 | 17 ---------- 0
2 | 8 ---------- 1
2 | 4 ---------- 0
2 | 2 ---------- 0
2 | 1 ---------- 0
0 ---------- 1　高位

所以$(68)_{10}=(1000100)_2$。而将$(168)_{10}$转换为八进制数，则要用除 8 取余法：

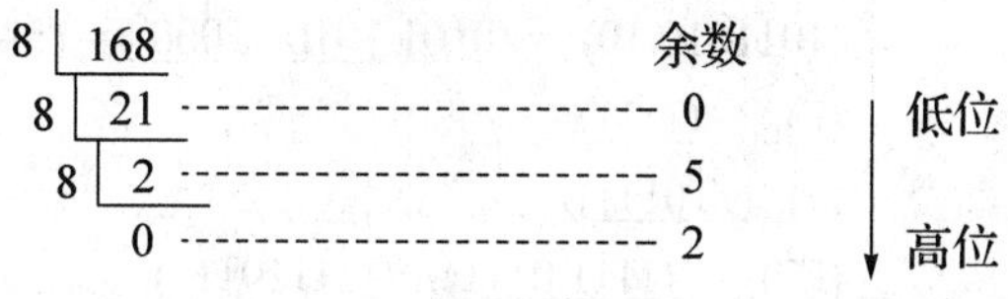

8 | 168　　余数
8 | 21 ---------- 0　低位
8 | 2 ---------- 5
0 ---------- 2　高位

所以$(168)_{10}=(250)_8$。

② 十进制小数转换成 R 进制小数

十进制小数转换成 R 进制数时，可连续地乘以 R，得到的整数即组成 R 进制的数，此法称为“乘 R 取整”。可将某十进数小数用 R 进制数表示：

$$V=\frac{X_{-1}}{R^1}+\frac{X_{-2}}{R^2}+\frac{X_{-3}}{R^3}+\cdots+\frac{X_{-m}}{R^m}$$

等式两边乘以 R，得到的 X_{-1} 是整数部分，即 R 进制数小数点后第一位，F_1 是小数部分。

$$V \times R = X_{-1} + \left(\frac{X_{-2}}{R^1} + \frac{X_{-3}}{R^2} + \cdots + \frac{X_{-m}}{R^{m-1}} \right) = X_{-1} + F_1$$

小数部分再乘以 R，得到的 X_{-2} 是整数部分，即 R 进制数小数点后第二位。依次乘下去，直到小数部分为 0，或达到所要求的精度为止（小数部分可能永不为 0）。

$$F_1 \times R = X_{-2} + \left(\frac{X_{-3}}{R^1} + \frac{X_{-4}}{R^2} + \cdots + \frac{X_{-m}}{R^{m-2}} \right) = X_{-2} + F_2$$

例如，将 $(0.3125)_{10}$ 转换成二进制数：

高位

0.3125 × 2 = 0.625
0.625 × 2 = 1.25
0.25 ×2 = 0.5
0.5 ×2 = 1.0

所以 $(0.3125)_{10} = (0.0101)_2$。

需要注意的是，十进制小数常常不能准确地换算为等值的二进制小数（或其他 R 进制数），因为有换算误差的存在。若将十进制数 68.3125 转换成二进制数，可分别进行整数部分和小数部分的转换，然后再拼在一起：$(68.3125)_{10} = (1000100.0101)_2$。

（3）二、八、十六进制数的相互转换

二、八、十六进制数的权值有内在的联系，即每位八进制数相当于三位二进制数（$2^3 = 8$），每位十六进制数相当于 4 位二进制数（$2^4=16$）。

二进制数，从小数点开始，向左往右分别按三（4）位为一个单元划分，每个单元单独转换成为一个八进制（十六进制）数，就完成了二进制数到八、十六进制数的转换。在转换时，位组划分以小数点为中心向左右两边延伸，中间的 0 不能省略，两头不够时可以补 0。

八（十六）进制数的每一位，分别独立转换成三（4）位二进制数，除了左边最高位，其他位如果不足三（4）位的，要用 0 来补足，按照由高位到低位的顺序写在一起，就是相应的二进制数。例如：

$(1000100)_2 = (\underline{001}\ \underline{000}\ \underline{100})_2 = (104)_8$

$(1000100)_2 = (\underline{100}\ \underline{0100})_2 = (44)_{16}$

$(1011010.10)_2 = (\underline{001}\ \underline{011}\ \underline{010}\ .\ \underline{100})_2 = (132.4)_8$

$(1011010.10)_2 = (\underline{0101}\ \underline{1010}\ .\ \underline{1000})_2 = (5A.8)_{16}$

$(F)_{16} = (\underline{1111})_2$

$(7)_{16} = (\underline{0111})_2$

$(F7)_{16} = (\underline{1111}\ \underline{0111})_2 = (11110111)_2$

1.2.2 信息存储单位

在计算机内部，各种信息都是以二进制编码形式存储的，因此有必要介绍一下信息存储的单位。信息的单位通常采用“位”、“字节”、“字”。

（1）位（bit）：度量数据的最小单位，表示一位二进制信息。

（2）字节（byte）：一字节由 8 位二进制数字组成（1byte = 8bit）。字节是信息存储中最常用的基本单位。计算机的存储器（包括内存与外存）通常也是以字节多少来表示它的容量的。常用的单位有：

K 字节　　1K = 1024byte

M 字节　　1M = 1024K

G 字节　　1G = 1024M

（3）字（word）：字是位的组合，并作为一个独立的信息单位处理。字又称为计算机字，它的含义取决于机器的类型、字长及使用者的要求。常用的固定字长有 8 位、16 位、32 位等。

信息单位用来描述机器内部数据格式，即数据（包括指令）在机器内的排列形式，如单字节数据、可变长数据（以字节为单位组成几种不同长度的数据格式）等。

机器字长：在讨论信息单位时，还有一个与机器硬件指标有关的单位，就是机器字长。机器字长一般是指参加运算的寄存器所含有的二进制数的位数，它代表了机器的精度，如 32 位、64 位等。

1.2.3　数值的表示

1．码制

一个数在机器内的表达形式称为“机器数”，而它代表的数值称为此机器数的“真值”。前面已经提到，数值信息在计算机内是采用二进制编码表示的。数有正、负之分，在计算机中如何表示符号呢？一般情况下，用“0”表示正号，“1”表示负号，符号位放在数的最高位。例如，8 位二进制数 $A = (+1011011)$ $B = (-1011011)$，则它们在机器中可以表示为：

A:	0	1	0	1	1	0	1	1
B:	1	1	0	1	1	0	1	1

其中，最左边一位代表符号位，连同数字本身一起作为一个数。数值信息在计算机内采用符号数字化处理后，计算机便可以识别和表示数符了。为了改进符号数的运算方法和简化运算器的硬件结构，人们研究了符号数的多种二进制编码方法，其实质是对负数表示的不同编码。下面介绍几种常用的编码——原码、反码和补码。

（1）原码

将符号位数字化为 0 或 1，数的绝对值与符号一起编码，即所谓“符号-绝对值表示”的编码，称为原码。首先介绍如何用原码表示一个带符号的整数。如果用一字节存放一个整数，其原码表示如下：

$$X = +0101011 \qquad [X]_{原} = 00101011$$

$$X = -0101011 \qquad [X]_{原} = 10101011$$

这里，“$[X]_{原}$”就是机器数，X 称为机器数的真值。而对于一个带符号的纯小数，它的原码表示是把小数点左边一位用做符号位。例如：

$$X = 0.1011 \qquad [X]_{原} = 0.1011$$

$$X = -0.1011 \qquad [X]_{原} = 1.1011$$

当采用原码表示法时，编码简单直观，与真值转换方便。但原码也存在一些问题。

① 零的表示不唯一，因为$[+0]_{原}=000\cdots0$，$[-0]_{原}=100\cdots0$。零有二义性，给机器判零带来麻烦。

② 用原码进行四则运算时，符号位需单独处理，且运算规则复杂。例如，加法运算，若两数同号，两数相加，结果取共同的符号；若两数异号，则要由大数减去小数，结果冠以大数的符号。还要指出，借位操作如果用计算机硬件来实现，是很困难的。正是原码的不足之处，促使人们去寻找更好的编码方法。

（2）反码

反码很少使用，但作为一种编码方式和求补码的中间码，不妨先介绍。

① 正数的反码与原码表示相同。

② 负数的反码与原码有如下关系：负数反码的符号位与原码相同（仍用1表示），其余各位取反（0变1，1变0）。例如：

$X=+1100110$　　$[X]_{原}=01100110$　　$[X]_{反}=01100110$

$X=-1100110$　　$[X]_{原}=11100110$　　$[X]_{反}=10011001$

$X=+0000000$　　$[X]_{原}=00000000$　　$[X]_{反}=00000000$

$X=-0000000$　　$[X]_{原}=10000000$　　$[X]_{反}=11111111$

和原码一样，反码中零的表示也不唯一。当X为纯小数时，反码表示如下：

$X=0.1011$　　$[X]_{原}=0.1011$　　$[X]_{反}=0.1011$

$X=-0.1011$　　$[X]_{原}=1.1011$　　$[X]_{反}=1.0100$

（3）补码

① 模数的概念

模数从物理意义上讲，是某种计量器的容量。例如，日常生活中用的钟表，模数就是12。钟表计时的方式是：达到12就从零开始（扔掉一个12），这在数学上是一种“取模（或取余）运算（mod）”。“%”是C语言中求除法余数的算术运算符。例如：14%12=2。

如果现在的准确时间是6点整，而你的手表指向8点，怎样把表拨准呢？可以有两种方法：把表往后拨2小时，或把表往前拨10小时，效果是一样的，即：

$$8-2=6,\ (8+10)\ \mathrm{mod}\ 12=6$$

在模数系统中：$8-2=(8+10)\ \mathrm{mod}\ 12$

上式之所以成立，是因为2与10对模数12是互为补数的（2+10=12）。

因此，可以认可这样一个结论：在模数系统中，一个数减去另一个数，或者说一个数加上一个负数，等于第一个数加上第二个数的补数：

$$8+(-2)=8+10\text{（在对 12 取模的情况下）}$$

称10为–2在模12下的“补码”。负数采用补码表示后，可以使加、减法统一为加法运算。

在计算机中，机器表示数据的字长是固定的。对于n位数来说，模数的大小是：n位数全为1，且最末位再加1。实际上模数的值已经超过了机器所能表示的数的范围，因此模数在机器中是表示不出来的。若运算结果大于模数，则模数自动丢掉，也就等于实现了取模运算。如果有n位整数（包括一位符号位），则它的模数为2^n，如果有n位小数，小数点前一位为符号位，则它的模数为2。

② 补码表示法

由以上讨论得知，对一个二进制负数，可用其模数与真值做加法（模减去该数的绝对值）求得其补码。例如：

$X=-0110$　　$[X]_{补}=24+(-0110)=1010$

$X=-0.1011$　　$[X]_{补}=2+(-0.1011)=1.0101$

由于机器中不存在数的真值形式，用上述公式求补码在机器中不易实现，但从上式可推导出一个简便方法。对于一个负数，其补码由该数反码的最末位加1求得。例如，求$X=-1010101$的补码：

$[X]_{原}=11010101$

$[X]_{反}=10101010$

$[X]_{补}=10101011$

例如，求$X=-0.1011$的补码：

$[X]_{原}=1.1011$　　（求反码：保留符号位，其余各位求反）

$[X]_{反}=1.0100$　　（求补码：反码+0.0001）

$[X]_{补} = 1.0101$

对于正数来说，其原码、反码、补码形式相同。补码的特点之一就是零的表示唯一：

$[+0]_{补} = \underbrace{0\,0\cdots0}_{n位}$　　$[-0]_{补} = \underbrace{1\,1\cdots1}_{n位} + 1 = \underbrace{1}_{自动丢失}\ \underbrace{0\,0\cdots0}_{n位}$

这种简便的求补码的方法经常被简称为“求反加 1”。本书不对此做推导和证明，读者只要初步了解补码的表示方法，在学习后续章节时对内存中数据的存储形式不感到费解就可以了。

③ 补码运算规则

采用补码表示的另一个好处是，当数值信息参与算术运算时，采用补码方式是最方便的。首先，符号位可作为数值参加运算，最后仍可得到正确的结果符号，符号无须单独处理；其次，采用补码进行运算时，减法运算可转换为加法运算，简化了硬件中的运算电路。

例如，计算 67–10，我们看一下计算机中的运算过程（这里用下脚标的方式表明数的进制）：

$[+67_{10}]_{原} = (01000011)_2$　　$[+67_{10}]_{补} = [+67_{10}]_{原}$

$[-10_{10}]_{原} = (10001010)_2$　　$[-10_{10}]_{补} = (11110110)_2$

$$
\begin{array}{rll}
 & (0\,1\,0\,0\,0\,0\,1\,1)_2 & [+67_{10}]_{补} \\
+ & (1\,1\,1\,1\,0\,1\,1\,0)_2 & [-10_{10}]_{补} \\
\hline
1 & (0\,0\,1\,1\,1\,0\,0\,1)_2 = (57)_{10} &
\end{array}
$$

1：最高位的进位自然丢失

由于字长只有 8 位，因此加法最高位的进位自然丢失，达到了取模效果（即丢掉一个模数）。应当指出：补码运算的结果仍为补码。上例中，从结果符号位得知，结果为正，所以补码即为原码，转换成十进制数为 57。

如果结果为负，则是负数的补码形式，若要变成原码，需要对补码再求补，即可还原为原码。例如，对于 10–67：

$[+10_{10}]_{原} = (00001010)_2 = [+10_{10}]_{补}$

$[-67_{10}]_{原} = (11000011)_2$　　$[-67_{10}]_{补} = (10111101)_2$

$$
\begin{array}{rl}
 & (0\,0\,0\,0\,1\,0\,1\,0)_2 \\
+ & (1\,0\,1\,1\,1\,1\,0\,1)_2 \\
\hline
 & (1\,1\,0\,0\,0\,1\,1\,1)_2
\end{array}
$$

$[结果]_{补} = (11000111)_2$，$[结果]_{原} = (10111001)_2$。

所以结果的真值为–0111001，十进制数为–57。以上两个例子是否可以说明补码运算的结果总是正确的呢？下面再看一个例子：$(85)_{10} + (44)_{10}$

$$
\begin{array}{rl}
 & (0\,1\,0\,1\,0\,1\,0\,1)_2 \\
+ & (0\,0\,1\,0\,1\,1\,0\,0)_2 \\
\hline
 & (1\,0\,0\,0\,0\,0\,0\,1)_2
\end{array}
$$

从结果的符号位可以看出，结果是负数。但两个正数相加不可能是负数，问题出在什么地方呢？原来这是由于“溢出”造成的，即结果超出了一定位数的二进制数所能表示的数的范围。

2. 小数点的处理——定点数与浮点数

数值数据既有正、负之分，又有整数和小数之分，本节将介绍小数点如何处理。在计算机中通常都采用浮点方式表示小数，下面介绍数的浮点表示法。

一个数 N 用浮点形式表示（即科学表示法），可以写成：$N=M\times R^E$。
式中，R 表示基数，一旦机器定义好了基数值，就不能再改变了。因此基数在数据中不出现，是隐含的。在人工计算中，一般采用十进制，10 就是基数。在计算机中一般用二进制，因此以 2 为基数。E 表示 R 的幂，称为数 N 的阶码。阶码确定了数 N 的小数点的位置，其位数反映了该浮点数所表示的数的范围。M 表示数 N 的全部有效数字，称为数 N 的尾数，其位数反映了数据的精度。

阶码和尾数都是带符号的数，可以采用不同的码制表示法，例如，尾数常用原码或补码表示，阶码多用补码表示。

浮点数的具体格式随不同机器而有所区别。例如，假设有一台 16 位机，其二进制浮点数组成为阶码 4 位，尾数 12 位，则浮点数格式如下：

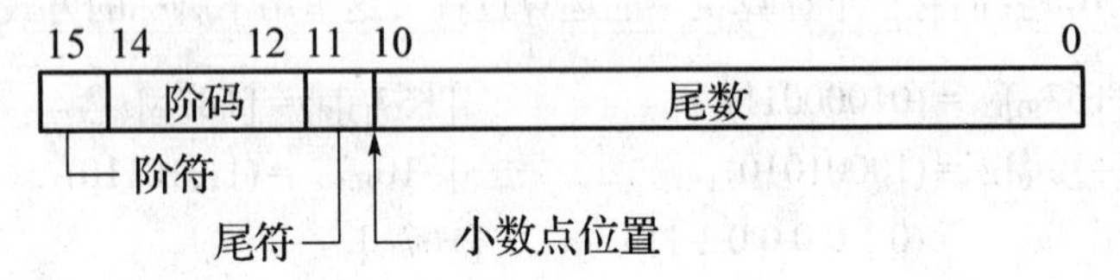

下面是一个实际的例子，其中阶码，尾数分别用补码和原码表示：

0	010	1	110 … 0	表示 $(-0.11\times10^{10})_2$
1	101	0	110 … 0	表示 $(0.11\times10^{-11})_2$

3. 数值的范围

机器中数的表示范围与数据位数及表示方法有关。一个 M 位整数（包括一位符号位），如果采用原码或反码表示法，能表示的最大数为 $2^{m-1}-1$，最小数为 $-(2^{m-1}-1)$。若用补码表示，能表示的最大数值为 $2^{m-1}-1$，最小数为 -2^{m-1}。

这里要说明一点，由于补码中的“0”的表示是唯一的，故 $[X]_补=100\cdots0$，对应的真值 $X=-2^{m-1}$，从而使补码的表示范围与原码有一点差异（注意：补码 100…0 的形式是一个特殊的情况，权为 2^{m-1} 位的 1 既代表符号，又表示数值）。对补码的表示范围，本书不做证明，读者如果感兴趣，可以自行验证。

例如，设 $M=8$，则原码表示范围是 -127～$+127$，反码的表示范围也是 -127～$+127$。补码的表示范围是 -128～$+127$。

一个 n 位定点小数，小数点左边一位表示数的符号，采用原码或反码表示时，表数范围为 $-(1-2^{-n})$～$(1-2^{-n})$。采用补码表示时，表数范围为 -1～$(1-2^{-n})$。

至于浮点数的表示范围，则由阶码位数和尾数位数决定。若阶码用 r 位整数（补码）表示，尾数用 n 位定点小数（原码）表示，则浮点数范围是：

$$-(1-2^{-n})\times2^{(2^{r-1}-1)}-1\sim+(1-2^{-n})\times2^{(2^{r-1}-1)}$$

为了扩大数的表示范围，应该增加阶码的位数，每加一位，数的表示范围就扩大一倍。而要增加精度，就需要增加尾数的位数，在定长机器字中，阶码位数和尾数位数的比例要适当。但为了同时满足对数的范围和精度的要求，往往采用双倍字长甚至更多字长来表示一个浮点数。

1.2.4　非数值信息表示

在计算机内部，非数值信息也是采用 0 和 1 两个符号来进行编码表示的。非数值数据又可划分为文字、多媒体两大类。

（1）西文字符

西文字符的编码，ASCII 码是“美国信息交换标准代码”的简称，在这种编码中，每个字符用 7 个二进制位表示，即从 0000000 到 1111111 可以给出 128 种编码，可用来表示 128 个不同的字符。一个字符的 ASCII 码通常占用一字节，由 7 位二进制数编码组成，故 ASCII 码最多可表示 128 个不同的符号。

由于 ASCII 码采用 7 位编码，未用到字节的最高位，故在计算机中一般保持为“0”，在数据传输时可用做奇偶校验位。

汉字的编码：我国使用的是“国家标准信息交换用汉字编码”（G132312—1980 标准），该标准码是二字节码，用两个 7 位二进制数编码表示一个汉字，并收入了 6763 个汉字。

汉字在计算机中的表示有多种编码，如汉字输入码，输入码进入计算机后，必须转换成汉字内码，才能进行信息处理。为了最终显示、打印汉字，再由内码转换成汉字字形码。此外，为使不同的汉字处理系统之间能够交换信息，还必须设有汉字交换码。

（2）图像数据

位图是指存储在计算机中的由图像中的许多点构成的点阵图。构成位图的这些点称为像素，用以描述图像中各图像点的亮度与颜色。

图像分辨率是指图像点阵中行数和列数的乘积。

屏幕分辨率是指计算机显示器屏幕上的最大显示区域以水平和垂直方向的像素个数的乘积。

像素分辨率是指一个像素的长和宽的比例。

图像的颜色深度是指图像中可能出现的不同颜色的最大数目。颜色深度值越大，图像的色彩越丰富。位图中每个像素都用一位或多位二进制位来描述其颜色的信息。

图像文件的大小是指存储整幅图像所需的磁盘字节数，计算式为：

$$图像文件大小=图像分辨率\times颜色深度\div8$$

（3）视频数据

视频信号经数字化处理之后，以视频文件格式存储在计算机中。视频信号也可视为图像数据中的一种，由若干有联系的图像数据连续播放而形成。计算机所播放的视频信号是数字信号，与电视上播放的模拟视频信号是不一样的。由于视频信号的数据量很大，所以在存储和传输数字视频过程中，要采用压缩编码技术。

（4）音频数据

音频数据在计算中可分为数字音频文件和 midi 文件。数字音频文件是将声音信号数字化处理后的数据文件。midi 文件是通过一串时序命令，用于记录电子乐器键盘弹奏的信息，包括键名、力度和时值长短等，是对乐谱的一种数字式描述。

1.3　现代计算机的发展

在推动计算机发展的众多因素中，电子元器件的发展起着决定性的作用；另外，计算机系统结构和计算机软件技术的发展也起着重要的作用。从生产计算机的主要技术来看，计算机的发展过程可以划分为 4 个阶段。

1.3.1 第一代：电子管时代

第一代（1946—1958年）计算机的特征是采用电子管作为计算机的逻辑元件，内存储器采用水银延迟线，外存储器采用磁鼓、纸带、卡片等。运算速度只有每秒几千次到几万次基本运算，内存容量只有几千个字。用二进制表示的机器语言或汇编语言来编写程序。由于体积大、功耗大、造价高、使用不便，此类计算机主要用于军事和科研部门进行数值计算。代表性的计算机是1946年美籍匈牙利数学家冯·诺依曼与他的同事们在普林斯顿研究所设计的存储程序计算机IAS，本意是要预测天气变化，虽然在预测天气方面还不够准确，但是IAS成功地完成了氢弹设计的复杂计算工作。它的设计体现了“存储程序原理”和“二进制”的思想，产生了所谓的冯·诺依曼型计算机结构体系，对后来计算机的发展有着深远的影响。电子管如图1.7所示。

图1.7 电子管

1.3.2 第二代：晶体管时代

第二代（1958—1964年）计算机的特征是用晶体管代替了电子管；大量采用磁芯做内存储器，采用磁盘、磁带等做外存储器；体积缩小、功耗降低，运算速度提高到每秒几十万次基本运算，内存容量扩大到几十万字。同时计算机软件技术也有了很大的发展，出现了Fortran、ALGOL-60、COBOL等高级程序设计语言，大大方便了计算机的使用。因此，它的应用从数值计算扩大到数据处理、工业过程控制等领域，并开始进入商业市场。代表性的计算机是IBM公司生产的IBM-7094机和CDC公司的CDC-1604机，机型如图1.8所示。

图1.8 IBM推出的IBM-7094大型计算机

1.3.3 第三代：集成电路时代

第三代（1964—1975年）计算机的特征是用集成电路（Integrated Circuit，IC）代替了分立元件，集成电路是把多个电子元器件集中在几平方毫米的基片上而形成的逻辑电路。第三代计算机的基本电子元件是每个基片上集成几个到十几个电子元件（逻辑门）的小规模集成电路和每个基片上集成几十个元件的中规模集成电路。第三代计算机已开始采用性能优良的半导体存储器取代磁芯存储器，运算速度提高到每秒几十万次到几百万次基本运算，在存储器容量和可靠性等方面都有了较大的提高。同时，计算机软件技术的进一步发展，尤其操作系统的逐步成熟，是第三代计算机的显著特点。多处理机、虚拟存储器系统及面向用户的应用软件的发展，大大丰富了计算机软件资源。为了充分利用已有的软件解决软件兼容问题，出现了系列化的计算机。最有影响的是 IBM 公司研制的 IBM-360 计算机系列。这个时期的另一个特点是小型计算机的应用。DEC 公司研制的 PDP-8 机、PDP-11 系列机及后来的 VAX-11 系列机等，都曾对计算机的推广发挥了极大的作用，如图 1.9 所示。

图 1.9 DEC 公司推出的 PDP-8 型计算机

1.3.4 第四代：大规模集成电路时代

第四代（1975 年—）计算机的特征是以大规模集成电路（每个基片上集成成千上万个逻辑门，Large-Scale Integration，LSI）来构成计算机的主要功能部件，主存储器采用集成度很高的半导体存储器。运算速度可达每秒几百万次甚至上万亿次基本运算。在软件方面，出现了数据库系统、分布式操作系统等，应用软件的开发已逐步成为一个庞大的现代产业。第四代计算机外观中的笔记本电脑效果如图 1.10 所示。

图 1.10 笔记本电脑

当然，人类探索的脚步不会停止，最新一代机器也正在研制之中，它是一种采用超大规模集成电路的智能型计算机。这一代的基本体系结构与前四代有很大不同。前四代基本属于冯·诺依曼型的，即通常说的五官型（存储器、运算器、控制器、输入和输出设备）；而第五代机器将采用分布的、网络的、数据流的体系结构。在硬件方面，它由推理机、知识库和智能接口机组成；在软件方面，将由一个程序分别对硬件三大部分进行操作管理。它的主要特点是采用平行处理、联想式检索、以 PROLOG 为“机器语言”、以应用程序为用户呈现，因此，智能化程度显著提高，是一种更接近于人的计算机系统。

1.4 计算机程序设计

计算机程序（Program）是人们为解决某种问题用计算机可以识别的代码编排的一系列加工步骤。计算机能严格按照这些步骤完成对数据的处理。程序的执行过程实际上是对程序所表达的数据进行处理的过程。一方面，程序设计语言提供了一种表达数据与处理数据的功能；另一方面，编程人员必须按照语言所要求的规范（语法要求）进行编程。

1.4.1 程序与指令

计算机中最基本的处理数据的单元是计算机的指令。孤零零的一条指令本身只能完成计算机的一个最基本的功能，如实现一个加法运算或实现一个大小的判别。计算机所能实现的指令的集合称为计算机的指令系统。

虽然计算机指令所能完成的功能很基本，并且指令系统中指令的个数也很有限，但一系列指令的组合却能完成一些很复杂的功能，这也是计算机的奇妙与强大所在。计算机一系列指令的有序组合就构成了程序。

假设某台虚拟的计算机指令系统由以下几条指令构成，其中指令的第一部分是指令名（如Store，Add等），随后的几个部分是指令处理所涉及的数据（如x，y，z，p等）。

（1）指令1。Input x：将当前的输入数据存储到内存x单元中。

（2）指令2。Output x：将内存x单元的数据输出。

（3）指令3。Add x y z：将内存x单元的数据与y单元的数据相加，并将结果存储到内存z单元。

（4）指令4。Sub x y z：将内存x单元的数据与y单元的数据相减，并将结果存储到内存z单元。

（5）指令5。BranchEq x y p：比较x与y，若相等，则程序跳转到p处执行，否则，仍按一般顺序执行下一条指令。

（6）指令6。Jump p：程序跳转到p处执行。

（7）指令7。Set x y：将内存y单元的值设为x。

上述简单的7条指令通过不同的组合就可以完成不同的功能。例如，下面是一段由上述指令组成的虚拟程序，完成的功能是：输入三个数，将它们相加，最后输出结果。

① Input A; 输入第一个数据到存储单元A中；

② Input B; 输入第二个数据到存储单元B中；

③ Input C; 输入第三个数据到存储单元C中；

④ Add A B D; 将A、B相加，并将结果存在D中；

⑤ Add C D D; 将C、D相加，并将结果存在D中；

⑥ Output D; 输出D的内容。

又例如，下面一段程序通过不断执行加法运算（Z=Z+A）实现两个整数（A、B）的乘法功能，即把A累加B次就可以获得A*B的结果。

① Input A; 输入第一个数据到存储单元A中；

② Input B; 输入第二个数据到存储单元B中；

③ Set 0 X; 将X设为0，X用以统计A累加的次数；

④ Set 0 Z; 将Z初始值设为0，Z用以存放A*B的最后结果；

⑤ BranchEq X B 9; 判别X与B是否相等，若相等，说明A已累加了B次，程序跳转到第9条指令，输出结果；

⑥ Add Z A Z; Z=Z+A;

⑦ Add 1 X X; X=X+1;

⑧ Jump 5; 程序跳转到第5条指令，继续循环执行第6、7条指令；

⑨ Output Z; 输出Z的值，该值等于A*B。

上述程序中，A、B用于存储准备相乘的两个数（第1、2条指令）；Z用于存储乘法运算的结果，开始时初始化为0（第4条指令），随后不断将A累加到Z上（第6条指令），而累加次数的控制通过X来实现；X开始时设为0（第3条指令），随后A每累加一次，就将X加1（第7条指令）；但X被累加B次时（第5条指令），Z的值就是A*B的结果了，最后输出所产生的结果（第9条指令）。

一般情况下，程序是按指令排列的顺序一条一条执行的。但稍微复杂的程序往往需要通过判断不同的情况执行不同的指令分支，第5条指令（BranchEq）就是这种情况。另外，在许多情况下，有些指令需要被重复地执行，如第6、7条指令，所以也需要有指令能强行改变程序中指令执行的顺序，如第9条指令（Jump）。

实际的程序在计算机中是用由 1、0 组成的指令码来表示的，也就是说，程序也是 0、1 组成的序列。当然，计算机能够识别这个序列。实际上，程序与数据一样共同存储于存储器中。当程序要运行时，当前准备运行的指令从内存被调入 CPU 中由 CPU 处理这条指令。这种将程序与数据共同存储的思想，就是目前绝大多数计算机采用的冯·诺依曼模型的存储程序概念。

然而，为什么程序一定要由计算机中的指令所组成呢？一方面，通过定义计算机可直接实现的指令集使得程序在计算机中的执行变得简单，计算机硬件系统只要实现了指令，就能方便地实现相应的程序；另一方面，需要计算机实现的任务成千上万，如果每个任务都相对独立，与其他程序之间没有公共的内容，编程工作将十分困难。这就是计算机科学中很重要的一个概念——“重用”的体现。

如果程序设计直接用 0、1 序列的计算机指令来写，那将是一件难以忍受的事。所以，人们设计了程序设计语言，用这种语言来描述程序，同时应用一种软件（如编译系统）将用程序设计语言描述的程序转换成计算机能直接执行的指令序列。

1.4.2　程序设计语言的功能

程序设计语言是程序员用来编写程序的手段，是程序员与计算机交流的语言。程序员为了让计算机按自己的意愿处理数据，必须用程序设计语言来表达所要处理的数据，同时用程序设计语言来表达数据处理的流程。因此，程序设计语言必须具有表达数据和处理数据（称为控制）的能力。

1. 数据表达（Data Representation）

世界上的数据有多种多样，而语言本身的描述能力总归是有限的。为了使计算机程序设计语言能有效地、充分地表达各种各样的数据，一般将数据抽象为若干类型。数据类型（Data Type）是对某些具有共同特点的数据集合的总称。例如，平常所说的整数、实数，就是数据类型的例子。对数据类型来说，涉及两方面的内容：该数据类型代表的数据是什么（数据类型的定义域），能在这些数据上做些什么（操作或称运算）。例如，整数类型所包含的数据是{…，–2，–1，0，1，2，…}，而+、–、*、/就是作用在整数上的运算。

在程序设计语言中，一般都事先定义好几种基本的数据类型，供程序员直接使用，如整型、实型（浮点型）、字符型等。这些基本数据类型在程序中的具体对象主要有两种形式：常量（又称常数 Constant）与变量（Variable）。常量值在程序中是不变的，例如，123 是一个整数常量，12.3 是一个实型常量，‘a’ 是一个字符常量。变量则可对它做一些相关的操作，改变它的值。例如，可以通过“int i”来定义一个新的变量 i，然后可以对该变量进行某种操作，如赋值（如 i=20;）。

同时，为了使程序员能更充分地表达各种复杂的数据，程序设计语言还提供了构造新的具体数据类型的手段，如数组（Array）、结构（Structure）、文件（File）、指针（Pointer）等。例如，在 C 语言中，可以通过“int a[10]”来定义一个由 10 个整数组成的数组变量。这样变量 a 所代表的就不是一个整数，而是由 10 个整数组成的有序序列，其中的每个整数都称为 a 的分量。

程序设计语言提供的基本数据类型及构造复杂类型的手段，如数组、结构等，为有限能力的程序设计语言表达客观世界中多种多样的数据提供了良好的基础。

2. 流程控制（Flow Control）

程序设计语言除了能表达各种各样的数据外，还必须提供一种手段来表达数据处理的过程，即程序的控制过程。程序的控制过程通过程序中的一系列语句来实现。

当要解决的问题比较复杂时，程序的控制过程也会变得十分复杂。一种比较典型的程序设计方法是：将复杂程序划分为若干相互独立的模块（Modular），使完成每个模块的工作变得单纯而明确，在设计一个模块时不受其他模块的牵连。同时，通过对现有模块进行积木式的扩展，就可以形成复杂的、更大的程序模块或程序。这种程序设计方法就是结构化的程序设计方法（Structured Programming）。C语言就是支持这种设计方法的典型语言。

在结构化程序设计方法中，一个模块可以是一条语句（Statement）、一段程序或一个函数（Function）（子程序）等。

一般来说，从程序流程的角度看，模块只有一个入口、一个出口。这种单入单出的结构为程序的调试（查错，Debug）提供了良好的条件。多入多出的模块结构将使得程序的调试变得异常困难。

按照结构化程序设计的观点，任何程序都可以将模块通过三种基本的控制结构进行组合来实现。这三种基本的控制结构如下。

（1）顺序控制结构（Sequential Control Structure）：一个程序模块执行完，按自然顺序执行下一个模块。

（2）分支控制结构（Branch Control Structure）（又称选择结构）：计算机在执行程序时，一般是按照语句顺序执行的，但在许多情况下需要根据不同的条件来选择所要执行的模块。例如，检测某种条件是否满足，如果条件满足，执行某些指令，否则，执行另外一些指令。例如，周末时，根据天气情况决定去郊游还是在房间里学习，就是一种分支控制。

（3）循环控制结构（Loop Control Structure）：有时经常需要重复地执行某些相同的处理过程，即重复执行某个模块。当然，重复执行这些模块一般是有条件的。也就是说，检测某些条件，如果条件满足，就重复执行相应的模块。

顺序结构是一种自然的控制结构，通过安排语句或模块的顺序来实现。所以，对一般程序设计语言来说，需要提供表达分支控制和循环控制的手段。

以上三种控制方式称为语句级控制。它实现了程序在语句间的跳转。

例如，对于1.4.1节中求两个整数（A、B）相乘的例子，该程序实际上存在着问题：当B为负数时，该程序将终止不了！如果B是负数，可以将A、B均乘上–1，再应用1.4.1节中的思路求解，就可得到正确的结果。其求解过程大致可描述如下。

① 分别输入两个数到A、B两个变量；

② 如果B是负数，那么B=B*(–1)，A=A*(–1)；

③ 设X=0，Z=0；

④ 当X不等于B时，重复执行以下操作：

a）Z=Z+A；

b）X=X+1；

⑤ 输出Z。

上述处理过程基本上是从步骤1顺序执行到步骤5，其中步骤2就是一种分支控制，而步骤4就是循环控制。

当要处理的问题较复杂时，为了增强程序的可读性，以及便于程序维护，往往将程序分为若干相对独立的子程序。例如，在C语言中，子程序的作用是由函数来完成的。函数通过一系列语句的组合来完成某种特定的功能（如求整数 n 的阶乘）。当程序一些地方需要相应功能时，不用重新写一系列代码，可直接调用，并根据需要传递不同的参数（如求 n 阶乘函数中的 n）。同一个函数可以被一个或多个函数（名括自己）调用任意多次。函数调用时可传递零个或多个参数（Argument），函数被调用的结果将返回给调用函数。这种涉及函数定义和调用的控制称为单位级控制。所以，程序设计语言的另一个功能就是提供单位级控制的手段，即函数的定义（Definition）与调用（Call）手段。

1.4.3　程序设计语言的语法

程序员利用程序设计语言来编写程序以处理相应的问题。在程序中，可能要表达数据，包括定义相应的用于存储数据的变量；还要用程序设计语言来描述需要的数据处理过程，包括语句间的控制和子程序间的控制。为了让计算机能理解程序员在程序中所描述的这些工作，用程序设计语言所写的程序必须符合相应语言的语法（Grammar）。

编写程序就像用某种自然语言（如中文）来写文章，首先语法要通，即要符合语言所规定的语法规则。当然，语法通了并不意味着文章就符合要求了，有可能词不达意、离题万里。后者就是在程序调试（查错）时需要发现的事，即找出程序中的错误（非语法错误）。这是一个非常需要耐心和经验的过程。而语法错误的检查则要相对容易得多。

一般，把用程序设计语言所编写的未经编译的程序称为源程序（Source Code，又称源代码）。从语法的角度看，源程序实际上是一个字符序列。这些字符序列按顺序分别组成了一系列“单词”。这些“单词”包括语言事先约定好的保留字（Reserved Words，如用于描述分支控制的 if、else，用于描述数据类型的 int 等）、常量（Constant）、运算符（Operator）、分隔符及程序员自己定义的变量名、函数名等。

在这些“单词”中，除了运算符（如+、–、*、/）、普通常量（如–12、12.34、‘a’）、分隔符（如“;”、“（”、“）”等）外，其他主要是有关用来标识（表示）变量、函数、数据类型、语句等的符号，这些标识符号称为标识符（Idendifier）。任何程序设计语言对标识符都有一定的定义规范，即只有满足这些规范的字符的组合，才能构成该语言所识别的标识符。

“单词”的组合形成了语言有意义的语法单位，如变量定义、表达式（Expression）、语句、函数定义等。一些简单语法单位的组合又形成了更复杂的语法单位，最后一系列语法单位组合成程序。就像在作文中，单词组合成主语、谓语、宾语等，主语、谓语、宾语组合成句子，简单的句子又可以组合成更复杂的句子，句子又组合成段落，段落又组合成文章（相当于程序）。

计算机要理解程序，首先要识别出程序中的“单词”，继而识别出各种语法单位。当计算机无法识别程序中的“单词”或语法单位时，说明该程序出现了语法错误。这些识别工作是由编译程序来做的。

下面就以 C 语言为例，简要说明 C 语言最主要的语法要素。

1. C 语言的主要“单词”

（1）标识符。C 语言的标识符规定由字母、数字及下画线组成，且第一个字符必须是字母或下画线。如 name1 是一个合法的标识符，而 1eft&right 就是非法的。在 C 语言中，标识符中字母的大小写是有区别的。最主要的标识符是：保留字和用户自定义标识符。

（2）保留字。也称关键字，它们是 C 语言规定的、赋予它们以特定含义、有专门用途的标识符。这些保留字也主要与数据类型和语句有关。如 int（整数类型）、float（浮点数类型）、char（字符类型）、typedef（类型定义），以及与语句相关的 if、else、while、for、break 等。

（3）自定义标识符。包括在程序中定义的变量名、数据类型名、函数名及符号常量名。一般来说，为了便于程序阅读，经常取有意义的英文单词作为用户自定义标识符（如前面程序中定义的 n、fact 等）。

（4）常量。常量是有数据类型的，如整型常量 123、实型常量 12.34、字符常量‘a’、字符串常量“hello world!”等。

（5）运算符。代表对各种数据类型实际数据对象的运算。如+（加）、–（减）、*（乘）、/（除）、%（求余）、>（大于）、>=（大于等于）、==（等于）、=（赋值 Assignment）等。绝大多数运算为双目运算（涉及两个运算对象），也有单目（涉及一个运算数）和三目（三个运算数）运算，如 C 语言中的条件运算“?:”就是一个三目运算。

（6）分隔符，如“;”、“[”、“]”、“(”、“)”、“#”等。

2．C 语言的主要语法单位

（1）表达式。运算符与运算对象（可以是常量、函数、变量等）的有意义组合就形成了表达式。如 2+3*4、i+2<j 等。表达式中可以包含多种数据类型的运算符，不同运算符间有不同的运算优先顺序。如 i+2<j 中，+比<先进行运算。

（2）变量定义。变量也有数据类型，所以在定义变量时要说明相应变量的类型。变量的类型不同，它在内存中所占的空间大小也会有所不同。变量定义的最基本形式是：“类型名 变量名;”。如“int i;”就定义了一个整型变量 i。

（3）语句。语句是程序中最基本的执行单位，程序的功能就是通过对一系列语句的执行来实现的。C 语言中的语句有多种形式。

- 最简单的语句：表达式加“;”。在 C 语言中，赋值也被认为是一种运算，如“i= j+2”（把 j 加 2 的结果给变量 i）就是一个包含“+”和“=”两种运算的表达式，“+”优先级较高。在上述表达式后加“;”就组成了一个执行赋值过程的语句。
- 分支语句：实现分支控制过程，即根据不同的条件执行不同的语句（或语句模块）。具体有两种形式：双路分支的 if-else 语句与多路分支的 switch 语句。如下列 if-else 语句就实现了求变量 a、b 的较大值，并把它赋给 x 的功能。这个 if-else 语句通过判别 if 后面的表达式（a>b）是否成立，来决定执行“x=a;”（如果成立）还是执行“x=b;”（如果不成立）。

```
if (a > b) x = a;
else x = b;
```

- 循环语句：C 语言实现循环控制的过程有三种形式，即 while 语句、for 语句、do-while 语句等。例如，下列 while 循环语句就是实现求 1 到 100 的和，并把结果存于变量 sum 中。在这个循环中，(i<=100)是循环执行的条件，即只要这个条件满足，一对“{…}”中的循环体就会一直循环执行。应该注意到，由于循环体每循环一次，i 被加 1（i=i+1），所以，当循环到一定时，i 的值就会超过 100，即循环条件（i<=100）不再满足，此时，循环结束。

```
sum = 0; /*初始化 sum 和 i */
i = 1;
while (i <= 100) { /*通过循环把 1, 2, …, 100 分别加到 sum 中*/
    sum = sum + i;
    i=i+1;
}
```

- 复合语句（Compound Statement）：通过一对花括号“{ }”将若干语句顺序组合在一起，就形成了一个程序段。如前面 while 语句中的“{sum=…}”。

（1）函数定义与调用。函数是完成特定任务的独立模块，是 C 语言中唯一的子程序形式。通常，函数的目的是接收 0 个或多个数据（称为函数的参数），并至多返回一个结果（称为函数的返回值）。函数的使用最主要涉及函数的定义与调用。函数定义的主要内容是通过编写一系列语句来规定其所完成的功能。完整的函数定义涉及函数头和函数体。其中，函数头包括函数的返回值类型、函数名、参数类型；而函数体是一个程序模块，规定了函数所具有的功能。函数调用则通过传递函数的参数并执行函数定义所规定的程序过程，以实现相应功能。以下是函数定义的一个简单的例子。该函数 max 求两个整数（作为参数）的较大值（作为返回值）。

```
int max(int a, int b)      /* 函数原型：函数类型函数名（函数参数列表）*/
{ /* 函数体开始 */
    int x;                 /* 函数中要用到的临时变量 */
    if (a > b) x = a;      /* 判断 a、b 的大小，将 x 赋值为值大的一个*/
    else x = b;
    return x;              /* 结束函数调用并返回 x */
} /* 函数体结束 */
```

有了程序的定义后，就可以在程序的其他地方调用这个函数。例如，可以在程序的某个地方写上“m=max(2,3);”。当程序执行到这里时，首先会调用函数 max( )并把实际参数 2 和 3 分别传给函数定义中的形式参数 a 和 b，使 a、b 的值分别为 2 和 3；然后，开始执行函数 max( )所定义的语句；当在函数中执行到“return x;”时，函数结束，并把 x 的值 3 作为返回值；随后，程序的控制回到函数调用的地方“m=max(2,3);”，从而 m 获得结果 3。

(2)关于输入/输出：C 语言中没有输入/输出语句，它通过编译系统库函数中的有关函数，如 printf( )和 scanf( )函数，实现数据的输入与输出。这种处理方式为 C 语言在不同硬件平台上的可移植性提供了良好的基础。例如：

```
printf("This integer value is %d", 123) ;
```

将输出：This integer value is 123。printf( )函数的第一个参数是输出格式说明，%d 代表将后面的数据 123 按十进制整数输出，其他字符串按原样输出。对于以下输入语句：

```
scanf("%d", &i);
```

将从（键盘）输入中读进一个整数，并把它存到变量 i 中。其中，scanf( )函数的第一个参数是输入格式说明。

1.4.4　程序的编译与编程环境

1. 程序的编译

计算机硬件真正能理解的只是计算机的指令，用程序设计语言编写的程序并不能为计算机所直接接受，这就需要一个软件能把相应的程序转换成计算机直接能理解的指令序列。对 C 语言等许多高级程序设计语言来说，这种软件就是编译器（Compiler）。编译器首先要对源程序进行词法分析，然后进行语法与语义分析，最后生成可执行的代码。如果程序中有语法错误，编译器会直接指出程序中的语法错误。当然，由编译器生成可执行的代码后，并不意味着程序就没有错误了。对于程序中的逻辑错误，编译器是发现不了的，必须通过程序的调试进一步发现。

2. 编程环境

要编写一个程序需要做很多工作，包括编辑程序（Edit）、编译（Compile）、调试（Debug）等过程。所以，许多程序设计语言都有相应的编程环境。程序员可以直接在该环境中完成上述工作，以提高编程的效率。

总地来说，要掌握一门程序设计语言，最基本的是要根据语言的语法要求，掌握如何用程序设计语言表达数据、如何实现程序的控制，并会使用编程环境进行程序设计。

1.5 计算机语言的发展

一般的程序都是由两个主要方面构成的：

（1）算法的集合（指解决某个特定问题的一系列方法和步骤）；

（2）数据的集合（算法在这些数据上进行操作，以提供问题的解决方案）。

纵观计算机语言的发展史，这两个主要方面（算法和数据）一直保持不变，发展变化的是它们之间的关系，也就是所谓的程序设计方法（Programming Paradigm）。

在20世纪60年代，软件曾出现过严重危机，由软件错误而引起的信息丢失、系统报废等事件屡有发生。为此，荷兰学者E.W.Dijkstra提出了程序设计中常用的GOTO语句的三大危害：破坏了程序的“静动”一致性；程序不易测试；限制了代码优化。此举引起了软件界持续多年的论战，并由此产生了结构化程序设计方法，同时诞生了基于这一方法的PASCAL程序设计语言。

由瑞士计算机科学家Niklaus Wirth开发的PASCAL，它的简洁、明了及丰富的数据结构和控制结构，为程序员提供了极大的方便性与灵活性，同时它特别适合微型计算机系统，因此大受欢迎。结构化程序设计思想采用了模块分解与功能抽象和自顶向下、分而治之的方法，从而有效地将一个较复杂的程序系统设计任务分解成许多易于控制和处理的子程序，便于软件的开发和维护。

到了20世纪70年代末期，随着计算机科学的发展和应用领域的不断扩大，对计算机软件技术的要求越来越高。结构化程序设计语言和结构化分析与设计已无法满足用户需求的变化，于是有人提出了面向对象的思想。

面向对象程序设计方法起源于Simula 67语言。在程序设计语言的发展史上，20世纪60年代后期是承上启下的重要时期。这一时期有三种重要的语言问世，即Simula 67语言、由一批顶尖计算机科学家共同设计的Algol 68语言，以及为IBM 360系列机配套开发的PL/I语言。这三种语言虽均有所创新，但Simula 67语言面向对象概念的影响是最巨大而深远的。它本身因为比较难学、难用而未能广泛流行，但在它的影响下所产生的面向对象技术却迅速传播开来，并在全世界掀起了一股面向对象（Object Orient，OO）热潮，至今依然盛行不衰。而由AT&T贝尔实验室研发的C++已成为目前使用最广泛的面向对象程序设计语言之一。面向对象程序设计在软件开发领域引起了巨大的变革，极大地提高了软件开发的效率，为解决软件危机带来了新的途径。

随着程序设计思想的不断发展，程序设计语言也经历了一个从低级到高级的发展过程，从最初的机器语言发展到今天流行的面向对象语言，语言的抽象程度越来越高，程序设计语言的风格越来越接近人类自然语言的风格，因此程序设计过程也越来越接近人类的思维过程。

1.5.1 机器语言

计算机能直接识别并运行的指令称为机器指令，机器指令也称为机器语言，它是特定计算机的“自然语言”，它由计算机的硬件设计所确定。对于人而言，机器语言是非常难懂的，例如，以下是一段将加班工资和基本工资相加，然后把结果存储到总工资中的机器语言程序。

```
0101110000101110
0101000000110011
0100110000111100
```

机器语言的程序设计要求设计者具备深厚的专业知识，同时须对机器硬件有充分的了解，并且其程序的可维护性、可移植性差，因而大大地限制了其在计算机中的应用。

1.5.2　汇编语言

机器指令一般分为操作码和操作数两部分，操作码代表机器的操作类型。如果用有意义的符号来代替相应的操作码，而用普通易读的十进制数或十六进制数来代替相应的操作数，则程序的可读性会大大加强。代替操作码的符号称为助记符，人们将这种助记符语言称为汇编语言，汇编语言编写出来的程序还不能直接运行，需要通过一种叫汇编程序的软件将它翻译成机器语言程序。以下这段程序可实现加班工资和基本工资相加，然后把结果存储到总工资中的功能，与机器语言程序相比，它更清楚、更明白。

```
Load   basePay
Add    OverPay
Store  GrossPay
```

汇编语言虽然可读性比机器语言要好，但同样也存在可维护性差、可移植性差等缺点。

1.5.3　高级语言

高级语言也称为通用程序设计语言。与汇编语言相比，高级语言的表达方式更接近人类自然语言的表达习惯，可读性大大提高，而且高级语言不依赖于计算机的具体型号（硬件特性），具有良好的可移植性。例如，用高级语言来实现以上的程序，可能会是这样一条语句：

GrossPay = BasePay + OverPay

显然，从程序员的角度来看，高级语言比机器语言或汇编语言会更受欢迎。

目前的高级语言有许多，从程序设计类型的角度，可分为结构化程序设计语言（又称为过程式程序设计语言）、函数式程序设计语言、逻辑式程序设计语言和面向对象程序设计语言等。

（1）结构化程序设计语言

在结构化程序设计中，程序段的编写都基于三种基本结构：分支结构、循环结构和顺序结构。程序具有明显的模块化特征，每个模块具有唯一的入口和出口，程序中尽量不使用 GOTO 之类的转移语句。这类语言的典型代表有 C、PASCAL 等。

（2）函数式程序设计语言

最早的函数式程序设计语言是 LISP 语言，这是一种为了人工智能应用而设计的语言。LISP 语言的发展过程一直因其率先引入程序设计语言中的新概念和新技术而著称，例如，率先在高级语言中引入了递归、语言形式化定义、无用内存自动释放等概念。LISP 语言已经被很多高校作为学习程序设计概念和程序设计语言的基础语言。目前，LISP 实际上成为一个语言族，该语言族里包含了相似风格的各种函数式程序设计语言，如 LISP、ML、Standard ML 和 Scheme 等。

（3）逻辑式程序设计语言

逻辑式程序设计的概念来自于日本的“第五代”计算机的系统语言 PROLOG。PROLOG 主要应用在人工智能领域，在自然语言处理、数据库查询、算法描述等方面都有应用，尤其适于作为专家系统的开发工具。PROLOG 是一种陈述式语言，使用 PROLOG 编写程序无须描述具体的解题过程，只需给出一些必要的事实和规则，这些规则是解决问题方法的规范说明，根据这些规则和事实，计算机利用谓词逻辑，通过演绎推理得到求解问题的执行序列。

（4）面向对象程序设计语言

面向对象程序设计技术将对象作为程序的基本结构单元，对象将数据及对该数据的操作封装在一起成为一个相对独立的实体，以简单的接口对外提供服务。面向对象程序设计语言通过提供继承与派生、多态性、模板等概念和语法，使开发者能最大程度地重用已有的程序代码，大大提高了程序开发效率。目前常见的面向对象程序设计语言有 C++、Java 等。

1.6　利用计算机程序解决问题的过程

基于冯・诺依曼体系结构的现代计算机区别于以往任何计算工具的本质特征是“存储程序”，这也是计算机之所以能够快速、自动地完成各项工作的根本原因。

所谓“计算机程序”（Computer Program），就是计算机能够识别、执行的一组指令。人们正是通过编写程序（Programming）来让计算机解决各种各样的问题的。

熟练的编程技能是在知识与经验不断积累的基础上发展而来的，程序的设计和编写并不是一蹴而就的。即使是一个很有经验的程序员，也不会在接手问题后直接开始书写程序代码。就像修建一栋房屋从规划设计开始一样，利用计算机程序解决问题必须要经过需求调研、问题分析、模型抽象、统一标准、任务分解、编制代码、链接程序、测试和文档整理等一系列环节。

能否正确解决问题，主要取决于编码之前的分析和设计规划阶段。利用计算机编写程序、求解问题的一般思路、具体过程及步骤如图 1.11 所示。

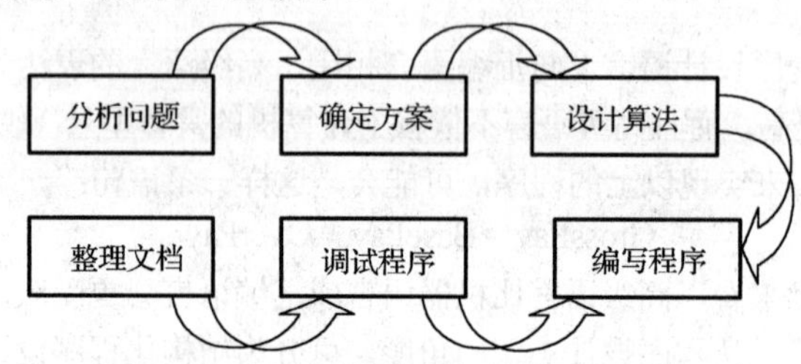

图 1.11　利用计算机解题的思路、过程和步骤

1.6.1　分析问题，明确输入和输出

在开始解决问题之初，首先要弄清所求解问题相关领域的基本知识，明确要解决问题的目标是什么、要求解的结果是什么，以及已知条件和已知数据是什么、数据使用什么格式，或者说，在计算机中如何存储和表示这些数据。

同时，应该将这些已知的数据和要求解的结果数据用抽象的形式定义或表示出来，即用计算机可以理解的形式来表示这些数据。

【例 1.1.1】输入三角形三边长，求三角形的面积。

在这个简单的例题当中，已知的数据是三角形三边长度，要求解的是三角形面积。那么，可以借助数学中的方法，用符号 a、b、c 代表已知数据的三边长，用 area 表示要求解的结果，并且，很重要的一点是要确定这 4 个数据都是实数类型。用符合计算机语言规范的符号将已知数据和未知数据表示出来，并明确它们的类型，这个过程就是一次数据抽象。

1.6.2　寻求解决方案，抽象出数学模型

在明确了问题的已知条件和求解的目标后，就要建立计算机可实现的数学模型。建模是计算机解题中的难点，也是计算机解题成败的关键。一般来说，同一问题的求解方案往往有很多种，可以选择其中一种较好的方案来解决问题。当然，具体选择何种解题方案，要综合考虑许多因素。

在寻找解题方案的过程中，很重要的一个研究方法和手段是在第一步分析问题，将已知（输入）和未知（输出）数据用符合计算机语言规范的符号表示之后，再次进行抽象，抓住主要因素，忽略一些次要因素，找出规律，这个过程就称为建立数学模型。按照被求解问题所属的领域，数学模型主要分为两大种类：数值计算类的数学模型和非数值计算类的数学模型。

例如，求例 1.1.1 问题的数学模型就是根据三角形三边求面积的数学公式，如下：

$$p=\frac{a+b+c}{2}，\ \text{area}=\sqrt{p(p-a)(p-b)(p-c)} \tag{1.1}$$

再如，求解一元二次方程 $ax^2+bx+c=0$ 的根，求根公式为：

$$x_1=\frac{-b+\sqrt{b^2-4ac}}{2a}，\quad x_2=\frac{-b-\sqrt{b^2-4ac}}{2a} \tag{1.2}$$

就是解题的数学模型。另如，对高次方程，没有直接的“数学模型”，需要通过数值模拟的方法求得方程的近似解。

可以看出，数值计算类的数学模型往往是一些数学公式、方程组或约束条件等，而非数值计算类的数学模型则与数学公式关系不大。例如，某年级学生综合考评成绩的排序问题，待处理的数据量很大，但是不涉及复杂的数学公式，主要是数据间的大小比较、元素的移动等相对简单的运算。

1.6.3　确定解题步骤，设计合适算法

在对所求解的问题建立起数学模型后，就要设计出从给定的输入到期望的输出的处理步骤。简单说，人们按照问题的功能要求编排的、利用已知（输入）求未知（输出）的过程和步骤称为“算法”。如例 1.1.1 的算法可以用自然语言简单描述如下。

第一步：输入三角形三边长 a、b 和 c；

第二步：根据式（1.1）求解面积 area；

第三步：输出计算结果 area；

第四步：算法结束。

显然，算法中侧重的是求解问题的过程和步骤的设计。如果方法和数学模型正确而步骤不对，同样不能得到正确的结果。

1.6.4　编写程序代码

当正确地设计出算法后，编写程序代码将相对简单。首先，选择熟悉或合适的编程语言，将算法的每个步骤用该语言描述出来，这一过程称为“编写程序”（编程）或“程序设计”。如可以将例 1.1.1 分别用两种计算机语言描述，如表 1.2 所示。

表 1.2　不同计算机语言实现算法的比较

C 语言	Visual Basic 语言
#include <iostream>	
#include <cmath>	
using namespace std;	
int main()	Private Sub Command1_Click()
{	Dim a, b, c, p, area As Double
double a,b,c, p, area;	a = CDbl(InputBox("a="))
cout<<"Please enter a,b,c: ";	b = CDbl(InputBox("b="))
cin>>a>>b>>c;	c = CDbl(InputBox("c="))
p=(a+b+c)/2;	p = (a + b + c) / 2
area=sqrt(p*(p-a)*(p-b)*	area = Sqr(p * (p - a) * (p - b) * (p - c))
(p-c));	Print "Area="; area
cout<<"Area="<<area<<endl;	End Sub
return 0;	
}	

可以看到，同一个问题在用不同的计算机语言编程求解时，所表达的方法和步骤（语义）都是一样的，只是语言中使用的符号有所不同，就像“Hello”和“你好”都表达相同的含义。因此，在学习程序设计时，关键在于学习和掌握计算机解决问题的方法，习惯算法的思维。

通过表 1.2，可以初步了解到：程序由一条条的语句组成，是用计算机语言中的语句将算法的每个步骤表示出来的结果。不同的是，算法是给人看的，书写往往可以不那么精确，比较自由；而编写的程序是给死板的机器“看”的，必须符合一套严格的语法规范，一个字母或标点符号的错误或增删都会导致计算机无法识别或理解错误。

所以，在今后的学习中，必须在实践中充分重视，努力练习，直到熟练。

1.6.5 运行和调试程序

显然，编写好程序后，问题并没有得到求解，此时需要将程序录入到计算机中运行，以得到计算结果。在这个过程中，有可能会发现程序中包含的一些错误或问题，如果出现这种情况，需要回到前几步，不断修改算法或程序，直到得到正确结果为止。这个不断修改程序中的错误以得到正确运行结果的过程称为“调试程序”，调试程序有可能是一个不断往复的过程。

一般来说，程序中的错误有两种：语法错误和逻辑错误。能够被语言处理程序发现的错误属于语法错误。对于语法错误，只需修改源程序即可。如果程序可以被正常编译和链接，但运行结果和预期不符，这说明算法或数学模型中出现了问题，这种由于算法步骤和模型设计不当而出现的错误称为逻辑错误，此时必须要回到前几步，仔细推敲模型和算法，改写程序，再重新运行，直到得到正确结果为止。

1.6.6 整理文档

得到计算机的正确运行结果并不意味着所有工作已经结束，为便于以后学习或参阅，需要将有关结果和内容记录下来，这个工作称为“文档整理”。要整理的文档主要包括三部分：程序的运行结果、正确的源程序清单、正确的算法和数学模型。编程者应当从学习之初就养成良好的习惯和严谨的作风，对于练习过的每个程序，都应该及时整理出相应的文档。

1.7 本章小结

本篇主要面向计算机相关专业一年级新生或其他无计算机程序设计基础人员，讲授计算机系统组成、进制、信息表示与存储、计算机发展、计算机程序设计、计算机语言等方面的基础性知识。每部分均以程序设计人员需要了解的基础内容为重点，不做过多讲解，较深入的内容请参考其他书籍。

第2章　C语言学习指导

2.1　初识C语言程序

2.1.1　学习目标

（1）了解C语言的特点。

（2）掌握C程序的基本结构。

（3）熟悉C程序的编辑、编译、调试和运行过程。

2.1.2　知识要点与练习

（1）C语言的特点

丰富的数据类型：C语言具有整型、浮点型、字符型、数组类型、指针类型、结构体类型、共用体类型等多种数据类型。特别是指针类型，功能强大、灵活方便。

结构化的控制语句：C语言的控制结构语句符合结构化程序设计要求，并且用函数作为程序模块，使得程序结构清晰、可读性好、易于调试。

高效率的目标代码：C语言允许直接访问物理地址、直接对硬件操作，提供对字节、位、内存和寄存器操作，可以调用或嵌入汇编语言代码，并且经过C编译程序生成的目标代码质量高、执行效率高。

可移植性好：用C语言编写的程序，基本上可以不加修改地用于各种计算机和操作系统上。

【例2.1.1】 Hello World!

问题描述：在屏幕上显示一个短句“Hello World!”。

```
/* 显示"Hello World!" */
# include <stdio.h>
int main(void)
{
    printf("Hello World! \n");
    return 0;
}
```

（2）C语言基本结构

- C语言程序由一个或多个函数组成，函数是C程序的基本单位；必须有且只有一个主函数——main()函数；程序执行总是从main开始，在main中结束，其他函数通过调用得以执行；main可以放在整个程序的任何位置；C语言的函数可以有确定的计算结果，也可以没有，对于没有明确计算结果的函数，应将其类型指定为void；C语言函数可以有参数，也可以没有，对于没有参数的函数，其参数定义可以为空白，但函数名后的一对括号不能省略。
- 各个函数相互独立，不能嵌套定义；函数包括函数首部和函数体两部分，函数首部主要由函数名、形参表、返回类型构成，函数体则由{ }括起来，包含多条语句。
- 语句有两种形式，一种是由“;”结尾的单条语句，另一种是由多个单条语句组成并用{ }括起来的复合语句；C语言中的语句是程序执行时向计算机发出的指令，语句给出了计算机要执行的操作；预处理命令、变量定义等内容不算是语句；语句出现在函数体内，一个函数的执行过程就是依次执行函数体内语句的过程，这些语句实现了函数的功能；一个语句可以独占一行，也可以占用多行，多个语句也可以放在一行中。

- "/*"和"*/"之间包含的内容属于注释，"/*"表示注释的开始，"*/"表示注释的结束。注释可以单独占一行，也可以和程序中的其他代码放在一行，并且注释可以占多行，但不能嵌套；注释一般分为序言性注释和功能性注释；注释不影响程序的执行，注释只存在于源程序中，源程序在编译时，编译器会忽略注释，生成的目标程序中不包含这些注释。
- C语言的关键字是被C语言本身所使用的，具有特殊含义和功能的词汇，不能被用作其他用途；C语言中的关键字全部使用小写形式。
- 预处理命令均以"#"符号开始，并且每个预处理命令要独占一行；include表示命令名，称为文件包含命令。

【例2.1.2】 *a+b*

问题描述：计算两个给定整数的和并输出计算结果。

```
/* example2.1.1 calculate the sum of a and b */
#include <stdio.h>      <-------- 预处理命令
/*  This is the main program  */
void main( )
{                                                        注释
     int a,b,sum;                              函数
     a=10;
     b=24;
     sum=add(a,b);
     printf("sum= %d\n",sum);
}
/* This function calculates the sum of x and y */
int add(int x,int y)
{
     int  z;   <------- 语句
     z=x+y;
     return(z);
}
```

（3）C程序开发过程

- 编辑、编译、链接和执行。
- 源程序、目标程序、可执行程序。
- 编辑产生源程序，后缀名为'.c'；编译产生目标程序，后缀名为'.obj'；链接产生可执行程序，后缀名为'.exe'；执行得到程序运行结果。

【例2.1.3】 123+789

问题描述：计算并输出十进制整数123与789的和。

```
#include <stdio.h>
int main()
{
    int a, b, sum;                 /*声明变量*/
```

```
    a=123;                          /*为变量赋初值*/
    b=789;                          /*为变量赋初值*/
    sum=a+b;                        /*求和运算*/
    printf("sum is %d\n",sum);      /*输出结果*/
    return 0;
}
```

【例 2.1.4】 最大值

问题描述：输入 a、b 两个数，输出其中的最大值。

```
#include <stdio.h>
float max(float x,float y)
{
    float z;
    if(x>y) z=x;
    else z=y;
    return z;
}
int main()
{
    float a,b,c;
    scanf("%f,%f",&a,&b);
    c=max(a,b) ;
    printf("%f,%f,the max is %f\n",a,b,c);
    return 0;
}
```

2.1.3 实验内容

实验 2.1.1 警句输出

在屏幕上显示“贵有恒，何必三更起五更睡；最无益，只怕一日曝十日寒”。

实验 2.1.2 华氏温度

求华氏温度（F）100° 对应的摄氏温度。摄氏温度与华氏温度的转换公式为：$C=5\times(F-32)/9$。

实验 2.1.3 数列之和

求数列的和。输入一个小于 100 的正整数 n，输出 $1+2+\cdots+n$ 的结果。

2.2 标准输入与输出

2.2.1 学习目标

（1）掌握标准输入函数与输出函数的用法。

（2）熟悉常用格式字符与转义字符。

（3）能够熟练使用 scanf( )和 printf( )函数实现数据的输入及输出。

2.2.2 知识要点与练习

printf( )和 scanf( )函数在使用时，应该在源程序中加入#include <stdio.h>。

（1）函数 printf( )

功能：通过标准输出设备（如屏幕）输出一组数据。

格式：printf（格式控制，输出表列）。

“格式控制”是用双引号括起来的部分，由要输出的文字和数据格式说明组成。要输出的文字除了可以使用字母、数字、空格和一些数学符号外，还可以使用一些转义字符表示特殊的含义（如“\n”）。常用转义字符功能如表 2.1 所示。

表 2.1 常用转义字符功能

转义字符	功能
\n	回车换行符，光标移到下一行行首
\r	回车不换行，光标移动到本行行首
\t	横向跳格（8 位为一格，光标跳到下一格起始位置，如第 9、第 17 位等）
\b	退一格，光标往左移动一格
\f	走纸换页
\\	用于输出反斜杠字符“\”
\'	用于输出单引号字符“'”
\"	用于输出双引号字符“"”
\ddd	3 位八进制数 ddd 对应的 ASCII 码字符
\xhh	2 位十六进制数 hh 对应的 ASCII 码字符

【例 2.2.1】 转义字符

问题描述：调试下列程序，分析输出结果。

```
#include <stdio.h>
int main(void)
{
    printf("123456789012345678901234567890\n");
    printf("123\t456\n");
    printf("12345\b123\r9\n");
    printf ("\tfirst\b\b\bsh\\\r\'No.1\'");
    return 0;
}
```

数据格式说明由“%”开头，形式为 %<数据输出宽度说明><格式符>，数据格式说明用在需要输出变量或运算数值结果时，它的个数与输出表列的个数一一对应。数据宽度说明中如果实际数据小于宽度，则根据宽度是否大于零而左补空格或右补空格。如果实际数据大于宽度，则按实际位数输出。如果默认宽度说明，则按实际宽度输出（实数位数按照格式符默认位数输出）。常用格式符如表 2.2 所示。

表 2.2 常用格式符

格式符	功能
d	以带符号的十进制形式输出整数（整数不输出正号）
o	以不带符号的八进制形式输出整数
x	以不带符号的十六进制形式输出整数
u	以不带符号的十进制形式输出整数
c	以字符形式输出一个字符
s	输出一个或多个字符
f	以小数形式输出单、双精度数，默认输出 6 位小数
e	以标准指数形式输出单、双精度数，数字部分小数位数为 6 位

【例 2.2.2】 格式符

问题描述：调试下列程序，分析输出结果。

```
#include <stdio.h>
int main(void)
{
    int a=0;
    printf("%d+%d=%d",a,12,a+12);
    printf("a=%4d,b=%-6.2f,c=%c,d=%s",12,3.456,'A',"hello");
    printf("x=%d,y=%-6.2f,z=%2d",2,8.999,300);
    return 0;
}
```

输出表列可以是变量、表达式或数值。输出表列的类型决定了“格式控制”中使用的“数据格式符”，其个数决定了“数据格式说明”的个数。

（2）函数 scanf( )

功能：通过标准输入设备（如键盘）输入一组数据。

格式：scanf（格式控制，地址表列）

格式控制同 printf( )函数的格式控制。其中特别注意：如果格式控制中加入了格式符以外的其他字符，则通过键盘等输入设备输入数据时，这些字符也要同样输入，如果格式符中无其他字符间隔，输入时可以用空格、回车或跳格键 Tab。

地址表列是由若干地址组成的表列，变量的地址表示法是在变量前加&符（数组不用）。函数 scanf( )是将输入设备输入的数据赋给地址表列中对应的变量。地址表列的个数和变量类型决定了格式控制中格式符的个数和形式。

【例 2.2.3】 标准输入

问题描述：调试下列程序，分析输出结果。

```
#include <stdio.h>
int main(void)
{
    int x,y,a1,a2,b1,b2,c1,c2;
    scanf("x=%d,y=%d",&x,&y);
    scanf("%d,%d,%d",&a1,&b1,&c1);
    scanf("%d%d%d",&a2,&b2,&c2);
    printf("x=%d,y=%d\n",x,y);
    printf("a1=%d,b1=%d,c1=%d\n",a1,b1,c1);
    printf("a2=%d,b2=%d,c2=%d",a2,b2,c2);
    return 0;
}
```

【例 2.2.4】 格式控制

问题描述：写出下列程序的输入形式。

```
#include <stdio.h>
int main(void)
{
    int year,month,day;
    scanf("yy-mm-dd=%d-%d-%d",&year,&month,&day);
    return 0;
}
```

2.2.3 实验内容

实验 2.2.1 标准输入/输出练习

问题描述：要使以下程序的输出语句在屏幕上显示 1，2，34，则从键盘输入的数据格式应为以下备选答案中的_______。

```
#include <stdio.h>
#include  <stdio.h>
int main()
{
    char a,b;
    int c;
    scanf("%c%c%d",&a,&b,&c);
    printf("%c,%c,%d\n",a,b,c);
    return 0;
}
```

A. 1 2 34　　B. 1，2，34　　C. ‘1’，‘2’，34　　D. 12 34

补充问题 1：在与以上程序的键盘输入相同的情况下，要使以上程序的输出语句在屏幕上显示 1 2 34，则应修改程序中的哪条语句？怎样修改？

补充问题 2：要使以上程序的键盘输入数据格式为 1，2，34，输出语句在屏幕上显示的结果也为 1，2，34，则应修改程序中的哪条语句？怎样修改？

补充问题 3：要使以上程序的键盘输入数据格式为 1，2，34，而输出语句在屏幕上显示的结果为 '1'，'2'，34，则应修改程序中的哪条语句？怎样修改？（提示：利用转义字符输出字符单引号字符。）

补充问题 4：要使以上程序的键盘输入无论用以下哪种格式输入数据，程序在屏幕上的输出结果都为'1'，'2'，34，则应修改程序中的哪条语句？怎样修改？

第 1 种输入方式：1，2，34↙（以逗号作为分隔符）

第 2 种输入方式：1 2 34↙（以空格作为分隔符）

第 3 种输入方式：1　　2　　34↙（以 Tab 键作为分隔符）

第 4 种输入方式：（以回车符作为分隔符）

1↙

2↙

34↙

实验 2.2.2 计算定期存款本利之和

设银行定期存款的年利率 rate 为 2.25%，并已知存款期为 *n* 年，存款本金为 capital 元，试编程计算 *n* 年后的本息之和 deposit。要求定期存款的年利率 rate、存款期 *n* 和存款本金 capital 均由键盘输入。

实验 2.2.3 图案输出

用‘*’在屏幕上输出形状类似字母‘C’的图案。

实验 2.2.4 菜单输出

使用 printf( )函数显示下列菜单：

```
                Menu
========================================
1. Input the students' names and scores
2. Search scores of some students
```

```
3. Modify scores of some students
4. List all students' scores
5. Quit the system
=======================================
```

2.3　数据存储、表示与计算

2.3.1　学习目标

（1）了解C语言数值数据和文字数据的表示方法。

（2）掌握C语言基本数据类型的存储格式。

（3）了解数据运算中类型的自动转换和强制转换。

（4）掌握C语言的算术运算符、关系运算符、逻辑运算符、赋值运算符、自增和自减运算符、逗号运算符及条件运算符的功能、结合性和优先级，判定包含上述运算符的表达式的值，并在编程中熟练运用这些运算符来解决问题。

（5）掌握局部变量和全局变量的特点和使用方法；了解自动变量和静态变量的区别。

（6）掌握不带参数的宏和带参数的宏的使用；熟练运用“文件包含”功能。

2.3.2　知识要点与练习

（1）C语言的数据类型

C语言提供的数据类型分类如下：

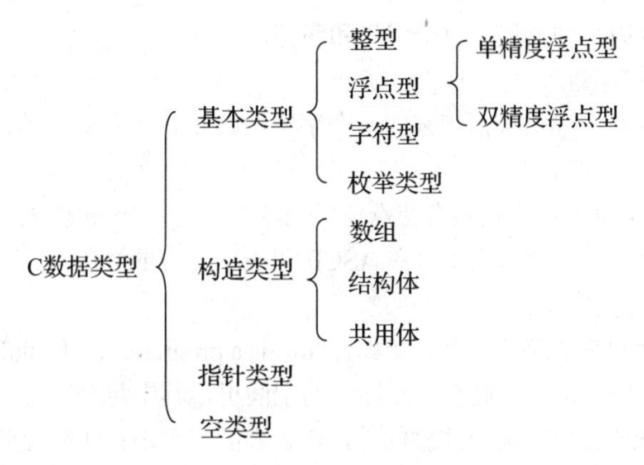

① 数值数据的表示

C语言中使用的数值数据有两种：整数和浮点数。

● 整数数据的表示和存储形式

整数可以用十进制数、八进制数和十六进制数的形式表示。除符号外，当整数的第一位数字是0时，为八进制数，当前两位数字为0x时，为十六进制数，其余的形式为十进制数。

一般整数的存储空间为2字节，取值范围一般为-2^{15}～$2^{15}-1$，即-32768～32767。如果超过这个范围，只有使用占4字节的长整型数，即在整数后面加上一个字母L（大小写均可），此时取值范围可以扩大到-2^{31}～$2^{31}-1$，即-2147483648～2147483647。

● 浮点数的表示和存储形式

C语言中的浮点小数描述的是实数，可以采用十进制小数形式或指数形式表示。

十进制小数形式：包含整数部分、小数点和小数部分。其中小数点不能省略。

指数形式：包含尾数部分、字母E或e和阶码。例如，2.78E12。注意尾数部分不能省略，阶码必须是整数。

浮点数一般为单精度浮点类型，占4字节，有效位数为6～7位，如果需要精度特别高，可以采用双精度浮点类型，有效位数可以达到16～17位。

【例2.3.1】 平方根

程序填空，不要改变与输入/输出有关的语句。输入一个实数*x*，计算并输出其平方根（保留一位小数）。

【输入示例】

17

【输出示例】

The square root of 17.0 is 4.1

【实现提示】

使用sqrt( )函数，例如，a=sqrt(b)。

```
#include <stdio.h>
#include <math.h>
int main()
{
    double x, root;
    scanf("%lf", &x);
    ________________________________
    printf("The square root of %0.1f is %0.1f\n", x, root);
}
```

② 文字数据的表示

C语言把文字数据分为两种类型：单个字符和字符串。

● 单个字符的表示和存储形式

单个字符的表现形式是由单引号括起来的一个字符，如'a'。其中单引号、双引号和反斜杠的表现形式比较特殊，分别是'\''、'\"'、'\\'。

在C语言中，转义字符被认为是具有特殊意义的单个字符，如'\n'代表一个换行符。单个字符在内存中只占一字节，其存储的内容为该字符在ASCII码表中对应的数值。

● 字符串的表示和存储形式

字符串是由双引号括起来的字符序列，例如，"this is a program."、"Hello!"、"I like C"。字符串中的字符按照从左到右的顺序，依次存储在一段连续的空间里，其中每个字符占用一字节，其内容为该字符在ASCII码表中对应的数值。需要注意的是，C语言的字符串在实际存储时，将自动在字符串尾部加一个结束标志'\0'（其ASCII码值为0）。

【例2.3.2】 大写字母转换成小写字母

程序填空，不要改变与输入/输出有关的语句。输入一个大写英文字母，输出相应的小写字母。

【输入示例】

G

【输出示例】

g

【实现提示】

在附录C的ASCII码表中查找大小写字母的对应关系，注意字母ASCII码可与整型常量运算。

```
#include <stdio.h>
int main()
```

```
{
    char ch;
    scanf("%c", &ch);
    ________________________________________
    printf("%c\n", ch);
}
```

（2）变量的定义和赋值

C 语言中的数据有两种基本形式：常量和变量。C 语言中所有的变量在使用前必须先定义，说明变量类型。

① 变量的定义

变量定义的形式如下：

类型标识符　变量名;

变量在定义时要注意以下几个问题。

- 变量的命名要符合 C 语言规定的标识符的命名规则，即只能由字母、数字和下画线组成，首字母必须为字母或下画线。此外 C 语言中规定的有特殊用途的关键字，如 int、float、if 等，不能作为变量名称。C 语言中大小写是敏感的，但是习惯上，变量一般用小写字母表示。
- 变量的数据类型决定了它的存储类型，即该变量占用的存储空间。所以定义变量类型，就是为了给该变量分配存储空间，以便存放数据。

基本的变量类型及其存储空间如表 2.3 所示。

表 2.3　基本变量类型及其存储空间

类　型	名　称	存储空间	取　值	实　例
int	整型	2 字节	介于–32768～32767 的整数	int i,j;
float	单精度浮点型	4 字节	实数，有效位数为 6～7 位	float x;
double	双精度浮点型	8 字节	实数，有效位数为 15～16 位	double y;
char	字符型	1 字节	ASCII 码字符，或–128～127 的整数	char c;

注：char 型变量只能存放一个字符，汉字或字符串的存储需要用字符数组实现。

② 变量的赋值

变量需要预置一个值，即赋值。赋值操作通过赋值符号“=”把右边的值赋给左边的变量：变量名=表达式；例如，“x=3; a=a+1; f=3*4+2;”。

其中需要注意的是：

- 数学中的“=”符号不同于 C 语言中的赋值符号“=”；
- 当赋值时两侧类型不一致时，系统将会做如下处理：
  - ✧ 将实数赋给一个整型变量时，系统自动舍弃小数部分；
  - ✧ 将整数赋给一个浮点型变量时，系统将保持数值不变并且以浮点小数形式存储到变量中；
  - ✧ 当字符型数据赋给一个整型变量时，不同的系统实现的情况不同，一般当该字符的 ASCII 值小于 127 时，系统将整型变量的高字节置 0、低字节存放该字符的 ASCII 值。
- 变量在定义的同时也可以赋初值，称为变量的初始化；
- 字符型变量的值可以是字符型数据、介于–128～127 的整数或转义字符。

（3）C 语言类型修饰符

基本类型可以带修饰性前缀，即类型修饰符，扩大 C 语言基本数据类型的使用范围。C 语言共有 4 种类型修饰符：

long　　　　长型

short　　短型
signed　　有符号型
unsigned　　无符号型

① long 型修饰符的意义

short 型和 long 型用于整型和字符型，其中 long 型还可以用于双精度型。short 型不常用，对于不同机型取值范围不同，这里不再介绍。long int（简写为 long）型的存储长度为 4 字节，范围为-2^{31}～$2^{31}-1$，用于存储整数超过 int 型取值范围的情况。long double 型的存储长度为 1 字节，约 24 位有效数字，取值范围超过 double 型。

② unsigned 型修饰符的意义

有符号型 signed 和无符号型 unsigned 适用于 char 型、int 型和 long 型三种类型，区别在于它们的最高位是否作为符号位。unsigned char 型的取值范围为 0～255（0～2^8-1），unsigned int（简写为 unsigned）型的取值范围为 0～65535（0～$2^{16}-1$），unsigned long 型的取值范围为 0～$2^{32}-1$。

（4）数据类型转换

① 自动类型转换

C 语言规定，不同类型的数据在参与运算前会自动转换成相同类型，再进行运算。转换的规则是：如果运算的数据有 float 型或 double 型，自动转换成 double 型再运算，结果为 double 型。如果运算的数据中无 float 型或 double 型，但是有 long 型，数据自动转换成 long 型再运算，结果为 long 型。其余情况为 int 型。

② 强制类型转换

C 语言中也可以使用强制类型转换符，强迫表达式的值转换为某一特定类型。强制类型转换形式为：（类型）表达式

强制类型转换最主要的用途：一是满足一些运算对类型的特殊要求，如求余运算符“%”要求运算符两侧的数据为整型，(int)2.5%3；二是防止丢失整数除法中的小数部分。

【例 2.3.3】 类型转换

问题描述：调试并输出下列程序的结果。

```
#include "stdio.h"
int main(void)
{
    unsigned int a = 6;
    int b = - 20;
    (a+b > 6)?puts(">6"):puts("<=6");
return 0;
}
```

（5）变量类别

C 语言根据变量作用域的不同，将变量分为局部变量和全局变量。

在函数内部定义的变量称为局部变量，它只在定义它的函数内部有效，即局部变量只能在定义它的函数内部使用，其他函数不能使用。

在所有函数外部定义的变量称为全局变量。全局变量的作用范围是从定义变量的位置开始到源程序结束，即全局变量可以被在其定义位置之后的其他函数所共享。

全局变量主要用于函数之间数据的传递。具体应用在两方面：一是函数可以将结果保存在全局变量中，这样函数得到多个执行结果，而不局限于一个返回值；二是由于函数可以直接使用全局变量的数据，从而减少了函数调用时的参数。

C 语言的变量根据分配的存储空间的不同，可以分为寄存器变量、静态变量和自动变量等。

① 自动变量

自动变量的存储空间为内存中的动态数据区，该区域中的数据随程序需要动态地生成或释放。在函数体内或复合语句内定义的局部变量都属于自动变量。

自动变量的类型修饰符 auto 放在变量的类型说明之前。但是 auto 一般是不写的。局部变量只要不专门说明是 static 存储类型，都确定为自动变量，采用动态存储方式。

自动变量的特点是当程序执行到自动变量的作用域时，才为自动变量分配存储空间，并且定义自动变量的函数执行结束后，程序将释放该自动变量的存储空间，留给其他自动变量使用。

② 静态变量

静态变量的存储空间为内存中的静态数据区，该区域中的数据在整个程序的运行期间一直占用这些存储空间，直到整个程序运行结束。

所有的全局变量都是静态变量，而局部变量只有在定义时加上类型修饰符 static，才为局部静态变量。

静态变量的特点是在程序的整个执行过程中始终存在，但是在它作用域之外不能使用，即静态变量的生存期就是整个程序的运行期。

在选择使用静态局部变量或自动变量时，可以从以下两点考虑：一是如果需要在两次函数调用之间保持上一次函数的调用结果，可以使用局部静态变量；二是如果在每次调用函数时都必须对局部变量初始化，则选择自动变量。但是实际上，局部静态变量占用内存时间较长，并且可读性差，因此，除非必要，尽量避免使用局部静态变量。

③ 寄存器变量

为了提高运算速度，C 语言允许将一些频繁使用的局部变量定义为寄存器变量，这样程序尽可能地为它分配寄存器存放，而不用内存。寄存器变量只要在定义时加上类型修饰符 register 即可。

④ 用 extern、static 声明的全局变量

如果组成一个程序的几个文件需要用到同一个全局变量，只要在其他引用该全局变量的源程序文件中说明该全局变量为 extern 即可。

反之，如果希望一个源程序文件中的全局变量仅限于该文件使用，只要在该全局变量定义时的类型说明前加一个 static 即可。

【例 2.3.4】 静态变量

调试下列程序

```
#include "stdio.h"
#include "conio.h"
varfunc()
{
    int var=0;
    static int static var=0;
    printf("var: %d \n",var);
    printf("static var: %d \n",static var);
    printf("\n");
    var++;
    static var++;
}
void main()
{
  int i;
  for(i=0;i<3;i++)
    varfunc();
}
```

【例 2.3.5】 判断

在C语言中，以下关于关键字 static 的说法正确的是__________。

A. 在函数体内，一个被声明为静态的变量在这一函数被调用过程中维持其值不变

B. 在模块内（但在函数体外），一个被声明为静态的变量可以被模块内所有函数访问，但不能被模块外的其他函数访问。它是一个本地的全局变量

C. 在模块内，一个被声明为静态的函数只可被这一模块内的其他函数调用。那就是，这个函数被限制在声明它的模块的本地范围内使用

（6）宏

C 语言提供的预处理命令主要有：宏定义、文件包含和条件编译。其中宏定义分为带参数的宏定义和不带参数的宏定义。

① 不带参数的宏定义

不带参数的宏定义的一般形式为：

```
#define  标识符  字符串
```

它的作用是在编译预处理时，将源程序中的所有标识符替换成字符串。

不带参数的宏定义在使用时，要注意以下几个问题。

- 宏名一般用大写字母，以便与变量名区别；
- 编译预处理过程中，宏名与字符串在进行替换时，不做语法检查；
- 宏名的有效范围是从定义位置到文件结束。如果需要终止宏定义的作用域，可以用#undef 命令；
- 宏定义时可以引用已经定义的宏名；
- 对程序中用双引号括起来的字符串内的字符，不进行宏的替换操作。

② 带参数的宏定义

带参数的宏定义的一般形式为：

```
#define  标识符（参数表）字符串
```

它的作用是在编译预处理时，将源程序中的所有标识符替换成字符串，并将字符串中的参数用实际使用的参数替换。

带参数的宏定义在使用时，要注意以下几个问题。

- 在宏定义时，宏名和参数之间不能有空格。
- 一般在定义宏时，字符串中的形式参数外面加一个括号。

【例 2.3.6】 带参数的宏定义

定义带参数的宏 MAX(a,b)、MIN(a,b)、ABS(a)，分别求两个数的最大值、最小值和一个数的绝对值，并编写 main( )函数进行测试。

【实现提示】#define ADD(A,B) A+B

【思考题】宏的作用是什么？使用宏时应该注意什么问题？例如，执行“e=c*ADD(A,B)*d;”语句时会怎样？

（7）文件包含

“文件包含”用于一个源程序文件包含另一个源程序文件的全部内容。提供的文件包含预处理命令的一般形式为：

```
    #include  <文件名>
或  #include  “文件名”
```

“文件包含”在使用时要注意：

- 一个#include 命令只能指定一个被包含的文件；

● “文件包含”可以嵌套。

（8）运算符与表达式

① 算术运算符与表达式

● 算术运算符

C语言提供的算术运算符及功能如下。

✧ +：加法运算符。如1+2的结果为3。

✧ –：减法运算符或负值运算符。如5–3、–2的结果分别为2和–2。

✧ *：乘法运算符。如2*3的结果为6。

✧ /：除法运算符。如4/2的结果为2。

✧ **%**：模运算符或取余运算符，要求%两侧均为整型数据。如8%3的结果为2。

计算时需要注意两点：一是当运算的数据都是整型数据时，结果为整型，如果有实数，则结果为double型；二是模运算符要求运算符两侧必须为整型数据，如果不是整型数据，可以采用强制类型转换。

● 算术表达式

用算术运算符将数据对象连接起来的式子称为算术表达式。表达式的运算按照运算符的结合性和优先级来进行。C语言规定了运算符的结合方向，即结合性。算术运算符的结合性是从左往右。C语言规定负值运算符的优先级高于乘、除、模运算符，乘、除、模运算符优先级高于加、减运算符，当表达式中的优先级相同时，按照运算符的结合性。如果需要先计算优先级低的，可以使用括号“()”，括号的优先级最高。

② 关系运算符与表达式

● 关系运算符

C语言提供以下关系运算符。

✧ < ：小于运算符。如a<4。

✧ <=：小于等于运算符。如3<=5。

✧ >：大于运算符。如x>y。

✧ >=：大于等于运算符。如x>=0。

✧ ==：等于运算符。如a==b。

✧ !=：不等于运算符。如y!=1。

两个数据在进行值的比较时，其结果不是成立就是不成立，其中成立为“真”，不成立为“假”。在C语言中，任何非0值为“真”，0值为“假”。关系运算的结果仅产生两个值：1表示“真”，0表示“假”。

● 结合性与优先级

✧ 关系运算符的结合性为“从左往右”。

✧ 关系运算符中，<、<=、>、>=的优先级相等，= =和!=的优先级相等，且前者高于后者。

✧ 关系运算符的级别小于算术运算符。

● 关系表达式

用关系运算符将两个数据或表达式连接起来的式子称为关系表达式。关系表达式的值为1或0。

③ 逻辑运算符与表达式

● 逻辑运算符

逻辑运算表示两个数据或表达式之间的逻辑关系。C语言提供的逻辑运算符有三种：逻辑与运算符“&&”、逻辑或运算符“||”、逻辑非运算符“!”。

逻辑运算的结果也只有两个：“真”为1和“假”为0。

● 结合性与优先级

逻辑运算符“!”的结合性为“从右往左”，“&&”和“||”的结合性为“从左往右”。

逻辑运算符的优先级为：“!”高于“&&”高于“||”。例如，表达式“!（3<4）||（2>5）&&（4>1）”，则！的运算结果为假，&&的运算结果为假，最终||的结果为假，即该表达式的值为0。

“!”的优先级高于算术运算符，“&&”和“||”的优先级低于关系运算符。

● 逻辑表达式

逻辑表达式的值为1或0。由于C语言编译系统在判断一个量为“真”或“假”时，以0为“假”，以非0为“真”，所以逻辑运算符也可以直接连接数据，如!4的结果为0、3&&0的结果为0。

【例2.3.7】 与或运算

问题描述： 调试下列程序，分析输出结果。

```
#include "stdio.h"
int main()
{
    int x=0,y=0,a=0,b=0;
    a=(y==123)&&(x<4);
    b=(y!=123)||(x>4);
    printf("a:%d,b:%d\n",a,b);
    return 0;
}
```

● 简单赋值运算

C语言中最常见的赋值运算符是“=”，其作用是将赋值运算符右边的表达式赋予左边的变量，形如：变量=表达式，称为赋值表达式。例如，x=4。赋值运算符的结合性为从右往左，其优先级低于算术运算符、关系运算符和逻辑运算符。

● 复合赋值运算

算术运算符“+ – * /%”和赋值运算符“=”结合起来，形成复合赋值运算符。

✧ +=：加赋值运算符。如a+=3+1，等价于 a=a+(3+1)。
✧ –=：减赋值运算符。如a–=3+1，等价于 a=a–(3+1)。
✧ *=：乘赋值运算符。如a*=3+1，等价于 a=a*(3+1)。
✧ /=：除赋值运算符。如a/=3+1，等价于 a=a/(3+1)。
✧ %=：取余赋值运算符。如a%=3+1，等价于 a=a%(3+1)。
✧ &=：位与赋值运算符。如a&=b，等价于 a=a&b。
✧ |=：位或赋值运算符。如a|=b，等价于 a=a|b。
✧ >>=：右移赋值运算符。如a>>=2，等价于 a=a>>2。
✧ <<=：左移赋值运算符。如a<<=2，等价于 a=a<<2。
✧ ∧=：异或赋值运算符。如a∧=b，等价于 a=a∧b。

复合赋值运算符的作用是先将复合运算符右边表达式的结果与左边的变量进行算术运算，然后再将最终结果赋予左边的变量。进行复合运算时要注意两点：一是复合运算符左边必须是变量；二是复合运算符右边的表达式计算完成后才参与复合赋值运算。

复合赋值运算符的结合性和优先级等同于简单的赋值运算符“=”。复合运算符常用于某个变量自身的变化，尤其当左边的变量名很长时，使用复合运算符书写更方便。

【例2.3.8】 赋值运算的结合顺序

设x为int型变量，则执行以下语句后，x的值为__________。

```
x = 10; x += x -= x-x;
```

A. 10　　B. 20　　C. 30　　D. 40

④ 自增和自减

自增和自减运算符是C语言所特有的，主要用于使一个变量加1或减1。自增和自减运算符及其功能如下。

✧ ++：自增运算符。如a++和++a，都等价于a=a+1。

✧ --：自减运算符。如a--和--a，都等价于a=a-1。

自增和自减运算符是单目运算符。自增运算符和自减运算符可以放到变量前面（前置方式）或后面（后置方式），这两种方式同样实现了变量的自增或自减运算。但是，当变量的自增运算或自减运算与其他运算配合构成一个表达式时，进行前置运算时，变量先做自增或自减运算，再将变化后的变量值参与表达式中的其他运算；进行后置运算时，变量在参与表达式中的其他运算之后，再做自增或自减运算。

【例2.3.9】 自加与自减

问题描述：请写出下列程序的执行结果。

```
#include "stdio.h"
int main()
{
    int a = 5, b = 7, c;
    c = a+++b;
    printf("a:%d,b:%d,c:%d\n",a,b,c);
}
```

已知“int a=5;”，执行语句“while(a-->0);”，则a的值是__________。

A. 5　　B. 0　　C. –1　　D. –2

⑤ 逗号运算符和逗号表达式

逗号运算符主要用于连接表达式。例如，a=a+1,b=3*4。

用逗号运算符连接起来的表达式称为逗号表达式。它的一般形式为：

表达式1，表达式2，…，表达式n

逗号表达式的运算过程是：先算表达式1，再算表达式2，依次算到表达式n。

整个逗号表达式的值是最后一个表达式的值。逗号表达式的结合性从左往右，它的优先级是最低的。

⑥ 条件运算符和条件表达式

条件运算符是C语言中的唯一的三目运算符，即它需要三个数据或表达式构成条件表达式。它的一般形式为：

表达式1？表达式2：表达式3

如果表达式1成立，则表达式2的值是整个表达式的值，否则，表达式3的值是整个表达式的值。

if-else结构可以替换条件运算符，但是条件运算符不能替换所有的if-else结构。只有当if-else结构为两个分支情况，并且都给同一个变量赋值时，才可以用条件运算符替换。条件运算符的结合性为从右往左。

条件运算符的优先级仅高于赋值运算符和逗号运算符，低于关系运算符、算术运算符和逻辑运算符。

【例2.3.10】 条件运算符

问题描述：调试并比较下列程序的运行结果。

程序一：

```c
#include "stdio.h"
#define MAX(x,y)  (x)>(y)?(x):(y)
int main()
{
    int a=5,b=2,c=3,d=3,t;
    t=MAX(a+b,c+d)*10;
    printf("%d\n",t);
    return 0;
}
```

程序二：

```c
#include "stdio.h"
int main()
{
    int a=5,b=2,c=3,d=3,t;
    t=(a+b>c+d?a+b:c+d)*10;
    printf("%d\n",t);
    return 0;
}
```

⑦ 位运算

位运算是指按二进制进行的运算。在系统软件中，常需要处理二进制位的问题。C 语言提供了 6 个位操作运算符。这些运算符只能用于整型操作数，即只能用于带符号或不带符号的 char、short、int 与 long 类型。C 语言提供的位运算符如下。

✧ & 按位与：如果两个相应的二进制位都为 1，则该位的结果值为 1，否则为 0；

✧ | 按位或：两个相应的二进制位中只要有一个为 1，则该位的结果值为 1；

✧ ^ 按位异或：若参与运算的两个二进制位值相同，则为 0，否则为 1；

✧ ～ 取反：～是一元运算符，用来对一个二进制数按位取反，即将 0 变 1，将 1 变 0；

✧ << 左移：用来将一个数的各二进制位全部左移 *N* 位，右补 0；

✧ >> 右移：将一个数的各二进制位右移 *N* 位，移到右端的低位被舍弃，对于无符号数，高位补 0。

【例 2.3.11】 交换变量的值

问题描述： 调试并分析下列程序。

程序一：

```c
#include "stdio.h"
int main()
{
    unsigned int a=5,b=2,t;
    t=a;
    a=b;
    b=t;
    printf("a:%d,b:%d\n",a,b);
    return 0;
}
```

程序二：

```c
#include "stdio.h"
int main()
{
    unsigned int a=5,b=2,t;
    a = a ^ b;
    b = a ^ b;
    a = a ^ b;
    printf("a:%d,b:%d\n",a,b);
    return 0;
}
```

以上介绍了 C 语言的常用运算符，其优先级从高到低总结如下：

（高）

( )

！、++、--、负值运算符-

算术运算符*、/、%

加法运算符+、减法运算符-

关系运算符<、<=、>、>=

关系运算符==、!=

逻辑运算符&&

逻辑运算符||

条件运算符?:

赋值运算符=、+=、-=、*=、/=、%=

逗号运算符,

（低）

2.3.3 实验内容

实验 2.3.1 字符表示

编程输出字符 0、9、A、Z、a、z 的 ASCII 码的十进制、八进制和十六进制的表示形式。

实验 2.3.2 计算旅途时间

程序填空，不要改变与输入/输出有关的语句。

输入两个整数 time1 和 time2，表示火车的出发时间和到达时间，计算并输出旅途时间。有效的时间范围是 0000～2359，无须考虑出发时间晚于到达时间的情况，括号内是说明。

【输入示例】

712 1411（出发时间是 7:12，到达时间是 14:11）

【输出示例】

The train journey time is 6 hrs 59 mins.

```
#include <stdio.h>
int main( )
{
    int time1, time2, hours, mins;
    scanf("%d%d", &time1, &time2);
    ________________________________________
    printf("The train journey time is %d hrs %d mins.\n", hours, mins);
}
```

实验 2.3.3 艰难旅程

假定有一只乌龟决心去做环球旅行。出发时，它踌躇满志，第一秒四脚飞奔，爬了 1 米。随着体力和毅力的下降，第二秒爬了 1/2 米，第三秒爬了 1/3 米，第四秒爬了 1/4 米，以此类推。问这只乌龟一小时能爬出多远？爬出 20 米需要多少时间？

实验 2.3.4 成绩计算

参照并扩展实验 2.2.4 完成的程序，定义变量存储用户输入的考生考号（整数）、考生性别（字符）、C 语言成绩（实数）、高等数学成绩（实数）、英语成绩（实数）；输入两个考生的姓名及成绩，计算并输出每个考生的平均分。

实验 2.3.5 成绩直方图

假设文件里保存着一批学生成绩，现在要写程序读入这些成绩，产生其平均值 M 和标准差 S，其中，$M=\frac{1}{N}\sum_{i=1}^{N}x_i$，$S=\sqrt{\frac{1}{N-1}\sum_{i=1}^{N}(x_i-M)^2}$，并输出一个分段成绩的直方图（直方图以多个*表示）。

实验 2.3.6 数字加密

程序填空，不要改变与输入/输出有关的语句。

输入一个 4 位数，将其加密后输出。方法是将该数每一位上的数字加 9，然后除以 10 取余，作为该位上的新数字，最后将第 1 位和第 3 位上的数字互换，第 2 位和第 4 位上的数字互换，组成加密后的新数。例如，输入 1257，每一位上的数字加 9 除以 10 取余后，得 0146，交换后得到 4601。

【输入示例】

1257

【输出示例】

The encrypted number is 4621

2.4　基本程序结构

2.4.1　学习目标

（1）掌握C语言的顺序结构和选择结构的实现方法，包括if语句、switch语句、while语句、do-while语句和for语句的使用，并且可以按照一般程序设计方法完成简单程序的设计实现。

（2）理解break和continue在循环结构中的不同作用，掌握break、continue等语句的使用。

（3）熟悉循环嵌套（多重循环）程序的设计实现。

2.4.2　知识要点与练习

（1）顺序结构

顺序结构是结构化程序设计的三种基本结构中最简单的结构。它可以独立存在，也可以出现在选择结构或循环结构中。在顺序结构中，函数、一段程序或语句是按照出现的先后顺序执行的。

（2）选择结构

C语言中的选择结构有两种：if语句和case语句。if语句提供两个分支的选择，case语句提供多分支的选择。

① if语句形式

- 形式一：

  if(条件) 语句1;
  else 语句2;

- 形式二：

  if(条件) 语句;

if语句形式如图2.1所示。if语句可以互相嵌套，即当if语句中的语句1或语句2是一个含if语句的复合语句时，形成if语句的嵌套。if语句的嵌套常见形式有两种，如图2.2所示。

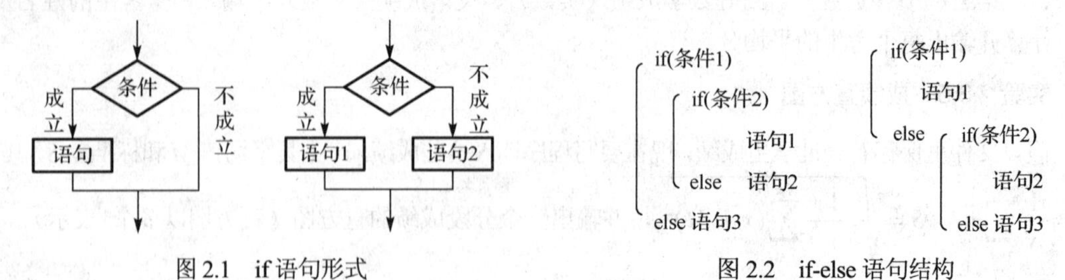

图2.1　if语句形式　　　　图2.2　if-else语句结构

在if语句嵌套中，需要特别注意else与if的配对问题。C语言编译系统处理该问题的原则是：else总是与同一语法层次中离它最近的尚未配对的if配对。

【例2.4.1】 程序调试

```
#include <stdio.h>
int main()
```

```
{
    char c;
    printf("input:");
    scanf("%c",&c);
    if(c>='a' && c<='z')
        c=c-32;
    else
        c=c;
    printf("%c\n",c);
    return 0;
}
```

【例 2.4.2】 找最小值

问题描述：程序填空，不要改变与输入/输出有关的语句。输入一个正整数 r（$0 < r < 10$），表示做 r 次下列运算：输入 4 个整数，输出其中的最小值。

【输入示例】

3
12 6 1 90
10 40 30 20
−1 −3 −4 −5

【输出示例】

```
min is 1
min is 10
min is -5
#include <stdio.h>
int main( )
{
    int ri, r;
    int a, b, c, d, min;
    scanf("%d", &r);
    for(ri=1; ri<=r; ri++){
        scanf("%d%d%d%d", &a, &b, &c, &d);
        ____________________
        printf("min is %d\n", min);
    }
}
```

② switch 语句

C 语言提供了 switch 语句来解决多分支选择问题。switch 语句的一般形式如下：

switch (整型表达式)
{
    case 数值 1: 语句 1; break;
    case 数值 2: 语句 2; break;
    …
    case 数值 n: 语句 *n*; break;
    default: 语句 *n*+1;
}

整型表达式也可以是字符型表达式。数值 1 到数值 n 可以是整数或字符常量。switch 语句执行过程是：首先计算整型表达式，根据结果与 case 后面的常量数值进行比较，如果等于 case 后面的数值，则执行其后的语句，然后跳出。如果 case 后的数值没有与表达式值相等的情况时，则执行 default 后面的语句再跳出。其中，若默认 break，则执行符合表达式数值的语句及其后的语句，直到遇见 break 才跳出 switch 语句。若默认 default，当没有与表达式值相等的数值时，直接跳出 switch 语句。

【例 2.4.3】 计算个人所得税

问题描述：程序填空，不要改变与输入/输出有关的语句。

输入一个正整数 r（$0 < r < 10$），做 r 次下列运算：输入一个职工的月薪 salary，输出应交的个人所得税 tax（保留两位小数）。

tax = rate * (salary−850)

当 salary ≤ 850 时，rate = 0；

当 850 < salary ≤ 1350 时，rate = 5；

当 1350 < salary ≤ 2850 时，rate = 10；

当 2850 < salary ≤ 5850 时，rate = 15；

当 salary > 5850 时，rate = 20。

【输入示例】

```
5
1010.87
32098.76
800
4010
2850
```

【输出示例】

```
tax=8.04
tax=6249.75
tax=0.00
tax=474.00
tax=200.00
```

```
#include <stdio.h>
int main()
{
    int ri, r;
    float rate, salary, tax;
    scanf("%d", &r);
    for(ri=1; ri<=r; ri++){
        scanf("%f", &salary);
        ____________________________________________
        printf("tax=%0.2f\n", tax);
    }
}
```

（3）循环结构

① while 语句

while 语句的一般形式如下：

while (条件) 语句;

while 语句的执行过程：当条件成立时，执行循环体中的语句，然后再次判断条件，重复上述过程，直到条件不成立时结束循环。while 语句的特点是：当一开始条件就不成立时，一次也不执行循环语句。在循环结构的设计中，特别需要注意的是：避免死循环。循环体中必须有改变循环条件的语句，并且可以使程序执行到某一时刻不满足这个条件而结束循环。

【例 2.4.4】 求最大值、最小值与平均值

问题描述：输入若干整数值，以 0 结束，求其中的最大值、最小值和平均值。

```
#include <stdio.h>
int main()
{
    int max, min, sum, tmp, count=0;
    scanf("%d\n", &tmp);
    if (tmp==0) return;
    max = min =sum = tmp;
    count++;
    while (tmp!=0) {
        scanf("%d\n", &tmp);
        if(tmp!=0){
            sum += tmp; count++;
            if (tmp>max) max=tmp;
            if (tmp<min) min=tmp;
        }
    }
    printf("max=%d, min =%d, average=%d\n", max, min, sum/count);
    return 0;
}
```

【例 2.4.5】 求π值

问题描述：用 $\frac{\pi}{4} \approx 1-\frac{1}{3}+\frac{1}{5}-\frac{1}{7}+\cdots$ 公式求π的近似值，直到发现某一项的绝对值小于 10^{-6} 为止（该项不累计加）。

```
#include <stdio.h>
#include <math.h>
int main()
{
    int sign=1; double pi=0,n=1,term=1;
    while(fabs(term)>=1e-6) {
        pi=pi+term;
        n=n+2;
        sign=-sign;
        term=sign/n;
    }
    pi=pi*4;
    printf("pi=%10.8f\n",pi);
    return 0;
}
```

② do-while 语句

do-while 语句的一般形式如下：

do 语句; while (条件);

do-while 语句的执行过程是：执行循环体中的语句，然后判断条件，条件成立再执行循环体；重复上述过程，直到条件不成立时结束循环。do-while 语句的特点是：当一开始条件就不成立时，已经执行了一次循环语句。此外特别注意 while（条件）后面的分号不能省略。

while 语句可以转换为 do-while 语句，二者基本上是等价的，唯一不同的是：当一开始条件就不成立时，while 语句不执行循环体，而 do-while 语句执行一次循环体。

【例 2.4.6】 调和数

问题描述：程序填空，不要改变与输入/输出有关的语句。

输入一个正整数 r（$0<r<10$），做 r 次下列运算：读入一个正整数 n（$n\leq 50$），计算并输出 1+1/2+1/3+…+1/n（保留三位小数）。

【输入示例】

2

2

10

【输出示例】

1.500

2.929

```
#include <stdio.h>
int main( )
{
    int ri, r;
    int i, n;
    float sum;
    scanf("%d", &r);
    for(ri=1; ri<=r; ri++){
        scanf("%d", &n);
        ____________________________________________
        printf("%.3f\n", sum);
    }
}
```

③ for 语句

for 语句的一般形式如下：

for (表达式 1; 表达式 2; 表达式 3) 语句;

for 语句的执行过程是：第一步执行表达式 1，第二步执行表达式 2，判断是否继续循环，第三步当条件成立时，执行循环体中的语句和表达式 3；然后重复第二、三步，直到条件不成立时结束循环。

【例 2.4.7】 判断素数

问题描述：程序填空，不要改变与输入/输出有关的语句。

输入一个正整数 r（$0<r<10$），做 r 次下列运算：输入一个正整数 m，如果它是素数，输出“YES”，否则，输出“NO”（素数就是只能被 1 和自身整除的正整数，例如，1 不是素数，2 是素数）。

【输入示例】

4

1
2
9
17

【输出示例】

NO
YES
NO
YES

```
#include <stdio.h>
#include <math.h>
int main( )
{
    int ri, r;
    int flag, i, m, n;
    scanf("%d", &r);
    for(ri=1; ri<=r; ri++){
        scanf("%d", &m);
        ________________________________
        if(flag) printf("YES\n");
        else printf("NO\n");
    }
}
```

④ break、continue、goto 语句

break 语句除了可以用在 switch 语句中外，还可以用在循环体中。在循环体中若遇见 break 语句，则立即结束循环，跳到循环体外，执行循环结构后面的语句。break 语句的一般形式为：

break;

在循环体中 break 语句常与 if 语句搭配使用，并且 break 语句只能用在 switch 语句和循环语句中。

continue 语句用于结束本次循环，即在循环体中若遇见 continue 语句，则循环体中 continue 语句后面的语句不执行，接着进行下一次循环的判定。它的一般形式为：

continue;

continue 语句只用于循环结构的内部，一般同 if 语句搭配使用。continue 语句和 break 语句在循环体中的作用是不同的。continue 语句只取消本次循环的 continue 语句后面的内容，而 break 语句则终止了整个循环过程。

goto 语句为无条件转移语句，它的一般形式为：

goto 语句标号;

语句标号的命名需要符合 C 语言对标识符的命名规则，即语句标号由字母、数字和下画线组成，其中第一个字符不能是数字。标号必须加在某个语句的前面，并且在标号后面使用冒号。当程序执行到 goto 语句后，程序转移到标号指定的语句继续执行。标号只对 goto 语句有意义，在其他场合下遇见语句标号，则直接执行语句而忽视标号的存在。

goto 语句可以与 if 语句组合，构成循环语句。此外 goto 语句也用于从循环体内跳出循环，尤其在多层循环中，使用 goto 语句可以跳到任意一层循环体内。但是这种用法不符合结构化程序设计要求，应该尽量避免。

【例 2.4.8】 募捐

问题描述：在 1000 名学生中征集慈善募捐，当总数达到 10 万元时就结束，统计此时捐款的人数，以及平均每人捐款的数目。

```
#include <stdio.h>
#define SUM 100000
int main() {
    float amount,aver,total;   int i;
    for (i=1,total=0;i<=1000;i++) {
        printf("please enter amount:");
        scanf("%f",&amount);
        total= total+amount;
        if (total>=SUM) break;
    }
    aver=total / i ;
    printf("num=%d\naver=%10.2f\n",i,aver);
    return 0;
}
```

【例 2.4.9】 兔子数量

问题描述：有一对兔子，从出生后第三个月起，每个月都生一对小兔子，小兔子长到第三个月后每个月又生一对小兔子，假如兔子都不死，何时兔子总数会超过 1000 只？

【实现提示】

注意寻找每个月兔子对数的变化规律，兔子总数=2×兔子对数。

⑤ 循环语句的嵌套

一个循环语句的循环体内包含另一个完整的循环语句，称为循环的嵌套。while 语句、do-while 语句和 for 语句都可以互相嵌套，甚至可以多层嵌套。循环嵌套时需要注意内循环变量的初始化问题。此外，break 只能跳出一层循环（或一层 switch 语句结构）。

【例 2.4.10】 求小于 n 的素数

问题描述：给定一个正整数 n，求出所有小于 n 的素数。

【实现提示】

使用例 2.4.7 中实现的判断素数功能的语句作为循环体语句。

【例 2.4.11】 百钱百鸡（穷举法）

问题描述：我国古代数学家张丘键在《算经》中出了一道题：鸡翁一，值钱五；鸡母一，值钱三；鸡雏三，值钱一。百钱买百鸡，问鸡翁、鸡母、鸡雏各几何？

注：穷举法是最简单、最常见的一种程序设计方法，它充分利用了计算机处理的高速特性。使用穷举法的关键是确定正确的穷举范围，既不能过分扩大，也不能过分缩小穷举的范围。

2.4.3 实验内容

实验 2.4.1 统计字符

程序填空，不要改变与输入/输出有关的语句。输入一个正整数 $r(0<r<10)$，做 r 次下列运算：输入一行字符，分别统计出其中的英文字母、空格、数字和其他字符的个数。

【输入示例】

2

Reold building room 123.

Programming is fun

【输出示例】

letter=17, blank=3, digit=3, other=1

letter=16, blank=2, digit=0, other=0

```
#include <stdio.h>
int main( )
{
    int ri, r;
    int blank, digit, letter, other;
    char c;
    scanf("%d", &r);
    getchar();
    for(ri=1; ri<=r; ri++){
        c = getchar();
        ________________________________
    printf("letter=%d, blank=%d, digit=%d, other=%d\n", letter, blank, digit, other);
    }
}
```

实验 2.4.2　成绩菜单管理

参照并改进实验 2.3.4 完成的程序，使用户能够选择菜单给出的各项功能，功能选择时可输入该项功能前的数字。如果输入 1，则提示“请依次输入考生考号、性别、C 语言成绩、高等数学成绩、英语成绩”；输入 2，显示“请输入待查找考生考号”；输入 3，显示“请输入待修改考生考号”；输入 4，显示所有已保存的考生的信息；输入 5，则显示“谢谢使用”，并退出程序；输入其他，则显示“输入错误，请重新输入”。

用循环语句实现用户的重复输入，直到输入选择为“0”时，结束循环。

实验 2.4.3　求整数各位数之和

程序填空，不要改变与输入/输出有关的语句。输入一个正整数 r（$0<r<10$），做 r 次下列运算：输入一个整数，输出它的位数及各位数之和。

【输入示例】

4

123456 -100 -1 99

【输出示例】

number=6, sum=21

number=3, sum=1

number=1, sum=1

number=2, sum=18

```
#include <stdio.h>
int main()
{
    int ri, r;
    int number, sum;
```

```
        long in;
        scanf("%d", &r);
        for(ri=1; ri<=r; ri++){
            scanf("%ld", &in);
            ________________________________
            printf("number=%d, sum=%d\n", number, sum);
        }
    }
```

实验 2.4.4 判断闰年

【问题描述】判断某年是否是闰年。公历纪年法中，能被 4 整除的大多是闰年，但能被 100 整除而不能被 400 整除的年份不是闰年，如 1900 年是平年，2000 年是闰年。

【输入数据】

一行，仅含一个整数 a（$0 < a < 3000$）。

【输出要求】

一行，如果公元 a 年是闰年，输出 Y，否则输出 N。

【输入示例】

2006

【输出示例】

N

实验 2.4.5 身高预测

每个父母都关心自己孩子成人后的身高，据有关生理卫生知识与数理统计分析表明，影响小孩成人后身高的因素包括遗传、饮食习惯与体育锻炼等。小孩成人后的身高与其父母的身高和自身的性别密切相关。

设 faHeight 为其父身高，moHeight 为其母身高，身高预测公式为：

$$\text{男性成人时身高}=(\text{faHeight} + \text{moHeight})\times 0.54\ \text{cm}$$

$$\text{女性成人时身高}=(\text{faHeight}\times 0.923 + \text{moHeight})/2\ \text{cm}$$

此外，如果喜爱体育锻炼，那么可增加身高 2%；如果有良好的卫生饮食习惯，那么可增加身高 1.5%。

编程从键盘输入用户的性别（用字符型变量 sex 存储，输入字符 F 表示女性，输入字符 M 表示男性）、父母身高（用实型变量存储，faHeight 为其父身高，moHeight 为其母身高）、是否喜爱体育锻炼（用字符型变量 sports 存储，输入字符 Y 表示喜爱，输入字符 N 表示不喜爱）、是否有良好的饮食习惯（用字符型变量 diet 存储，输入字符 Y 表示良好，输入字符 N 表示不好）等条件，利用给定公式和身高预测方法对身高进行预测。

实验 2.4.6 简单的计算器

用 switch 语句编程设计一个简单的计算器程序，要求根据用户从键盘输入如下的表达式：

操作数 1 运算符 op 操作数 2

计算表达式的值，指定的算术运算符为加（+）、减（–）、乘（*）、除（/），要求如下。

① 如果要求程序能进行浮点数的算术运算，程序应该如何修改？如何比较实型变量 data2 和常数 0 是否相等？

② 如果要求输入的算术表达式中的操作数和运算符之间可以加入任意多个空白符，那么程序如何修改？

③ 如果要求连续做多次算术运算，每次运算结束后，程序都给出提示：

Do you want to continue（Y/N or y/n）？

用户输入 Y 或 y 时，程序继续进行其他算术运算；否则程序退出运行状态。那么，程序如何修改？

【思考题】比较实型变量 data2 和常数 0 是否相等，能用 if (data2 == 0)吗？为什么？

实验 2.4.7　猜数游戏

在这个实验中，我们将尝试编写一个猜数游戏程序，这个程序看上去有些难度，但是如果按下列要求循序渐进地编程实现，会发现其实这个程序很容易实现。先编写程序 1，然后试着在第一个程序的基础上编写程序 2，……

程序 1　编程先由计算机“想”一个 1～100 的数请人猜，如果人猜对了，则计算机给出提示“Right!”，否则提示“Wrong!”，并告诉人所猜的数是大（Too high）还是小（Too low），然后结束游戏。要求每次运行程序时，机器所“想”的数不能都一样。

程序 2　编程先由计算机“想”一个 1～100 的数请人猜，如果人猜对了，则结束游戏，并在屏幕上输出人猜了多少次才猜对此数，以此来反映猜数者“猜”的水平；否则计算机给出提示，告诉人所猜的数是太大还是太小，直到人猜对为止。

程序 3　编程先由计算机“想”一个 1～100 的数请人猜，如果人猜对了，则结束游戏，并在屏幕上输出人猜了多少次才猜对此数，以此来反映猜数者“猜”的水平；否则计算机给出提示，告诉人所猜的数是太大还是太小，最多可以猜 10 次，如果猜了 10 次仍未猜中的话，结束游戏。

程序 4　编程先由计算机“想”一个 1～100 的数请人猜，如果人猜对了，在屏幕上输出人猜了多少次才猜对此数，以此来反映猜数者“猜”的水平，则结束游戏；否则计算机给出提示，告诉人所猜的数是太大还是太小，最多可以猜 10 次，如果猜了 10 次仍未猜中的话，则停止本次猜数，然后继续猜下一个数。每次运行程序可以反复猜多个数，直到操作者想停止时才结束。

【思考题】用 scanf( )输入用户猜测的数据时，如果用户不小心输入了非法字符，如字符 a，那么程序运行就会出错，用什么方法可以避免这样的错误发生呢？请读者编写程序验证方法的有效性。

实验 2.4.8　最大公约数与最小公倍数

输入两个正整数 m 和 n，求它们的最大公约数和最小公倍数。

【方法提示】

最大公约数使用辗转相除法，最小公倍数等于 $m \times n$ 再除以它们的最大公约数。

实验 2.4.9　猴子吃桃

猴子第一天摘下若干桃子，当即吃了一半，还不过瘾，又多吃了一个；第二天早上，又将剩下的桃子吃掉一半，又多吃了一个。以后每天早上都吃了前一天剩下的一半零一个。到第 10 天早上想再吃时，见只剩下一个桃子了。第一天共摘了多少？

实验 2.4.10　打鱼还是晒网

中国有句俗语叫“三天打鱼两天晒网”。某人从 2010 年 1 月 1 日起开始“三天打鱼两天晒网”，问这个人在以后的某一天中是“打鱼”还是“晒网”。

【问题分析】

根据题意可以将解题过程分为三步：

① 计算从 2010 年 1 月 1 日开始至指定日期共有多少天；

② 由于“打鱼”和“晒网”的周期为 5 天，所以将计算出的天数用 5 去除；

③ 根据余数判断他是在“打鱼”还是在“晒网”；若余数为1、2、3，则他是在“打鱼”，否则是在“晒网”。

在这三步中，关键是第一步。求从2010年1月1日至指定日期有多少天，要判断经历年份中是否有闰年，二月为29天，平年为28天。

2.5 函 数

2.5.1 学习目标

（1）理解C语言中函数的概念、定义和调用。

（2）掌握函数的定义、调用方式，了解函数形参和实参的特点。

（3）掌握函数的嵌套调用和递归调用，并能熟练编写具有一定功能的函数。

2.5.2 知识要点与练习

（1）C语言函数的分类与执行过程

C程序是由一个主函数和其他若干函数构成的，每个函数实现一定的功能，其中主函数main( )是必需的，其他函数被主函数调用或者其他函数之间相互调用。C 语言的函数可以分为三类：主函数main( )、库函数（如printf( )、scanf( )等）和用户自定义函数。函数的使用不仅简化了程序设计，而且符合模块化程序设计方法。

第一类：主函数，名为main( )。每个程序中只能有一个、也必须有一个主函数。无论主函数在什么位置，C程序总是从主函数开始执行。

第二类：用户自定义函数，可有可无，数目不限。

第三类：C语言提供的库函数，如输出函数printf( )和输入函数scanf( )。

C程序总是从主函数开始执行，其他函数只有在被主函数或其他正在执行的函数调用时才能被程序执行，执行后返回调用函数，最后返回到主函数，在主函数中结束整个程序的运行。

所有的函数在定义时是相互独立的，它们之间是平行关系，所以不能在一个函数内部定义另一个函数，即不能嵌套定义。函数间可以互相调用，但是不能调用主函数。

（2）函数的定义

常见的函数定义的形式如下：

```
类型标识符 函数名（形参类型说明表列）{
    函数体
}
```

类型标识符为函数的类型，与return语句返回值的类型相同，可以理解为函数最终结果的类型。它可以是任何一种有效的类型，当函数类型标识符缺省时默认是整型。当函数无返回值时，类型标识符为void。

函数名要符合C语言规定的标识符的命名规则，函数名字必须唯一，不能与函数体内变量或形式参数名相同。

形参类型说明表中的形参用于接收主调函数传递过来的数值。形参的命名只要符合变量的命名规则即可，无须与主调函数中的变量名一致。如果函数无须从主调函数处接收数据，可以不带形参，此时形参类型说明表是空的，但是函数名后面的括号不能省略。

函数体也可以是空的。

在调用函数时，有时需要将运算结果返回主调函数，此时需要使用 return 语句返回一个值，称为函数返回值。return 语句形式如下：

return （表达式）;

表达式可以是一个变量、常量或表达式。函数返回值的类型应该与函数类型一致，如果不一致，函数类型决定返回值的类型。当函数没有返回值时，函数类型说明为 void。

【例 2.5.1】 $1 + 1/2! + \cdots + 1/n!$

问题描述：程序填空，不要改变与输入/输出有关的语句。输入一个正整数 r（$0 < r < 10$），做 r 次下列运算：输入一个正整数 n，计算 s 的前 n 项的和（保留 4 位小数）。

$$s = 1 + 1/2! + \cdots + 1/n!$$

要求定义并调用函数 fact(n)计算 n 的阶乘。

【输入示例】

2

2

10

【输出示例】

1.5000

1.7183

```
#include "stdio.h"
____________________________________________
int main( )
{
    int ri,r;
    int i,n;
    double s;
    scanf("%d",&r);
    for(ri=1;ri<=r;ri++){
        scanf("%d",&n);
        ____________________________________
        printf("%0.4f\n",s);
    }
}
```

【例 2.5.2】 a+aa+aaa+aa…a

问题描述：程序填空，不要改变与输入/输出有关的语句。输入一个正整数 r（$0 < r < 10$），做 r 次下列运算：输入两个正整数 a 和 n，求 a+aa+aaa+aa…a（n 个 a）之和。

【输入示例】

2

2 3

8 5

【输出示例】

246

98760

```
#include <stdio.h>
void main()
```

```
{
    int ri, r;
    int i, n;
    long int a, sn, tn;
    scanf("%d", &r);
    for(ri=1; ri<=r; ri++){
        scanf("%ld%d", &a, &n);
        ______________________________________________
        printf("%ld\n",sn);
    }
}
```

（3）函数的调用

① 函数调用的一般形式

函数名（实参表列）;

关于参数调用应注意以下几点。

- 如果实参表列中含有多个参数，则各参数用逗号间隔。实参表列也可以没有，但括号不能省略。
- 实参和形参必须个数相等、类型一致、顺序对应，进行数据的“值传递”。特别要注意的是：实参和形参之间是“单向的值传递”。
- 实参可以是常量、变量、表达式或函数。
- 函数同变量一样，在调用前应该在主调函数中事先说明，即“声明”。

声明的方法是在主调函数开始位置加上被调函数的“函数原型”，即函数定义的第一行。有两种情况可以不用声明：一是当被调用函数的定义的位置在主调函数之前，二是被调用函数是整型 int。

② 函数的嵌套调用

C 语言中的函数不能嵌套定义，但是可以嵌套调用，即在调用一个函数的过程中可以又调用另一个函数。

③ 函数的递归调用

C 语言的函数调用允许直接或间接地调用该函数本身，称为函数的递归调用。递归调用函数的使用可以解决具有递归性质的问题。在编写递归算法时要特别注意：递归调用必须可以满足一定条件时结束递归调用，否则无限地递归调用将导致程序无法结束。

【例 2.5.3】 阶乘

问题描述：求阶乘。输入一个正整数 *n*（*n*<100），输出 *n*!。

```
#include <stdio.h>                          /* 编译预处理命令 */
int factorial(int n);                       /* 函数声明 */
void main()                                 /* 主函数 */
{
    int n;                                  /* 变量定义 */
    scanf("%d", &n);                        /* 输入一个整数 */
    printf("%d\n", factorial(n));           /* 调用函数计算阶乘 */
}
int factorial(int n)                        /* 定义计算 n! 的函数 */
{
    int i, fact=1;
    for(i = 1; i <= n; i++)
        fact = fact * i;
    return fact;
}
```

【例 2.5.4】 Fibonacci 序列

问题描述：程序填空，不要改变与输入/输出有关的语句。

输入一个正整数 r（$0 < r < 10$），做 r 次下列运算：输入两个正整数 m 和 n（$1 \leqslant m, n \leqslant 10000$），输出 m 和 n 之间所有的 Fibonacci 数。Fibonacci 序列（第一项起）：1 1 2 3 5 8 13 21…要求定义并调用函数 fib(n)，它的功能是返回第 n 项 Fibonacci 数。例如，fib(7)的返回值是 13。

【输入示例】

3
1 10
20 100
1000 6000

【输出示例】

1 1 2 3 5 8
21 34 55 89
1597 2584 4181

```
#include "stdio.h"
#include "math.h"
long fib(int n);
______________________________________________
int main( )
{
    int ri,r;
    int i, m, n;
    long f;
    scanf("%d",&r);
    for(ri=1;ri<=r;ri++){
        scanf("%d%d", &m, &n);
        ______________________________________________
        printf("\n");
    }
}
```

2.5.3 实验内容

实验 2.5.1 将一个整数逆序输出

程序填空，不要改变与输入/输出有关的语句。输入一个正整数 r（$0 < r < 10$），做 r 次下列运算：输入一个整数，将它逆序输出。要求定义并调用函数 reverse(number)，它的功能是返回 number 的逆序数。例如，reverse(12345)的返回值是 54321。

【输入示例】

4
123456 -100 -2 99

【输出示例】

654321
–1

–2

99

```
#include <stdio.h>
long reverse(long number);
____________________________________
int main( )
{
    int ri, r;
    long in, res;
    scanf("%d", &r);
    for(ri=1; ri<=r; ri++){
        scanf("%ld", &in);
        ____________________________________
        printf("%ld\n", res);
    }
}
```

实验 2.5.2 进制转换

程序填空，不要改变与输入/输出有关的语句。输入一个正整数 r（$0<r<10$），做 r 次下列运算：输入一个正整数 n，将其转换为二进制数后输出。要求定义并调用函数 dectobin(n)，它的功能是输出 n 的二进制。例如，调用 dectobin(10)，输出 1010。

【输入示例】

3

15

100

0

【输出示例】

1111

1100100

0

```
#include "stdio.h"
void dectobin(int n);
____________________________________
int main()
{
    int ri,r;
    int i,n;
    scanf("%d",&r);
    for(ri=1;ri<=r;ri++){
        scanf("%d",&n);
        ____________________________________
        printf("\n");
    }
}
```

实验 2.5.3　组合

实现求组合的程序，组合计算公式为：$C_m^n = m!/(n!(m-n!))$。

实验 2.5.4　哥德巴赫猜想

定义一个函数，用于验证哥德巴赫猜想。任何一个充分大的偶数（大于等于 6）总可以表示成两个素数之和。

实验 2.5.5　给小学生出加法考试题

编写一个程序，给学生出一道加法运算题，然后判断学生输入的答案对错与否，按下列要求以循序渐进的方式编程。

程序 1　通过输入两个加数给学生出一道加法运算题，如果输入答案正确，则显示“Right!”，否则显示“Not correct! Try again!”，程序结束。

程序 2　通过输入两个加数给学生出一道加法运算题，如果输入答案正确，则显示“Right!”，否则显示“Not correct! Try again!”，直到做对为止。

程序 3　通过输入两个加数给学生出一道加法运算题，如果输入答案正确，则显示“Right!”，否则提示重做，显示“Not correct! Try again!”，最多给三次机会，如果三次仍未做对，则显示“Not correct! You have tried three times! Test over!”，程序结束。

程序 4　连续做 10 道题，通过计算机随机产生两个 1～10 之间的加数给学生出一道加法运算题，如果输入答案正确，则显示“Right!”，否则显示“Not correct!”，不给机会重做，10 道题做完后，按每题 10 分统计总得分，然后打印出总分和做错的题数。

程序 5　通过计算机随机产生 10 道四则运算题，两个操作数为 1～10 之间的随机数，运算类型为随机产生的加、减、乘、整除中的任意一种，如果输入答案正确，则显示“Right!”，否则显示“Not correct!”，不给机会重做，10 道题做完后，按每题 10 分统计总得分，然后打印出总分和做错题数。

【思考题】如果要求将整数之间的四则运算题改为实数之间的四则运算题，那么程序该如何修改？请读者修改程序，并上机测试程序运行结果。

实验 2.5.6　掷骰子游戏

编写程序模拟掷骰子游戏。已知掷骰子游戏的游戏规则为：每个骰子有 6 面，这些面包含 1、2、3、4、5、6 个点，投两枚骰子之后，计算点数之和。如果第一次投的点数和为 7 或 11，则游戏者获胜；如果第一次投的点数和为 2、3 或 12，则游戏者输；如果第一次投的点数和为 4、5、6、8、9 或 10，则将这个和作为游戏者获胜需要掷出的点数，继续投骰子，直到赚到该点数时算是游戏者获胜。如果投掷 7 次仍未赚到该点数，则游戏者输。

【思考题】将游戏规则修改为：计算机“想”一个数作为一个骰子掷出的点数（在用户输入数据之前不显示该点数），用户从键盘输入一个数作为另一个骰子掷出的点数，再计算两点数之和。其余规则相同，然后请读者重新编写该程序。

2.6　数　　组

2.6.1　学习目标

（1）熟练掌握一维数组的定义、引用、初始化和作为函数参数时的数据传递方式。

（2）掌握二维数组的定义、引用、初始化和使用。

（3）理解数组元素和数组名作函数参数的不同，灵活运用数组作函数参数进行编程。

2.6.2 知识要点与练习

数组类型的所有元素都属于同一种类型，并且按顺序存放在一个连续的存储空间中，即最低的地址存放第一个元素，最高的地址存放最后一个元素。数组类型的优点主要有两个：一是让一组同一类型的数据公用一个变量名，而无须为每个数据都定义一个名字；二是由于数组的构造方法采用的是顺序存储，极大方便了对数组中元素按照同一方式进行的各种操作。此外需要说明的是数组中元素的次序是由下标来确定的，下标从0开始顺序编号。

（1）一维数组的使用

① 一维数组的定义

类型标识符数组名[元素个数];

数组的定义要注意以下几个问题：

- 数组名的命名规则同变量名的命名规则，要符合C语言中标识符的命名规则；
- 数组名后面的“[ ]”是数组的标志，不能用括号或其他符号代替；
- 数组元素的个数必须是一个固定的值，可以是整型常量、符号常量或整型常量表达式。

定义数组时，系统将按照数组类型和个数分配一段连续的存储空间存储数组元素。在定义数组时要特别注意：绝对不能使用变量或变量表达式来表示元素个数，大多数情况下不要省略元素个数（形参和数组初始化时除外）。

数组元素的个数表示数组最多可以存放的数据。

② 一维数组元素的引用

数组必须先定义后使用。在使用数组时要注意：C语言规定只能逐个引用数组元素，而不能一次引用整个数组。数组元素引用的一般形式是：

数组名[下标]

下标可以是整型常量、整型变量或整型表达式，其范围从0开始，小于等于“元素个数–1”。

由此可见，数组名后的方括号中的内容在不同场合的含义是不同的：在定义时，它代表数组元素的个数，在其他情况下则是下标（与数组名联合起来表示某个特定的数组元素）。

数组元素是按照下标的顺序依次存放的。

另外需要注意的是，C语言不检查数组的边界。所以当超越边界时，如出现a[5]，系统不会提示错误，但是可能在运行时导致其他变量甚至程序被破坏。

数组元素的使用方法与同类型的变量的使用方法相同，可以参与各种运算。数组常用循环语句来处理。

③ 一维数组的初始化

数组的初始化的一般形式如下：

类型标识符数组名[元素个数]={元素值表列};

有关数组的初始化的说明如下：

- 元素值表列，可以是数组所有元素的初值，也可以是前面部分元素的初值；
- 当对全部数组元素赋初值时，元素个数可以省略，但“[ ]”不能省略。

此时系统将根据数组初始化时花括号内值的个数，决定该数组的元素个数。但是如果提供的初值小于数组希望的元素个数时，方括号内的元素个数不能省略。

注意：数组初始化的赋值方式只能用于数组的定义，若定义之后再赋值，只能一个元素一个元素地赋值。

【例 2.6.1】 排序

问题描述：程序填空，不要改变与输入/输出有关的语句。输入一个正整数 r（$0<r<10$），做 r 次下列运算：输入一个正整数 n（$1<n\leqslant 10$），再输入 n 个整数，将它们从大到小排序后输出。

【输入示例】

3
4 5 1 7 6
3 1 2 3
5 5 4 3 2 1

【输出示例】

7 6 5 1
3 2 1
5 4 3 2 1

```
#include <stdio.h>
int main()
{
    int ri, r;
    int i, index, k, n, temp;
    int a[10];
    scanf("%d", &r);
    for(ri=1; ri<=r; ri++){
    scanf("%d", &n);
    for(i=0; i<n; i++)
        scanf("%d", &a[i]);

    ________________________________________________
    for(i=0; i<n; i++)
        printf("%d ", a[i]);
    printf("\n");
    }
}
```

（2）多维数组的定义和使用

C 语言允许使用多维数组。最简单的多维数组是二维数组。

① 二维数组的定义

二维数组的定义形式为：

类型标识符数组名[元素个数 1][元素个数 2];

二维数组中元素的存放顺序是按行存放的，即先按顺序存放第一行的数组元素，再存放第二行的数组元素。

多维数组的定义方式可以按照二维数组的定义：

类型标识符 n 维数组名[元素个数 1][元素个数 2]…[元素个数 n];

即 n 维数组就有 n 个“[元素个数]”。

② 二维数组的引用

二维数组中元素的表示形式为：

数组名[下标 1][下标 2]

同一维数组一样，二维数组的下标可以是整型常量、整型变量或整型表达式。为了便于理解二维数组下标的含义，可以将二维数组视为一个行列式或矩阵，则下标1用来确定元素的行号（从0开始，小于等于“元素个数1”减1），下标2用来确定元素的列号（从0开始，小于等于“元素个数2”减1）。

*n*维数组中元素的表示形式为：

*n*维数组名[下标1][下标2]…[下标*n*]

其中下标的取值范围和类型同二维数组，并且*n*维数组的元素同样可以赋值和出现在表达式中。

③ 二维数组的初始化

二维数组的初始化方法有以下几种形式：

- 按行对二维数组初始化；
- 按照数组的存储顺序赋初值；
- 只对部分元素赋值；
- 如果对数组元素全部赋初值，定义数组时元素个数1（最左边的元素个数）可以省略，元素个数2不能省略。

注意：同一维数组一样，二维数组初始化的赋值方式只能用于数组的定义，若定义之后再赋值，只能一个元素一个元素地赋值。

【例2.6.2】 矩阵元素之和

问题描述：程序填空，不要改变与输入/输出有关的语句。输入一个正整数*r*（$0<r<10$），做*r*次下列运算：读入一个正整数*n*（$1\leqslant n\leqslant 6$），再读入*n*阶矩阵***a***，计算该矩阵除副对角线、最后一列和最后一行以外的所有元素之和（副对角线为从矩阵的右上角至左下角的连线）。

【输入示例】

1
4
2 3 4 1
5 6 1 1
7 1 8 1
1 1 1 1

【输出示例】

sum=35

```
#include "stdio.h"
int main()
{
    int ri,r;
    int a[6][6],i,j,n,sum;
    scanf("%d",&r);
    for(ri=1;ri<=r;ri++){
        scanf("%d",&n);
        for (i=0;i<n;i++)
            for(j=0;j<n;j++)
                scanf("%d",&a[i][j]);
        ________________________________________________
        printf("sum=%d\n",sum);
```

```
        }
    }
```

【例 2.6.3】 矩阵鞍点

问题描述：给定一个 $n \times n$ 矩阵 $\boldsymbol{A}$。矩阵 $\boldsymbol{A}$ 的鞍点是一个位置 (i,j)，在该位置上的元素是第 i 行上的最小数，第 j 列上的最大数。一个矩阵 $\boldsymbol{A}$ 也可能没有鞍点。你的任务是找出 $\boldsymbol{A}$ 的鞍点。

【输入】

输入文件的第一行是一个整数 T（$1 \leqslant T \leqslant 20$），表示下面有 T 个矩阵。接下来是 T 个矩阵的描述。每个矩阵 $\boldsymbol{A}$ 由若干行组成，第一行上是一个正整数 n（$1 \leqslant n \leqslant 100$），然后有 n 行，每行有 n 个整数，同一行上两个元素之间有一个或多个空格。两个矩阵描述之间空一行。

输入直到文件结束。

【输出】

对输入文件中的 T 个矩阵，输出“YES”或“NO”，如果一个矩阵 $\boldsymbol{A}$ 有鞍点，那么输出“YES”，否则输出“NO”。

【输入示例】

```
2
5
1 6 87 78 89
2 7 45 94 65
3 8 98 34 88
4 9 65 67 50
5 10 3 5 49
2
1 4
2 3
```

【输出示例】

```
NO
YES
```

```
#include "stdio.h"
int main()
{
    int ri,r;
    int flag,i,j,k,row,col,n,a[6][6];
    scanf("%d",&r);
    for(ri=1;ri<=r;ri++){
        scanf("%d",&n);
        for(i=0; i<n; i++)
            for(j=0; j<n; j++)
                scanf("%d",&a[i][j]);
        ________________________________________________
        if(flag)
            printf("a[%d][%d]=%d\n", row, col,a[row][col]);
        else
```

```
                printf("NO\n");
            }
    }
```

（3）数组作为函数参数

数组中的元素和数组名都可以作为函数参数，但是效果不一样。

① 一维数组元素作为函数参数

一维数组元素作为函数的实参，与同类型的简单变量作为实参一样，是单向的值传递，即数组元素的值传给形参，形参的改变不影响作为数组元素的实参。

② 数组名作为函数参数

数组名作为函数参数，此时形参和实参都是数组名（或者是表示地址的指针变量），传递的是整个数组，即形参数组和实参数组完全等同，是存放在同一空间的同一个数组。这样形参数组修改时，实参数组也同时被修改了。

数组名作为函数参数时要注意：形参中的数组要定义，并且要求与实参数组类型一致，但是形参数组的大小（元素个数）可以小于等于实参数组的元素个数，甚至形参数组的元素个数可以省略，而由一个专门的参数传递元素个数。

③ 多维数组作为函数参数

多维数组元素作为函数参数同一维数组元素作为函数参数相同，是单向的值传递。

多维数组名作为函数参数，与一维数组名作为函数参数一样，传递的是数组的起始地址，即形参数组与实参数组的起始地址相同，此时形参数组可以小于实参数组。但在使用时注意：当多维数组名作为实参时，对应的形参数组的最左边（第一维）元素个数 1 可以指定，也可以省略，但是第二维及其他高维的元素个数不能省略。

【例 2.6.4】 矩阵乘积

矩阵相乘应满足如下条件：

① 矩阵 $\boldsymbol{A}$ 的列数必须等于矩阵 $\boldsymbol{B}$ 的行数，矩阵 $\boldsymbol{A}$ 与矩阵 $\boldsymbol{B}$ 才能相乘；

② 矩阵 $\boldsymbol{C}$ 的行数等于矩阵 $\boldsymbol{A}$ 的行数，矩阵 $\boldsymbol{C}$ 的列数等于矩阵 $\boldsymbol{B}$ 的列数；

③ 矩阵 $\boldsymbol{C}$ 中第 i 行、第 j 列的元素等于矩阵 $\boldsymbol{A}$ 的第 i 行元素与矩阵 $\boldsymbol{B}$ 的第 j 列元素对应乘积之和。

问题描述：阅读调试下列程序，编写 main( )函数测试该函数的正确性，并考虑是否可改进以提高存储器的访问效率。

```
void arymul(int a[4][5], int b[5][3], int c[4][3])
{
    int i, j, k;
    int temp;
    for(i = 0; i < 4; i++){
        for(j = 0; j < 3; j++){
            temp = 0;
            for(k = 0; k < 5; k++){
                temp += a[i][k] * b[k][j];
            }
            c[i][j] = temp;
            printf("%d/t", c[i][j]);
        }
        printf("%d/n");
```

```
        }
    }
```

2.6.3 实验内容

实验 2.6.1 文曲星猜数游戏

模拟文曲星上的猜数游戏，先由计算机随机生成一个各位相异的 4 位数字，由用户来猜，根据用户猜测的结果给出提示：xAyB

其中，A 前面的数字表示有几位数字是数字猜对且位置也正确，B 前面的数字表示有几位是数字猜对但位置不正确。

最多允许用户猜的次数由用户从键盘输入。如果猜对，则提示“Congratulations!”；如果在规定次数内仍然猜不对，则给出提示“Sorry, you haven't guess the right number!”。程序结束之前，在屏幕上显示这个正确的数字。

实验 2.6.2 成绩排名次

参照实验 2.4.2 定义数组，分别存储考生姓名、考号、性别、年龄、C 语言成绩、高等数学成绩、英语成绩，之后输入一个班中 n（n<35）个考生的信息；编写函数，实现下列功能（下述功能可包含在一个或多个函数中）：

- 计算每个学生的总分和平均分；
- 按总分成绩由高到低排出成绩的名次；
- 打印出名次表，表格内包括学生编号、各科分数、总分和平均分；
- 任意输入一个学号，能够查找出该学生在班级中的排名及其考试分数。

【思考题】请读者思考如下问题。

- 如果增加一个要求：要求按照学生的学号由小到大，对学号、成绩等信息进行排序，那么程序应如何修改呢？
- 如果要求程序运行后先打印出一个菜单，提示用户选择：成绩录入、成绩排序、成绩查找，在选择某项功能后执行相应的操作，那么程序应如何修改呢？

实验 2.6.3 村民福利

一个村庄，有 128 个村民。村长对村民说：今年村里出现了财政盈余 M 元（M 是 2000～3000 之间的一个整数）；准备通过抽奖的方式把钱发给村民，游戏规则如下：

- 每个村民上报一个在 2000～3000 元之间的整数；
- 如果有人上报的数字和 M 相等，就把钱发给这些人；
- 如果只有一个村民猜对，就把 M 元钱全部发给他；
- 如果有多个人村民猜对，就把 M 元钱平均分配给这些村民；
- 如果没有人猜对，财政盈余转为下年度开支。

实验 2.6.4 整数之和

求两个不超过 200 位的非负整数的和。

实验 2.6.5 肿瘤诊断

一个正方形灰度图片上，肿瘤是一块矩形区域，肿瘤边缘所在的像素点在图片中用 0 表示，其他肿瘤内和肿瘤外的点都用255表示，现需要计算肿瘤内部的像素点个数（不包括肿瘤边缘上的点）。已知肿瘤边缘平行于图像的边缘。

实验 2.6.6 约瑟夫问题

有 n 只猴子，按顺时针方向围成一圈选大王（编号从1到 n），从第1号开始报数，一直数到 m，数到 n 的猴子退出圈外，剩下的猴子再接着从1 开始报数。就这样，直到圈内只剩下一只猴子时，这个猴子就是猴王，编程求输入 n、m 后，输出最后猴王的编号。

【输入】

每行是用空格分开的两个整数，第一个是 n，第二个是 m（$0 < m, n \leqslant 300$）。最后一行是：

0 0

【输出】

对于每行输入数据（最后一行除外），输出数据也是一行，即最后猴王的编号。

【输入示例】

```
6 2
12 4
8 3
0 0
```

【输出示例】

```
5
1
7
```

2.7 字 符 串

2.7.1 学习目标

（1）掌握字符和字符串的输入/输出方法。

（2）掌握字符串的存储特点及常用字符串操作函数的使用。

（3）理解二维字符串数组的使用方法。

2.7.2 知识要点与练习

（1）单个字符的输入/输出

C语言头文件"stdio.h"中还定义了两个专门用于单个字符输入/输出的函数 getchar( )和 putchar( )。

① 字符输入函数 getchar( )

getchar( )函数的作用是从输入设备（如键盘）读取一个字符。函数 getchar( )没有参数，其一般形式为：

```
getchar( );
```

其执行结果是从输入设备得到一个字符。

可见，getchar( )函数同带格式符%c 的 scanf( )函数一样，都可以接收一个字符，并且可以将得到的字符赋给一个字符型变量或整型变量。但是二者不是在所有场合中都可以互相替换。下面列出了它们的不同之处：

- getchar( )一次只能接收一个字符；
- getchar( )可以接收回车字符。而 scanf( )将回车作为数据的间隔符或结束符；
- getchar( )接收的字符可以不赋给任何变量。

② 字符输出函数 putchar( )

putchar( )函数的作用是将一个字符输出到输出设备（如显示器）。它的一般形式为：

putchar(字符型或整型数据);

函数 putchar( )可以输出字符型变量、整型变量、字符型常量及控制字符和转义字符。

【例 2.7.1】 求字符串长度

问题描述：程序填空，不要改变与输入/输出有关的语句。连续输入一批以#结束的字符串（字符串的长度不超过 80），遇##则全部输入结束。统计并输出每个字符串的有效长度，括号内是说明。

【输入示例】

hello 12#abc+0##（连续输入两个字符串"hello 12"和"abc+0"）

【输出示例】

8 （"hello 12"的有效长度是 8）

5 （"abc+0"的有效长度是 5）

?#hello 12#abc+0#1234567890iop##

1

8

5

13

```
#include "stdio.h"
#define MAXLEN 80
int main()
{
    int len,count,i,k;
    char ch,oldch,str[MAXLEN];
    oldch=' ';
    while((ch=getchar())!='#'||oldch!='#'){
        k=0;
        while(ch!='#'&& k< MAXLEN-1){
            str[k++]=ch;
            ch=getchar();
        }
        oldch='#';
        str[k]='\0';
        ________________________________
        printf("%d\n",len);
    }
}
```

（2）字符数组与字符串

① 字符数组

如果一个数组的元素是字符型数据，则该数组为字符数组，所以字符数组的定义、引用、初始化同样遵循2.6节“数组”的规定。

字符数组的赋值符合数组的有关要求，除了在定义时初始化，只能一个元素一个元素地赋值。同样将字符数组中的全部内容输出，也只能一个元素一个元素地输出。

上述方式只能用于处理已知个数的字符序列，并且当字符序列发生变化时，字符数组无法随着字符序列长度的变化而变化。可见，将一个字符序列视为单个字符的集合的处理方式比较单一和笨拙。

C语言中常将字符序列当成字符串来处理，由于字符串结构的特殊性，它不仅具备一般单个字符的集合的所有处理方式，而且它的输入/输出更为灵活，并且可以使用C语言提供的强大的字符串处理函数。所以C语言中字符串的处理方式，极大地提高了C语言处理字符序列的能力。

② 字符串

在C语言中，字符序列当成字符串来处理。字符串的处理是基于字符数组的。

字符串在实际存储时，其尾部添加了一个结束标志‘\0’。‘\0’代表ASCII码为0的字符，是一个空操作符，表示什么也不做。所以采用字符数组存放字符串，其赋值时应包含结束标志‘\0’。

字符串除了具备以上字符数组的处理方式之外，还可以采用C语言提供的输入/输出字符串的格式符“%s”。

需要注意的是：当格式符为“%s”时，scanf( )函数的地址列表是字符数组的名字，并且无须加地址符&。printf( )函数中格式符对应的变量是字符数组的名字。

利用格式符“%s”输入/输出字符串，字符数组只要不小于字符串的个数即可。所以这是C语言中最常用的字符序列处理方法。

【例2.7.2】 回文串

问题描述：形如“abccba”、“abcba”这种正反次序都是同一串的字符串称为回文串，下列代码判断一个串是否为回文串。请补充空白部分，并编程测试。

```
char buf[] = "abcdelledcba";
int x = 1;
for(int i=0; i<strlen(buf)/2; i++)
    if( ____________________ ){
        x = 0;
        break;
    }
printf("%s\n", x ? "是":"否");
```

（3）字符串的输入和输出函数：

C语言提供了字符串的输入/输出函数gets( )和puts( )，它们在头文件“stdio.h”中定义，用于整串字符串的输入/输出。

① 字符串输出函数puts( )

puts( )函数的作用是将一个字符串（以‘\0’结束的字符序列）输出，其一般形式为：

　　puts（字符数组名）;

或　puts（字符串）;

使用函数puts( )时要注意以下几个问题：

- 函数puts( )一次只能输出一个字符串；
- 函数puts( )可以输出转义字符；
- 函数puts( )输出字符串后自动换行。

printf( )函数可以同时输出多个字符串，并且能灵活控制是否换行。所以 printf( )函数比 puts( )函数更为常用。

② 字符串输入函数 gets( )

gets( )函数的作用是将一个字符串输入到字符数组中，其一般形式为：

gets（字符数组名）；

gets( )函数同 scanf( )函数一样，在读入一个字符串后，系统自动在字符串后加上一个字符串结束标志'\0'。

使用函数 gets( )时要注意以下几个问题：

- 函数 gets( )只能一次输入一个字符串；
- 函数 gets( )可以读入包含空格和 Tab 的全部字符，直到遇到回车为止。

使用格式符"%s"的函数 scanf( )，以空格、Tab 或回车作为一段字符串的间隔符或结束符，所以含有空格或 Tab 的字符串要用 gets( )函数输入。

（4）字符串操作函数

C 语言提供了很多字符串操作函数，其对应的头文件为 string.h。

① strlen（字符串）

strlen( )是测试字符串实际长度的函数，它的返回值是字符串中字符的个数（不包含'\0'的个数）。

② strcpy（字符数组 1，字符串 2）

strcpy( )用于将字符串 2 复制到字符数组 1 中。

使用函数 strcpy( )时要注意以下几点：

- 字符数组 1 必须足够大，以便容纳字符串 2 的内容。
- 字符串 2 可以是字符数组名或字符串常量。当字符串 2 为字符数组名时，只复制第一个'\0'前面的内容（含'\0'），其后内容不复制。

③ strcat（字符数组 1，字符串 2）

strcat( )的作用是将字符串 2 的内容复制连接在字符数组 1 的后面，其返回值为字符数组 1 的地址。

使用函数 strcpy( )时要注意以下几点：

- 字符数组 1 不能是字符串常量，并且必须足够大，以便可以继续容纳字符串 2 的内容；
- 连接前，字符数组 1 的'\0'将被字符串 2 覆盖，连接后生成的新的字符串的最后保留一个'\0'。

④ strcmp（字符串 1，字符串 2）

strcmp( )的作用是比较字符串 1 和字符串 2。两个字符串从左至右逐个字符比较（按照字符的 ASCII 码值的大小），直到字符不同或者遇见'\0'为止。如果全部字符都相同，则返回值为 0。如果不相同，则返回两个字符串中第一个不相同的字符的 ASCII 码值的差，即字符串 1 大于字符串 2 时函数值为正，否则为负。

汉字同样可以作为字符串处理，可以使用 strlen( )、strcpy( )、strcat( )和 strcmp( )函数，注意一个汉字相当于两个字符，并且汉字的比较大小是按照汉字存储在计算机中的国标码的大小。

⑤ strlwr（字符串）

strlwr( )的作用是将字符串中的大写字母转换成小写字母。

⑥ strupr（字符串）

strupr( )的作用是将字符串中的小写字母转换成大写字母。

（5）二维字符串数组

① 二维字符串数组的初始化

二维字符串数组的初始化，可以采用二维字符数组初始化形式或字符串初始化形式，如：

```
char name[2][10]={{'J','o','h','n','\0'},{'M','a','r','r','y','\0'}};
char name[2][10]={{"John"},{"Marry"}};
```

char name[2][10]={"John","Marry"};

三种方法的效果一样。

② 二维字符串数组的赋值和引用

二维数组可以视为一个特殊的一维数组，它的数组元素是一个一维数组。所以二维字符串数组可以视为这样一个一维数组，它的元素是一个字符串。例如：

char name[2][10]={"John","Marry"};

③ 二维字符串数组作为函数参数

二维字符串数组的元素和数组名都可以作为函数参数，并且使用方法与二维数组的使用方法相同。

【例 2.7.3】 国家名排序

"金砖国家"（BRICS）是指近些年全球经济发展较为迅速的国家，包括巴西（Brazil）、俄罗斯（Russia）、印度（India）、中国（China）和南非（South Africa）。请编写函数将上述国家名按照字典序排序，并使之能够用于解决其他国家组织涉及的多个国家名的排序问题。

2.7.3 实验内容

实验 2.7.1 十六进制转换十进制

程序填空，不要改变与输入/输出有关的语句。连续输入一个以#结束的字符串（字符串的长度不超过 80），遇##则全部输入结束。对每个字符串做如下处理：滤去所有的非十六进制字符后，组成一个新字符串（十六进制形式），然后将其转换为十进制数后输出（括号内是说明）。

【输入示例】

10#Pf4+1#-+A##（连续输入三个字符串）

【输出示例】

16

3905

10

```
#include "stdio.h"
#define MAXLEN 80
int main()
{
    int i,k;
    long number;
    char ch,oldch,str[MAXLEN], num[MAXLEN];
    oldch=' ';
    while((ch=getchar())!='#'||oldch!='#'){
        k=0;
        while(ch!='#'&& k< MAXLEN-1){
            str[k++]=ch;
            ch=getchar();
        }
        oldch='#'; str[k]='\0';
        ________________________________
        printf("%ld\n",number);
```

```
        }
    }
```

实验 2.7.2　凯撒密码

据说最早的密码来自罗马的凯撒大帝。消息加密的办法是：对消息原文中的每个字母，分别用该字母之后的第 5 个字母替换（例如，消息原文中的每个字母 A 都分别替换成字母 F）。而要获得消息原文，也就是要将这个过程反过来。

密码字母：A B C D E F G H I J K L M N O P Q R S T U V W X Y Z M

原文字母：V W X Y Z A B C D E F G H I J K L M N O P Q R S T U

（注意：只有字母会发生替换，其他非字母的字符不变，并且消息原文的所有字母都是大写的。）

【输入】

最多不超过 100 个数据集组成，每个数据集之间不会有空行，每个数据集由三部分组成：

（1）起始行：START；

（2）密码消息：由 1～200 个字符组成一行，表示凯撒发出的一条消息；

（3）结束行：END。

在最后一个数据集之后是另一行：ENDOFINPUT。

【输出】

每个数据集对应一行，是凯撒的原始消息。

【输入示例】

```
START
NS BFW, JAJSYX TK NRUTWYFSHJ FWJ YMJ WJXZQY TK YWNANFQ HFZXJX END
START
N BTZQI WFYMJW GJ KNWXY NS F QNYYQJ NGJWNFS ANQQFLJ YMFS XJHTSI NS
WTRJ END START
IFSLJW PSTBX KZQQ BJQQ YMFY HFJXFW NX RTWJ IFSLJWTZX YMFS MJ END
ENDOFINPUT
```

【输出示例】

```
IN WAR, EVENTS OF IMPORTANCE ARE THE RESULT OF TRIVIAL CAUSES
I WOULD RATHER BE FIRST IN A LITTLE IBERIAN VILLAGE THAN SECOND IN ROME
DANGER KNOWS FULL WELL THAT CAESAR IS MORE DANGEROUS THAN HE
```

实验 2.7.3　最长公共子串问题

编写一个程序，求两个字符串的最长公共子串。输出两个字符串，输出它们的最长公共子串及其长度。

【输入示例】

```
this is a string.
my string is abc.
```

【输出示例】

```
Length of String1: 16
Length of String2: 16
Maxsubstring: string
Length of Maxsubstring: 7
```

2.8 指　针

2.8.1 学习目标

（1）掌握指针变量的定义和引用。

（2）掌握指向数组元素和字符串中字符的指针变量的使用。

（3）理解指针变量作为函数参数与数组名或字符串作为函数参数的关系。

（4）掌握指向函数、数组、指针的指针变量的定义和引用。

（5）掌握指针数组处理若干字符串的方法。

（6）掌握 main( )函数形参的定义和使用。

（7）理解指向数组的指针与指针数组、指向函数的指针变量与定义返回值是指针的函数的区别。

2.8.2 知识要点与练习

（1）地址和指针

计算机内存是以字节为单位的存储空间。内存的每个字节都有唯一的编号，这个编号称为地址。凡存放在内存中的程序和数据都有一个地址。

当 C 程序中定义一个变量时，系统就分配一个带有唯一地址的存储单元来存储这个变量。例如，若有以下的变量定义：

```
char a='A';
int b=66;
long c=67;
```

系统将根据变量的类型，分别为 a、b 和 c 分配一字节、两字节和 4 字节的存储单元，此时变量所占存储单元的第一字节的地址就是该变量的地址。

程序对变量的读取操作（变量的引用）实际上是对变量所在存储空间进行写入或取出数据。通过变量名来直接引用变量，称为变量的“直接引用”方式，这种引用方式是由系统自动完成变量名与其存储地址之间的转换。

此外，C 语言中还有另一种称为“间接引用”的方式。它首先将变量的地址存放在一个变量（存放地址的变量称为指针变量）中，然后通过存放变量地址的指针变量来引用变量。

一个变量的地址称为该变量的指针。用来存放一个变量地址的变量称为指针变量。当指针变量 p 的值为某变量的地址时，可以说指针变量 p 指向该变量。

（2）指向变量的指针变量

① 指针变量的定义

指针变量同其他变量一样，必须先定义，后使用。指针变量定义的一般形式为：

　　类型名　*指针变量名；

如：int　*p;　float　*q;　char　*t;

在定义指针变量时需要注意以下几点。

- 变量名前面的“*”是一个说明符，用来说明该变量是指针变量，这个“*”是不能省略的，但它不是变量名的一部分。

- 类型名表示指针变量所指向的变量的类型，而且只能指向这种类型的变量。本书将在其后的内容中进一步介绍指针变量定义类型的必要性。
- 指针变量也允许在定义时进行初始化。

② 指针变量的引用

指针变量有两个有关的运算符：

- & 取地址运算符
- * 指针运算符

如：&a 表示变量 a 的地址，*p 表示指针变量 p 指向的变量。

关于指针的引用有两点需要注意：

- 指针变量是用来存放地址的，不能给指针变量赋常数值；
- 指针变量没有指向确定地址前，不要对它所指的对象赋值。

③ 指针变量作为函数参数

在C语言中，函数参数可以是指针类型。若指针变量作为函数参数，其作用是将一个变量的地址传送到另一个函数中。此时形参从实参获得了变量的地址，即形参和实参指向同一个变量，当形参指向的变量发生变化时，实参指向的变量也随之变化。

【例2.8.1】 调试程序

```
#include "stdio.h"
void GetMemory( char *p )
{
    p = (char *) malloc( 100 );
}
int main( void )
{
    char *str = NULL;
    GetMemory( str );
    strcpy( str, "hello world" );
    printf( str );
    return 0;
}
```

（3）指针与数组

- 定义与赋值

这种定义方式与指向变量的指针变量的定义相同。如：

    int a[5] , *p;

指针变量 p 可以指向任何整型变量，因此也可以指向数组 a 的任一元素。如：

    p=&a[0];

表示 p 指向数组的第一个元素 a[0]。

C 语言规定，数组名代表数组的首地址，也是第一个数组元素的地址。因此以上的赋值语句等价于：

    p=a;

指向数组元素的指针也可以在定义时赋初值。

- 引用

如有以下的定义和赋值：

    int a[5], *p;

```
p=&a[1];
```

即指针变量 p 指向数组元素 a[1]，则可以通过指针运算符“*”来对数组元素进行引用。如：

```
*p=10;
```

表示对 p 所指向的数组元素 a[1]赋值，上式等价于 a[1]=10;

C 语言规定，如果 p 指向一个数组元素，则 p+1 表示指向数组该元素的下一个元素。假设 p=&a[0]，则 p+1 表示数组元素 a[1]的地址。

引用一个数组元素可以有两种方法：下标法（如 a[i]）和指针法（如*(p+i)）。

● 数组名作为函数参数

函数调用是把实参数组的首地址传递给形参数组，这样形参数组中的元素值如发生变化，就会使实参数组的元素值也同时变化。如果令一个指针变量指向数组的第一个元素，或者等于数组名，此时数组名和指针变量的含义相同，都表示数组的首地址。所以实参和形参使用数组名时，可以用指针变量替换。

以下列出实参和形参使用数组名或指针变量的 4 种情况：

✧ 实参：数组名 数组名 指针变量 指针变量；

✧ 形参：数组名 指针变量 数组名 指针变量；

✧ 指向数组元素的指针变量作为函数参数；

✧ 虽然数组名与指向数组首地址的指针变量都可以作为函数参数，但是由于指向数组元素的指针变量不仅可以指向数组首地址，也可以指向数组中的任何一个元素，所以指向数组元素的指针变量作为函数参数的作用范围远远大于数组名作为函数参数的作用范围。

① 指针数组

指针数组定义的形式为：

类型名　*数组名[常量表达式];

指针数组主要用于管理同种类型的指针，最常用在处理若干字符串（如二维字符数组）的操作中。

在 C 语言中，指针即是地址，如果指针变量等于只带一维下标的二维数组名，它的定义、赋值、引用与指向一维数组元素的指针变量形式相同，如：

```
int a[2][3],*p;
p=a[0];
```

此时 p 指向一维数组 a[0]的起始地址，即 p、a[0]、&a[0][0]相同。对其进行加法操作时，p+1 等同于 a[0]+1，都指向数组元素 a[0][1]，所以*(p+1)等于元素 a[0][1]的值。

② 数组指针

不带任何下标的二维数组名表示二维数组的起始地址，对其进行加法操作时，表示作为其元素的一个一维数组（二维数组一行）的起始地址。

只带一维下标的二维数组名表示作为其元素的一个一维数组（二维数组一行）的起始地址，对其进行加法操作时，表示该一维数组（二维数组一行）的一个元素的地址。

● 指向二维数组中一维数组的指针变量

C 语言规定一种指针变量，如果该指针变量等于不带任何下标的二维数组名，指针变量指向作为二维数组元素的一个一维数组（二维数组的一行），这样对指针变量进行加减操作，则指针将在二维数组中的行上移动。这种指针变量的定义形式如下：

类型符（*指针变量名）[指向的一维数组元素的个数]

则对于一个由两行三列数据组成的二维数组 a[2][3]，如果指针变量 p 指向这个二维数组中包含三个元素的第一行一维数组，则指针变量 p 的定义和赋值形式如下：

```
int a[2][3], (*p)[3];
```

p=a;

此时 p 指向二维数组 a 的起始地址。对其进行加法操作时，p+1 等同于 a+1，指向包含三个元素的一维数组 a[1]。所以*(p+1)等于一维数组名 a[1]，*(p+1)+1 等于 a[1]+1，所以*(*(p+1)+1)等于 a[1][1]。

指向数组的指针变量在使用时，要注意与元素是指针类型的指针数组的区别。如：

int　(*q)[3],*p[3] ;

q 是指向一个包含三个整型元素的一维数组的指针变量，p 是一个由 p[0]、p[1]、p[2]共三个指向整型数据的指针组成的一维数组。

【例 2.8.2】 数组顺序调整

问题描述： 有一个数组 int A[nSize]，要求编写函数：int * myfunc (int *p, int nSize);将 A 中的 0 都移至数组末尾，将非 0 的移至开始（保持原来的顺序不变）。

【输入示例】

1, 0, 3, 4, 0, –3, 5

【输出示例】

1, 3, 4, –3, 5, 0, 0

```
#include <stdio.h>
int* myfunc(int* p, int nSize) {
    ________________________________
}
int main()
{
    int p[] = { 1, 3, 0, 2, 5, 7, 8, 0, 3 };
    int num;
    int i;
    num = sizeof(p) / sizeof(int);
    ______________________
    for (i = 0; i < num; i++) {
        printf("%d", p[i]);
    }
    puts("");
}
```

（4）指针与字符串

① 指向字符串的指针变量

C 语言中，字符串是通过一维字符数组来存储的，因此，可以使用指向字符数组的指针变量来实现字符串的操作。由于字符串是按照字符数组的形式存储的，所以对字符串中字符的引用也可以用下标法或指针法。

② 字符串作为函数参数

将字符串作为函数参数传递，可以使用字符数组名或指向字符串的指针变量作为参数。

- 实参：数组名　数组名　　指针变量　指针变量
- 形参：数组名　指针变量　数组名　　指针变量

【例 2.8.3】 查找最长串

问题描述： 以下函数的功能是从输入的 10 个字符串中找出最长的串，请填空使程序完整。

```
void fun(char str[10][81],char **sp)
{
    int i;
    *sp = ______________________________;
    for (i=1; i<10; i++)
        if (strlen (*sp)<strlen(str[i])) ____________________;
}
```

（5）指针与函数

① 指针函数

返回值为指针型数据的函数，定义的一般形式为：

类型名 * 函数名（参数表）；

② 函数指针

● 指向函数的指针的定义

指向函数的指针变量定义的一般形式为：

类型名 （* 指针变量名）（）；

● 指向函数的指针的引用

C 语言规定函数名就是函数的入口地址，所以，当指向函数的指针变量等于一个函数名时，表示该指针变量指向函数。此时可以通过指向函数的指针变量调用该函数。即一般调用函数的形式是：

函数名（实参表）

改为指向函数的指针变量调用函数时，调用形式变为：

（*指针变量名）（实参表）

指向函数的指针变量在使用时要注意：由于这类指针变量等于一个函数的入口地址，所以它们做加减运算是无意义的。

【例 2.8.4】 变量定义与比较

用变量 a 给出以下的定义：

① 一个整型数____________________

② 一个指向整型数的指针______________________

③ 一个指向指针的指针，它指向的指针是指向一个整型数________________________

④ 一个有 10 个整型数的数组______________________

⑤ 一个有 10 个指针的数组，该指针指向一个整型数___________________________

⑥ 一个指向有 10 个整型数数组的指针____

⑦ 一个指向函数的指针，该函数有一个整型参数并返回一个整型数____________________

⑧ 一个有 10 个指针的数组，该指针指向一个函数，该函数有一个整型参数并返回一个整型数

____

（6）多级指针

指针的地址可以赋给另一个指针变量，这另一个指针变量就称为指向指针的指针。

指向指针的指针定义的一般形式为：

类型名 ** 指针变量名;

如：int **p;

表示 p 是一个指向 int 型指针变量的指针。

（7）命令行参数

C 语言允许 main 函数带两个参数。带参数的 main 函数的一般形式为：

main（int argc,char *argv[ ]）{　　　}

其中，参数 argc 为整型，是命令行中参数的个数，命令名也作为一个参数。argv 为指向字符串的指针数组，它的元素依次指向命令行中的各个字符串，包括命令名。

【例 2.8.5】 调试下列程序，比较不同

```
/* 程序1 */
#include <stdio.h>
void swap(int *r,int *s)
{
    int *t;
    t=r;
    r=s;
    s=t;
}
int main()
{
    int a=1,b=2,*p,*q;
    p=&a;
    q=&b;
    swap(p,q);
    printf("%d,%d\n",*p,*q);
    return 0;
}
```

```
/* 程序2 */
#include <stdio.h>
void swap(int **r,int **s)
{
    int *t;
    t=*r;
    *r=*s;
    *s=t;
}
int main()
{
    int a=1,b=2,*p,*q;
   p=&a;
   q=&b;
   swap(&p,&q);
   printf("%d,%d\n",*p,*q);
}
```

2.8.3 实验内容

实验 2.8.1　打印最高分和学号

假设每班人数最多不超过 40 人，具体人数由键盘输入，试编程打印最高分及其学号。

程序 1　用一维数组和指针变量作为函数参数，编程打印某班一门课成绩的最高分及其学号。

程序 2　用二维数组和指针变量作为函数参数，编程打印三个班学生（假设每班 4 个学生）的某门课成绩的最高分，并指出具有该最高分成绩的学生是第几个班的第几个学生。

程序 3　用指向二维数组第 0 行第 0 列元素的指针作为函数参数，编写一个计算任意 m 行 n 列二维数组中元素的最大值，并指出其所在的行列下标值的函数，利用该函数计算三个班学生（假设每班 4 个学生）的某门课成绩的最高分，并指出具有该最高分成绩的学生是第几个班的第几个学生。

程序 4　编写一个计算任意 m 行 n 列二维数组中元素的最大值，并指出其所在的行列下标值的函数，利用该函数和动态内存分配方法，计算任意 m 个班、每班 n 个学生的某门课成绩的最高分，并指出具有该最高分成绩的学生是第几个班的第几个学生。

【思考题】请读者思考：

- 编写一个能计算任意 m 行 n 列的二维数组中的最大值，并指出其所在的行列下标值的函数，能否使用二维数组或指向二维数组的行指针作为函数参数进行编程实现呢？为什么？

- 请读者自己分析动态内存分配方法（题目要求中的程序 4）和二维数组（题目要求中的程序 3）两种编程方法有什么不同？使用动态内存分配方法存储学生成绩与用二维数组存储学生成绩相比，其优点是什么？

实验 2.8.2　子串查找

问题描述：编写一个使用指针返回类型的函数，使用该函数在字符串中搜索一个子串，并返回第一个相匹配的子串指针。

【题目要求】

该函数的原型如下：

```
char * GetSubstr(char *sub, char *str);
```

请编程实现该函数，要求首先接收用户输入的子串，之后接收用户输入的完整字符串，子串与完整字符串之间用回车换行间隔。调用 GetSubstr( )后，返回符合题目要求的子串。

【输入示例】

```
stwo
one two three four five
```

【输出示例】

```
two three four five
```

实验 2.8.3　魔方阵

问题描述：魔方阵是一个古老的智力问题，它要求在一个 $m \times m$ 的矩阵中填入 1～m^2 的数字（m 为奇数），使得每一行、每一列、每条对角线的累加和都相等，如下为 5 阶魔方阵示例。

15	8	1	24	17
16	14	7	5	23
22	20	13	6	4
3	21	19	12	10
9	2	25	18	11

【基本要求】

输入魔方阵的行数 m，要求 m 为奇数，程序对所输入的 m 做简单的判断，如 m 有错，能给出适当的提示信息。实现并输出魔方阵。

2.9　结构体与共用体

2.9.1　学习目标

（1）掌握结构体类型、共用体类型和枚举类型变量的定义。

（2）掌握结构体类型和共用体类型变量及其成员的引用等基本操作。

（3）理解结构体数组的应用。

（4）理解结构体和共用体变量存储形式的不同。

（5）了解枚举类型变量的处理方式。

2.9.2 知识要点与练习

（1）结构体

结构体类型定义的一般形式为：

```
struct  结构体名
{
     类型名1   成员名1;
     类型名2   成员名2;
     ……
     类型名n   成员名n;
};
```

其中，struct是关键字，是结构体类型的标志。结构体名是由用户定义的标识符，它规定了所定义的结构体类型的名称。结构体类型的组成成分称为成员，成员名的命名规则与变量名相同。

① 结构体变量的定义

定义结构体类型的变量有如下三种方法。

- 先定义结构体类型，再定义变量。注意：定义变量时，struct 结构体名必须在一起使用，它的用法与int、char等类型名的用法相同。
- 在定义类型的同时定义变量。
- 直接定义结构体类型变量，省略类型名。

② 结构体变量的初始化

将结构体变量各成员的初值顺序地放在一对花括号中，并用逗号分隔。对结构体类型变量赋初值时，按每个成员在结构体中的顺序一一对应赋值。

③ 结构体变量的引用

对结构体变量的引用可以分为对结构体变量中成员的引用和对整个结构体变量的引用。一般，对结构体变量的操作是以成员为单位进行的。

- 对结构体变量中成员的引用

引用的一般形式为：

    结构体变量名.成员名

其中，“.”是成员运算符，它在所有运算符中优先级最高。

- 对整个结构体变量的引用

相同类型的结构体变量之间可以进行整体赋值。注意：结构体变量只允许整体赋值，其他操作如输入、输出等，必须通过引用结构体变量的成员进行相应的操作。

④ 结构体数组

定义结构体数组的方法和定义结构体变量的方法一样，只是必须说明其为数组。定义结构体变量的三种方法都可以用来定义结构体数组。

和一般数组一样，结构体数组也可以进行初始化。数组每个元素的初值都放在一对花括号中，括号中依次排列元素各成员的初始值。

对结构体数组的引用一般是对数组元素的成员进行引用。引用只要遵循对数组元素的引用规则和对结构体变量成员的引用规则即可。

【例2.9.1】 调试程序，分析结果

```
#include <stdio.h>
struct person
{
    char name[20];
    char sex;
    int age;
    float height;
}per[3]={{ "Li Ping", 'M ',20,175},{"Wang Ling", 'F ',19,162.5},{"Zhao Hui",
          'M ',20,178}};
int main()
{
    struct  person  *p;
    for(p=per;p<per+3;p++)
        printf("%-18s%3c%4d%7.1f\n",p—>name,p—>sex,p—>age,p—>height);
    return 0;
}
```

```
#include <stdio.h>
struct Foo {
    int n;
    double d[2];
    char *p_c;
}foo1, foo2;
int main()
{
    char *c = (char *) malloc (4*sizeof(char));
    c[0] = 'a'; c[1] = 'b'; c[2] = 'c'; c[3] = '\0';
    foo1.n = 1;
    foo1.d[0] = 2; foo1.d[1] = 3;
    foo1.p_c = c;
    foo2 = foo1;
    printf("%d %lf %lf %s\n", foo2.n, foo2.d[0], foo2.d[1], foo2.p_c);
    return 0;
}
```

（2）共用体

① 共用体类型及其变量的定义

共用体类型定义的一般形式为：

```
union  共用体名
{
    类型名1  成员名1;
    类型名2  成员名2;
    ……
    类型名n  成员名n;
};
```

其中，union 是关键字，是共用体类型的标志。共用体名是由用户定义的标识符，它规定了所定义的共用体类型的名称。共用体类型也由若干成员组成。

共用体类型变量的定义有如下三种方法。

- 先定义共用体类型，再定义变量。
- 在定义类型的同时定义变量。
- 直接定义共用体类型变量。

② 共用体变量的引用

共用体变量也必须先定义，后使用。不能直接引用共用体变量，只能引用共用体变量的成员。引用的一般形式为：

共用体变量名. 成员名

共用体变量的每个成员也可以像普通变量一样进行其类型允许的各种操作。但要注意：由于共用体类型采用的是覆盖技术，因此共用体变量中起作用的总是最后一次存放的成员变量的值。

共用体变量可以作为结构体变量的成员，结构体变量也可以作为共用体变量的成员，并且共用体类型也可以定义数组。注意：不能对共用体变量进行初始化，不能将共用体变量作为函数参数和返回值。

【例 2.9.2】 将一个整数按字节输出

```
include"stdio.h"
union  int_char {
int i;
    char ch[2];
}x;
int main()
{
    x.i=24897;
    printf("i=%o\n",x.i);
    printf("ch0=%o,ch1=%o\nch0=%c,ch1=%c\n",x.ch[0],x.ch[1],x.ch[0],x.ch[1]);
    return 0;
}
```

（3）枚举类型

① 枚举类型及其变量的定义

枚举类型定义的一般形式为：

enum　枚举名　{枚举元素 1，枚举元素 2，…};

其中，enum 是关键字，是枚举类型的标志。枚举名是由用户定义的标识符，它规定了所定义的枚举类型的名称。枚举类型变量的定义有两种方法：

- 先定义枚举类型，再定义变量；
- 直接定义枚举变量。

说明：枚举类型中的枚举元素是用户定义的标识符，对程序来说，这些标识符并不自动代表什么含义。在 C 编译中，将枚举元素作为常量处理，称为枚举常量，因此不能对它们进行赋值。

枚举元素被处理成一个整型常量，它的值取决于定义时各枚举元素排列的先后顺序。第一个枚举元素的值为 0，第二个为 1，依次顺序加 1。

② 枚举类型变量的基本操作

枚举变量的赋值：只能给枚举变量赋枚举常量。不能直接给枚举变量赋整型值，但是可以通过将整型值强制类型转换成枚举类型赋值。

枚举元素的判断比较：枚举变量只能通过赋值语句得到值，不能通过输入语句直接输入数据。也不能使用输出语句直接输出枚举元素，可以通过 switch 语句将枚举元素以字符串形式输出。

2.9.3 实验内容

实验 2.9.1 餐饮服务质量调查打分

问题描述：在商业和科学研究中，人们经常需要对数据进行分析并将结果以直方图的形式显示出来。例如，一个公司的主管可能需要了解一年来公司的营业状况，比较各月份的销售收入状况。如果仅给出一大堆数据，这显然太不直观了，如果能将这些数据以条形图（直方图）的形式表示，将会大大增加这些数据的直观性，也便于数据的分析与对比。以下以顾客对餐饮服务打分为例，练习这样的程序编写方法。假设有 40 个学生被邀请来给自助餐厅的食品和服务质量打分，分数划分为 1～10 这 10 个等级（1 表示最低分，10 表示最高分），试统计调查结果，并用*打印出如下形式的统计结果直方图。

```
Grade    Count    Histogram
  1        5      *****
  2       10      **********
  3        7      *******
 ...
```

实验 2.9.2 图书排序

用一个数组存放图书信息，每本图书包含书名（booktitle）、作者（author）、出版年月（date）、出版社（publishunit）、借出数目（lendnum）、库存数目（stocknum）等信息。编写程序输入若干图书的信息，按出版年月排序后输出。

实验 2.9.3 救援

洪水淹没了很多房子，只有屋顶还是安全的，被困的人们都爬上了屋顶。现在救生船每次都从大本营出发，到各屋顶救人，救了人之后将人送回大本营。救生船每次从大本营出发，以速度 50m/min 驶向下一个屋顶，达到一个屋顶后，救下其上的所有人，每人上船 1min，船原路返回，达到大本营，每人下船 0.5min。假设大本营与任意一个屋顶的连线不穿过其他屋顶。

【输入】

第一行是屋顶数 n，其后 n 行，每行是每个屋顶的坐标和人数。

【输出】

第一行是所有人都到达大本营并登陆所用的时间，其后 n 行，每行是每个屋顶的坐标和人数。

图 2.3 所示为救援题目示意图，原点是大本营，每个点代表屋顶，每个屋顶由其位置坐标和其上的人数表示。

$$\text{totalTime} = \sum_{i=1}^{N}\left(\frac{2\times\sqrt{x_i^{\ 2}+y_i^{\ 2}}}{\text{speed}} + (1+0.5)\times p_i\right)$$

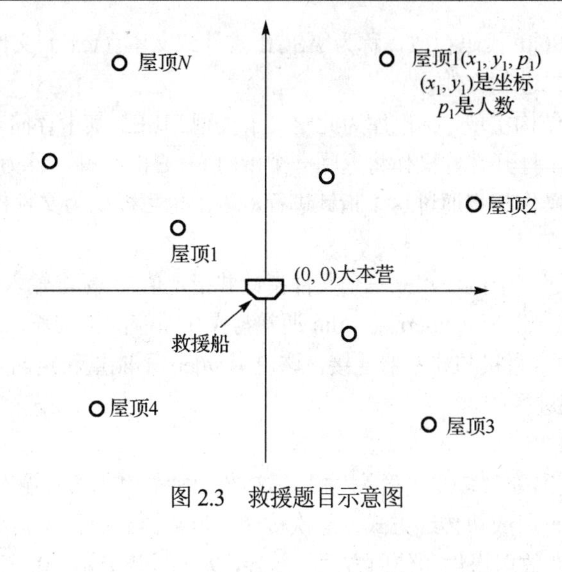

图 2.3　救援题目示意图

2.10　文　　件

2.10.1　学习目标

（1）掌握文件的打开、关闭。

（2）了解数据写入文件和从文件中读取的操作及文件指针的定位。

（3）理解 ASCII 文件与二进制文件的不同特点。

2.10.2　知识要点与练习

（1）文件的概述

“文件”是指存储在计算机外部存储器中的数据的集合。计算机在处理文件时，只要知道文件的名字，就可以自动完成对文件的查找、存取、删除等各种操作。

（2）流与文件指针

标准库对文件输入/输出采用的概念称为流。一个文件或者是信息的来源，或者是接收信息的目标，总之是输入/输出操作的对象。为能与这种对象交换信息，就需要与它们建立联系，流就是这种联系。为了从一个已有的文件输入信息，程序就需要创建一个与该文件关联的输入流，建立一条信息输入通道。同理，要想向一个文件输出，就要建立一个与之关联的输出流。有时还可能建立既能输入又能输出的流。这种建立联系（创建流）的动作被形象地称为打开文件，文件被打开后就可以进行操作了。

标准库的流分为两类：正文流（或称为字符流）和二进制流。正文流把文件视为行的序列，每行包含 0 个或多个字符，一行的最后有换行符号'\n'。正文流适合一般输出和输入，包括与人有关的输入和输出。二进制流用于把内存数据按内部形式直接存储入文件。二进制流操作保证在写入文件后再以同样方式读出，信息的形式和内容都不改变。二进制流主要用于程序内部数据的保存和重新装入使用，其操作过程中不做信息转换，在保存或装入大批数据时有速度优势，但这种保存形式不适合人阅读。

标准库提供了一套流操作函数，包括流的创建（打开文件）、撤销（关闭文件），对流的读/写（实际上是通过流对文件的读/写），以及一些辅助函数。

C 语言中文件操作的基本存储单位是字节，按照数据存放的形式分为两类：一类是将数据当成一个一个字符，按照它的ASCII代码存放，称为ASCII文件或文本（text）文件；第二类是按照数据值的二进制代码存放，称为二进制文件。

流通过一种特殊数据结构实现，标准库为此定义了类型FILE，其中存储与流操作有关的（与打开的文件有关的）所有信息。打开文件操作将返回一个指向FILE的指针（称为文件指针），它代表所创建的流，对这个流的所有操作都将通过这个指针进行，因此也可以认为文件指针就是流的体现，也把文件指针作为流的代名词。

C程序启动时自动创建三个流（建立三个文件指针并指定值）：标准输入流（指针名为stdin）、标准输出流（stdout）和标准错误流（stderr）。stdin通常与操作系统的标准输入连接，stdout与操作系统的标准输出连接，stderr通常直接与显示器连接，这说明stderr不能重新定向。前面程序所用的标准输入/输出操作都是对这些流进行的。

（3）缓冲式输入/输出

标准库定义的输入/输出称为缓冲式输入/输出，这是一种常用的输入/输出方式。由于外存（磁盘、磁带等）速度较慢，一般采用成块传递方式，一次传递一批数据。而程序中对数据的使用则往往不是这样。为了缓和二者之间在数据提供和使用方面的差异，人们提出开辟一块存储区（称为数据缓冲区，简称缓冲区），作为文件与使用数据的程序之间的传递媒介。

存于变量中的数据至多保存到程序结束，因为变量是程序内部的，其生命周期不能跨越程序的两次不同执行，不能将一次执行得到的信息带到程序的另一次执行。当某程序被启动时，操作系统将为它分配一块存储区。程序结束后该存储区完全可能分给其他程序使用。在每次执行开始时，所有外部变量都将初始化，其值与程序的前面执行毫无关系。此外，由于目前计算机内存器件的特性，存于其中的数据在关机后将立刻消失。由于这些原因，为了持续性地保存数据，就必须借助外存设备，如磁盘、磁带等。这样，写程序时也就需要了解如何访问和使用外存，程序语言也必须提供这方面的功能。

标准库文件操作函数实现缓冲式的输入/输出功能。在打开文件时，系统自动为所创建的流建立一个缓冲区（一般通过动态存储分配），文件与程序间的数据传递都通过这个缓冲区进行。文件关闭时释放缓冲区。应该看到，虽然在程序与外存之间有这样一个缓冲区，但从操作效果来看，这个中间过程却像不存在似的（透明的），程序就像直接在与外存打交道。这种透明性的思想在计算机领域中非常重要，是许多方面的各种设计的基础，在许多领域都能看到。

在目前的计算机系统中，外存信息都通过目录和文件方式组织起来，构成操作系统管理下的外存信息结构。目录可视为子目录和文件的集合，文件是封装起的一组数据。每个目录或文件有名字，可以通过名字被操作和使用。程序执行中与外存打交道，主要就是访问使用作为外存信息实体的文件。

程序向外传送信息的操作是输出，从外部取得信息的操作是输入。输入/输出操作可以是文件，也可以是一些标准设备，如键盘、显示器、打印机或其他设备。许多操作系统都采用统一的观点，把所有与输入/输出有关的操作都统一到文件的概念中，程序与外部的联系都通过文件概念实现。常常把键盘、显示器等设备也视为文件，甚至给定了“文件名”，对它们的操作都通过相应文件名进行。

C语言本身没有专用于输入/输出的语言结构。为了提供一种统一标准，ANSI C把文件和输入/输出功能作为标准库的一部分，以提高程序的可移植性。标准库将所有与输入/输出有关的机制都统一到文件的概念中，定义了一些与输入/输出有关的数据结构，提供了一组与输入/输出有关的操作。

（4）文件的打开与关闭

① 文件类型指针

C语言在stdio.h中定义了一个FILE文件结构体类型，包含管理和控制文件所需要的各种信息。它的定义形式如下：

```
FILE  *指针变量名;
```

② 文件的打开

C语言中文件的打开是通过stdio.h函数库的fopen( )函数实现的。文件指针变量的赋值操作是由打开文件函数fopen( )实现的。函数fopen的原型是：

FILE *fopen(const char *filename, const char *mode);

其中，filename的实参是字符串，表示希望打开的文件名；mode是另一字符串，用于指定文件打开方式。这一字符串中可用的字符包括r、w、a和 +，分别表示读、写、附加和更新。另可加字符b表示以二进制方式打开文件。字符串中可以写它们的合理组合。它的调用方式一般为：

文件指针变量=fopen(文件名，处理文件方式)；

在使用时要注意："文件名"是要打开的文件的文件名字，但在书写时要符合C语言的规定。例如，文件名"a:\tc\w1.c"，由于'\'是转义字符的标志，所以在该函数中的文件名应写成"a:\\tc\\w1.c"。打开文件时"处理文件方式"决定了系统可以对文件进行的操作。C语言提供的ASCII文件处理方式的作用与影响如表2.4所示。

表2.4　ASCII文件处理方式的作用与影响

mode	处 理 方 式	当文件不存在时	当文件存在时	向文件输入	从文件输出
"r"	读取	出错	打开文件	不能	可以
"w"	写入	建立新文件	覆盖原有文件	可以	不能
"a"	追加	建立新文件	在原有文件后追加	可以	不能
"r+"	读取/写入	出错	打开文件	可以	可以
"w+"	写入/读取	建立新文件	覆盖原有文件	可以	可以
"a+"	读取/追加	建立新文件	在原有文件后追加	可以	可以

注：如果是二进制文件，在使用时只要在模式后添加字符 b 即可，如"rb"、"rb+"分别表示读取二进制文件和以读取/写入打开二进制文件。

如果由于文件不存在等原因造成不能打开文件，则调用fopen( )后将返回一个空指针NULL。

③ 文件的关闭

文件的关闭通过stdio.h中的fclose( )函数实现。函数fclose的原型是：

int fclose(FILE * stream);

该函数完成关闭流的所有工作。对于输出流，fclose 将在实际关闭文件前做缓冲区刷新，即把当时缓冲区中所有数据实际输出到文件（无论缓冲区满不满）；对输入流，文件关闭将丢掉缓冲区当时的内容。在关闭操作中还要释放动态分配的缓冲区。fclose正常完成时返回0，出问题时返回值为EOF。请注意，一个程序可以同时打开的文件数通常是有限的，所以，文件使用完毕后应及时将它关闭。程序结束时，所有尚未关闭的文件都将被自动关闭。具体用法是：fclose(文件指针);

例如：fclose(fp);

则程序将文件类型指针fp所指向的文件关闭，fp不再指向该文件。

（5）文件的读/写与定位操作

① 函数fgetc( )、fputc( )的使用

这两个函数分别从指定的流中读一个字符，或向指定的流中写一个字符，它们的返回值就是所读或写的那个字符。遇到文件结束时，fgetc返回值EOF，操作出错时，两个函数都返回EOF。请注意，这两个函数的返回值都是int类型。

- fputc( )函数

函数fputc( )的作用是向文件写入一个字符。函数原型为：int fgetc(FILE *fp)；调用形式为：

fputc（字符，文件型指针变量）

如：fputc('A',fp);

fp为一个文件类型指针变量，上述将字符常量'A'（也可以是字符型变量）写入文件当前位置，并且使文件位置指针下移一字节。如果写入操作成功，返回值是该字符，否则返回EOF。

● fgetc( )函数

函数fgetc( )的作用是从一个文件中读取一个字符。函数原型为：int fputc(int c, FILE *fp)；其调用形式为：

fgetc（文件型指针变量）

如：a=fgetc(fp);

fp为一个文件类型指针变量，函数fgetc(fp)不仅返回文件当前位置的字符，并且使文件位置指针下移一个字符。如果遇到文件结束，则返回值为文件结束标志EOF。

② 函数fgets( )、fputs( )的使用

标准库还提供了两个以行为单位进行输入和输出的函数。调用行式输入/输出函数时，需要用一个字符数组保存输入或输出的信息。

● fputs( )函数

函数fputc( )的作用是向文件写入一个字符串。行式输出函数的原型是：int fputs(const char *buffer, FILE *stream)；这个函数将buffer中的字符串送到流stream，最后不向流中添加换行符号（输出字符串中可包含换行符，也可没有）。函数正常完成时返回非负值，出错时返回EOF值。

其调用形式为：

fputs（字符串，文件型指针变量）

其中字符串可以是字符串常量、指向字符串的指针变量、存放字符串数组的数组名。写入文件成功，函数返回值为0，否则为EOF。注意：字符串的结束标志'\0'不写入文件。例如：

Fputs("Hello",fp);

fp为一个文件类型指针变量，上述将字符串中的字符H、e、l、l、o写入文件指针的当前位置。

● fgets( )函数

函数 fgets( )的作用是从一个文件中读取一个字符串。行式输入函数的原型是：char *fgets(char *buffer, int n, FILE *stream)；其中buffer应是一个字符数组的地址。fgets由流stream读入至多n–1个字符，将它们存入buffer指定的字符数组中。读入过程遇到换行就结束，换行符号也存入数组。无论操作如何完成，函数都在数组中已存入的字符之后存放一个'\0'（做成字符串形式）。正常完成时，函数返回参数buffer，遇文件结束或操作出错时，返回空指针。显然这里要求数组buffer至少能容纳n个字符。为防止数组越界，参数n的值必须符合有关数组的情况。

fgets( )的调用形式为：

fgets（字符数组，字符数，文件型指针变量）

如：fgets(str,n,fp);

其作用是从fp指向的文件的当前位置开始读取n–1个字符，并加上字符串结束标志'\0'一起放入字符数组str中。如果从文件读取字符时遇到换行符或文件结束标志EOF，读取结束。函数返回值为字符数组str的首地址。

对于标准输入和标准输出流也有一对行式输入和输出函数。它们的原型分别是：

char *gets(char *s)；int puts(const char *s)

函数gets的参数s应是一个字符数组的开始地址。gets从标准输入读一个完整的行（从标准输入读，一直读到遇到了换行字符），把读到的内容存放入由s指定的字符数组中，并用空字符'\0'取代行

尾的'\n'，最后返回指针 s（存储信息的开始位置）。如果执行中出现错误或遇到文件结束，gets 就返回空指针值 NULL。

③ 函数 fprintf( )、fscanf( )的使用

● fprintf( )函数

函数 fprintf( )的作用与 printf( )相似，只是输出对象不是标准输出设备，而是文件，即按照格式要求将数据写入文件。它的函数原型为：int fprintf(FILE *stream, const char *format, …)；调用的一般形式为：

fprintf(文件型指针变量，格式控制，输出表列)；

如：fprintf(fp,"%ld,%s,%5.1f",num,name,score);

它的作用是将变量 num、name、score 按照%ld、%s、%5.1f 的格式写入 fp 指向的文件的当前位置。

● fscanf( )函数

函数 scanf( )从通过标准输入设备读取数据，同样函数 fscanf( )按照格式要求从文件中读取数据。它的函数原型为：int fscanf(FILE *stream, const char *format, …)；调用的一般形式为：

fscanf（文件型指针变量，格式控制，输入表列）；

如：fscanf(fp,"%ld,%s,%5.1f",&num,&name,&score);

它的作用是从 fp 指向的文件的当前位置开始，按照%ld、%s、%5.1f 的格式取出数据，赋给变量 num、name 和 score。

函数 fprintf( )和 fscanf( )主要用于数据文件的读/写，既可以使用 ASCII 文件，也可以使用二进制文件。

④ 函数 fwrite( )、fread( )的使用

● fwrite( )函数

函数 fwrite( )的作用是将成批的数据块写入文件。它的函数原型为：size_t fwrite(const void *pointer, size_t size,size_t num, FILE *stream); size_t 是语言中的某个无符号整型，具体情况由 C 系统确定。函数 fwrite( )向流 stream 输出一批数据（应该是某个数组的一批元素），数据的起始位置由指针 pointer 给定，元素大小是 size，共 num 个。这些数据元素将顺序存入与流 stream 相关联的文件中。函数 fwrite( )返回实际写出的数据元素个数，如果这个数小于 num，那就说明函数执行中出现了错误。fread( )返回实际读入的元素个数。对于 fread( )操作，应当用另一个标准函数 feof 检查是否读到了文件结束（该函数在文件结束时返回非 0 值）。

fwrite( )的调用的一般形式为：

fwrite（写入文件的数据块的存放地址，一个数据块的字节数，数据块的个数，文件型指针变量）；

如果函数 fwrite( )操作成功，则返回值为实际写入文件的数据块的个数。

如：已知一个 struct student 类型的数组 stu[20]，则语句 fwrite(&stu[1], sizeof（struct student）, 2, fp); 是从结构体数组元素 stu[1]存放的地址开始，以一个结构体 struct student 类型变量所占字节数为一个数据块，共写入文件类型指针 fp 指向的文件两个数据块，即 stu[1]、stu[2]的内容写入文件。如果操作成功，函数的返回值为 2。

● fread( )函数

函数 fread( )的作用是从文件中读出成批的数据块。它的函数原型为：size_t fread(void *pointer, size_t size,size_t num, FILE *stream)；函数 fread( )的功能与 fwrite( )对应，它要求读入 num 个数据元素，每个元素的大小为 size，指针参数 pointer 应指向接收数据的起始存储位置。显然，此时 pointer 应指定一个数组，数组元素的类型应该与以前向文件直接输出时所用元素类型一致，数组的大小至少应

是 num。标准库的设计保证，以某一确定方式（某种元素大小和个数）直接存入文件的信息，再用同样的方式读回来，所得到的数据内容不变。

fread( )调用的一般形式为：

fread（从文件读取的数据块的存放地址，一个数据块的字节数，数据块的个数，文件型指针变量）；

同样，如果函数 fread( )操作成功，则返回值为实际从文件中读取数据块的个数。

如：已知 stu1 是一个结构体 struct student 变量，则 fread(&stu1, sizeof(struct student), 1, fp);是从文件类型指针 fp 指向的文件的当前位置开始，读取一个数据块，该数据块为结构体 struct student 类型变量所占字节数，然后将读取的内容放入变量 stu1 中。

注意：函数 fwrite( )和 fread( )在读/写文件时，只有使用二进制方式，才可以读/写任何类型的数据。最常用于读/写数组和结构体类型数据。

⑤ 函数 sscanf( )与 sprintf( )的使用

C 语言标准库提供了两个以字符串为对象的格式化输入/输出函数。其中输入函数 sscanf( )的功能是把一个字符串作为读入对象，从中读入、分解、完成指定转换，并将转换结果赋给指定变量。字符串输出函数 sprintf( )实现另一方向的转换，将生成的输出字符序列存入指定的字符数组，并在有效字符序列最后放入表示字符串结束的'\0'，做成字符串的形式。这两个函数的原型与 scanf( )和 printf( )类似，只是多了一个字符指针参数，用于表示特定的字符串：

```
int sscanf(char *s, const char *format, ...);
int sprintf(char *s, const char *format, ...);
```

对于 sscanf( )，字符指针参数 s 表示作为输入对象的字符串；对于函数 sprintf( )，参数 s 应该指定一个足够大的字符数组。这两个函数的功能与文件格式化输入/输出函数完全相同，只是所作用的对象不是文件流，而是字符串。

⑥ 函数 feof( )、rewind( )、fseek( )、ftell( )的使用

文件指针的定位非常重要。下面介绍一些文件操作中常用的函数，这些库函数是在 C 语言的 stdio.h 头文件中定义的。

● 函数 feof( )

函数 feof( )用来检测一个指向文件的指针是否已经指到了文件最后的结束标志 EOF。调用的一般形式为：

feof（文件型指针变量）；

如果文件型指针指向的文件的当前位置为结束标志 EOF，则函数返回一个非零值，否则返回 0 值。

● 函数 rewind( )

函数 rewind( )将令指向文件的指针重新指向文件的开始位置。函数无返回值。其调用形式为：

rewind（文件型指针变量）；

如：rewind(fp); fp 是一个指向文件的指针，执行该语句后，fp 指向文件的开始位置，即文件的第一个数据。

● 函数 fseek( )

函数 fseek( )可以将使得指向文件的指针变量指向文件的任何一个位置，实现随机读/写文件。它调用的形式为：

fseek（文件型指针变量，偏移量，起始位置）；

函数 fseek( )将以文件的起始位置为基准，根据偏移量往前或往后移动指针。其中偏移量是一个长整型数，表示从起始位置移动的字节数，正数表示指针往后移，负数表示指针往前移。起始位置用数

字 0、1、2 或用名字 SEEK_SET、SEEK_CUR、SEEK_END 代表文件开始、文件当前位置和文件结束位置。如果指针设置成功，返回值为 0，否则为非 0 值。

- 函数 ftell( )

函数 ftell( )用于测试指向文件的指针的当前位置。它的调用方式为：

ftell（文件型指针变量）；

函数的返回值是一个常整型数，如果测试成功，则返回指向文件的指针当前指向的位置距离文件开头的字节数，否则返回–1L。

⑦ 标准错误流

如果程序执行中遇到有文件打不开，它就会产生一行错误信息。在这里让程序输出错误信息，是希望这种信息能显示在计算机屏幕上，使程序的用户可以读到它并采取相应的处理措施。看起来这种做法没有什么问题，但在使用中却可能出现麻烦。如果用户在使用这个程序时，把输出重定向到某个文件，希望把几个文件的内容都复制到一个文件里，问题就出现了：程序产生的出错信息也会按所给的定向送入指定文件。

利用标准库提供的标准错误流（stderr）可以解决这个问题。送到标准错误流的信息将不受输出流重新定向的影响，因此不会混入定向的文件之中。即使标准输出流被重新定向，送到 stderr 的信息仍会显示在计算机屏幕上。

【例 2.10.1】程序例题

假定文件里保存了一批货物单价和数量数据。写一个程序，通过命令行参数为它提供文件名，它最终输出货物的总货值。

假设文件里的数据以一个单价和一个数量的方式成对出现，应该用 fscanf( )读入。这里考虑把读入一对数据的工作写成函数 nextentry，在发现所有数据都处理完毕后，让它返回一个 0 值，通知调用的地方。这里没有特别处理数据可能出错的情况，有关修改可以参考前面的讨论，留给读者作为练习。

主函数也很简单：首先检查命令行参数个数是否正确，而后打开文件。在遇到错误无法正常执行时，输出错误信息并终止程序，也用返回值报告出现了问题。

```
#include <stdio.h>
double nextentry(FILE *fp) {
    double pr, num;
    int n = fscanf(fp, "%lf%lf", &pr, &num);
    return n == EOF ? 0 : pr*num;
}
int main(int argc, char** argv)
{
    double total = 0, x;
    FILE * ifp;
    if (argc == 1) { /* 没有参数，给用户提供错误信息 */
        printf("Missing data file name. Stop!\n");
        return 1;
    }
    if ((ifp = fopen(argv[1], "r")) == NULL) {
        printf("Can't open file: %s. Stop!\n", argv[1]);
        return 2;
    }
    while ((x = nextentry(ifp)) != 0.0)
```

```
        total += x;
    printf("Total price: %f\n", total);
    fclose(ifp);
    return 0;
}
```

2.10.3 实验内容

实验 2.10.1 比较文件

写一个程序，比较两个文本文件的内容是否相同，并输出两个文件内容首次不同的行号和字符位置。

实验 2.10.2 文件复制与追加

程序 1 根据程序提示，从键盘输入一个已存在的文本文件的完整文件名，再输入一个新文本文件的完整文件名，然后将已存在的文本文件中的内容全部复制到新文本文件中，利用文本编辑软件，通过查看文件内容验证程序执行结果。

程序 2 模拟 DOS 命令下的 COPY 命令，在 DOS 状态下输入命令行，以实现将一个已存在的文本文件中的内容全部复制到新文本文件中，利用文本编辑软件查看文件内容，验证程序执行结果。

程序 3（选做） 根据提示从键盘输入一个已存在的文本文件的完整文件名，再输入另一个已存在的文本文件的完整文件名，然后将第一个文本文件的内容追加到第二个文本文件的原内容之后，利用文本编辑软件查看文件内容，验证程序执行结果。

程序 4（选做） 根据提示从键盘输入一个已存在的文本文件的完整文件名，再输入另一个已存在的文本文件的完整文件名，然后将源文本文件的内容追加到目的文本文件的原内容之后，并在程序运行过程中显示源文件和目的文件中的文件内容，以此来验证程序执行结果。

【思考题】如果要复制的文件内容不是用函数 fputc( )写入的字符，而是用函数 fprintf( )写入的格式化数据文件，那么如何正确读出该文件中的格式化数据呢？还能用本实验中的程序实现文件的复制吗？请读者自己编程验证。

实验 2.10.3 删除注释

将一个 C 语言源程序文件中的所有注释去掉后，存入另一个文件。

2.11 综合实验

实验 2.11.1 筛选法求素数

问题描述：求素数的一种著名方法叫“筛法”，其基本方法是取一个从 2 开始的整数序列，通过不断划掉序列中非素数的整数（合数），逐步确定顺序的一个个素数。具体做法是：

（1）令 n 等于 2，它是素数；

（2）划掉序列中 n 的所有倍数（$2n$、$3n$ 等）；

（3）找到 n 之后下一个未划掉的元素，它是素数，令 n 等于它，回到步骤 2。

现在要求写一个程序，输出从 2 到某个数之间的所有素数。

实验 2.11.2 细菌数量

问题描述：某个生物实验小组正在培养一种细菌，由于设备和条件的限制，该种细菌每天能培养

*m*个，现假设开始日期为XS年YS月ZS日，此时已有细菌数量*n*个，请帮助该实验小组计算在培养结束日期XE年YE月ZE日，可以培养出多少个细菌。

输入数据包括三行。第一行有两个数字，分别是已有细菌数量*n*和每天可培养的细菌数量*m*，中间以空格隔开（*n*和*m*均为大于0的正整数）；第二行为三个正整数数字，中间以空格隔开，分别表示开始日期的年月日；第三行为三个正整数数字，中间以空格隔开，分别表示结束日期的年月日。

输出数据包括一行，为可培养出的细菌数量。

【输入示例】

100 5

2010 1 1

2015 6 24

【输出示例】

10100

实验 2.11.3　成绩管理系统

设计一个学生成绩管理系统，对上学期的本班的学习成绩进行管理，可以用数组来设计这个程序，具有查询和检索功能，并且能够对指定文件操作，也可将多个文件组成一个文件。

（1）设计内容

- 每条记录包括一个学生的学号、姓名、性别、各门课成绩（上学期的科目）、平均成绩。
- 输入功能：可以一次完成若干记录的输入。
- 显示功能：完成全部学生记录的显示。
- 查找功能：完成按姓名或学号查找学生记录，并显示。
- 排序功能：分别按学生平均成绩、各门课成绩进行排序，显示班级名次表。
- 插入功能：按平均成绩高低插入一条学生记录。
- 统计功能：统计各门课程的成绩分段情况，即可设置不同的分段，统计出该分段学生人数及比例。
- 将学生记录存在文件score.dat中。
- 应提供一个界面来调用各个功能，调用界面和各个功能的操作界面应尽可能清晰美观。

（2）设计要求

已知有存储本班学生记录（包括学号、姓名、科目成绩、性别）的文件student.dat，所有学生以学号从小到大排序（该文件自行建立）。要求编程序实现查询、排序、插入、删除等功能。

实验 2.11.4　数字时钟

按如下方法定义一个时钟结构体类型：

```
struct clock
{
    int hour;
    int minute;
    int second;
};
typedef struct clock CLOCK;
```

然后，将下列用全局变量编写的时钟模拟显示程序改成用CLOCK结构体变量类型重新编写。已知用全局变量编写的时钟模拟显示程序如下：

```
#include  <stdio.h>
#include  <stdio.h>
int hour, minute, second;    /*全局变量定义*/
/*
    函数功能：时、分、秒时间的更新
    函数参数：无
    函数返回值：无
*/
void Update(void)
{
    second++;
    if (second == 60)       /*若 second 值为 60，表示已过 1min，则 minute 值加 1*/
    {
        second = 0;
        minute++;
    }
    if (minute == 60)        /*若 minute 值为 60，表示已过 1h，则 hour 值加 1*/
    {
        minute = 0;
        hour++;
    }
    if (hour == 24)          /*若 hour 值为 24，则 hour 的值从 0 开始计时*/
    {
        hour = 0;
    }
}

/*
    函数功能：时、分、秒时间的显示
    函数参数：无
    函数返回值：无
*/
void Display(void)                      /*用回车符'\r'控制时、分、秒显示的位置*/
{
    printf("%2d:%2d:%2d\r", hour, minute, second);
}

/*
    函数功能：模拟延迟 1s 的时间
    函数参数：无
    函数返回值：无
*/
void Delay(void)
{
    longt;

    for (t=0; t<50000000; t++)
```

```
    {
                                         /*循环体为空语句的循环，起延时作用*/
    }
}

main()
{
    long i;
    hour = minute = second = 0;          /*hour,minute,second 赋初值 0*/
    for (i=0; i<100000; i++)             /*利用循环结构，控制时钟运行的时间*/
    {
        Update();                        /*时钟更新*/
        Display();                       /*时间显示*/
        Delay();                         /*模拟延时 1s*/
    }
}
```

【思考题】

① 用结构体指针作为函数参数与用结构体变量作为函数参数有什么不同？本实验可以用结构体变量作为函数参数编程实现吗？

② 请读者自己分析以下两段程序代码，并解释它们是如何实现时钟值更新操作的。

```
void Update(struct clock *t)
{
    static long m = 1;
    t->hour = m / 3600;
    t->minute = (m - 3600 * t->hour) / 60;
    t->second = m % 60;
    m++;
    if (t->hour == 24) {
        m = 1;
    }
}
```

```
void Update(struct clock *t)
{
    static long m = 1;
    t->second = m % 60;
    t->minute = (m / 60) % 60;
    t->hour = (m / 3600) % 24;
    m++;
    if (t->hour == 24){
        m = 1;
    }
}
```

第3章　C语言课程设计

3.1　课程设计目标与要求

3.1.1　目标与要求

（1）目标

① 学会从计算的角度分析问题，掌握利用计算机程序解决问题的方法和步骤。

② 学会结构化程序设计方法，掌握C语言的基础语法与程序结构。

③ 针对C语言中的重点和难点内容进行训练，能够独立完成有一定工作量的程序设计任务，同时强调良好的程序设计风格。

④ 掌握C语言的编程技巧和调试程序的方法。

⑤ 掌握程序设计中的常用算法和多种数据存储方式。

（2）要求

① 要求学生做好预习，掌握设计过程中涉及的算法，按设计流程编程，上机调试通过，验证结果并进行分析、完成论文。

② 设计题目可从给出的题目中任选，也可自主命题，但需经过老师同意。

③ 算法类题目要求独立完成；系统与游戏类分组完成，每组1～4名学生，并指定组长一名。每名同学必须参与软件开发，并负责相应部分的程序设计。

④ 课程设计完成后，需要提交相应的课程设计报告（按照模板撰写打印，并提交电子版）。其中系统总体结构、详细设计（NS图或流程图）及关键部分源代码必须包含，其他部分可以根据实际情况选择。

⑤ 系统与游戏类设计要求：

- 对系统进行功能模块分析、控制模块分析正确；
- 系统设计要实用；
- 编程简练、可用，功能全面；
- 良好的程序设计风格，符合规范；
- 设计报告、流程图要清楚。

⑥ 算法类设计要求：

- 问题重述：分析题目与程序输入/输出及时间、空间要求；
- 设计算法（以流程图的方式给出）；
- 编程实现（注意程序限制）；
- 良好的程序设计风格，符合规范；
- 编写结题报告。

3.1.2　过程与进度安排

课程设计不仅是对程序设计能力的综合锻炼，更是对团队合作、软件开发与项目管理过程的训练。建议这样的综合实验以团队合作形式、尽量模仿软件项目的开发过程进行。一般来说，可分以下几个阶段进行：开题、系统设计、系统编码实现、系统测试、系统评价与验收。

① 开题。确定大型程序的题目，并制订开发进度表。题目可来自教师指定的参考题目，也可自由选题，特别是鼓励有创新性的题目或是在已知题目的基础上进行创新。本章最后一节也为大家提供了部分选题。根据题目的难度，每组 1～4 人。一个小班内的题目尽量不要重复。在确定题目后，通过小组讨论，确定小组长及每个人的分工，并制订项目开发进度表，包括系统设计、系统实现、测试等工作的时间段。指导教师可收集各小组的开题情况（包括题目及简要说明、小组成员及分工、初步进度安排等），审核并批准实施。

② 系统设计。系统设计的任务是对所确定的题目从问题需求、数据结构、程序结构、难点及关键技术等方面进行分析，形成初步的系统设计方案。该方案可作为综合实验的中期报告。其主要内容包括问题分析的陈述和初步设计的方案，以及可能的难点问题与关键技术等。通过中期报告，可以督促学生掌握程序开发方法和熟悉相关的高级编程技术，调整进度，而教师主要了解学生进行分析和初步设计的情况，并及时发现存在的一些问题。在系统设计（包括下一阶段的系统实现阶段）时，小组成员可能需要查阅大量的编程技术资料和相关的源程序。这是对学生文献查阅与分析能力很好的锻炼机会，教师可给予学生适当的指导。

③ 系统编码实现。小组成员根据初步的系统设计与分析结果，对系统编程实现。期间，成员之间及时进行沟通与讨论是非常必要的。小组内需要讨论并取得一致意见的内容主要有：编程规范与约定（如变量名的命名法则）、接口约定、问题及系统设计变更的程序、程序版本管理方法、模块测试与模块集成的组织等。

④ 系统测试。在各程序模块编码完成并集成后，就可以开始对整个系统进行测试了。测试是软件开发很重要的一个阶段，初学者往往很重视这个阶段的工作。前面已经提到了一些基本的测试方法，读者可以试着应用这些测试方法对所完成的系统进行严格的测试。对于测试中发现的问题，要善于分析问题发生的根源，因此学会和掌握程序调试方法就很重要了。

⑤ 系统评价与验收。教师需要组织对学生完成的系统进行评价。一般可以要求学生提交以下材料。

- 程序设计综合实验总结报告。它可以使学生对整个开发进行全面的总结，教师则可了解学生对整个开发流程（特别是详细设计）和高级编程技术的掌握情况，并且是小组及个人的工作评价的重要依据。
- 源程序清单。对于源程序文档，要求代码必须有良好的风格，要求注释细致，采用较好的缩进格式。
- 可执行程序，包括运行该程序所依赖的其他内容，如数据等。

为了对学生的工作做出更全面且客观的评价，教师除了要求学生在期末递交材料之外，还建议进行现场验收（如分组答辩）。现场验收时要求每个小组成员都必须到场，参加程序演示和回答老师的提问。提问可根据报告中所述的分工情况进行或随机进行。主要验证学生是否参与了开发工作，是否掌握了开发的流程和方法，以及一些高级的编程技术。同时，可以客观地反映组与组之间、个体与个体之间的开发能力，发现很多在报告中不能体现的问题。建议在现场验收时，吸收一些优秀学生作为评委参与验收与评分。

3.1.3　考核与评价

（1）考核方式

学生上机操作演示，教师检查、提问，评定上机及论文成绩。

从 6 个方面考核课程设计完成的成绩：论文，界面设计及操作方便性，功能完成情况及编程工作量，编程难度和程序亮点，回答教师所提出的问题，课程设计过程中的工作态度，从而进行综合打分。

对每一组可按以上标准给出综合分，并将该分作为这组中最优秀同学的得分，其他同学的分数根据其在组中所承担的任务和表现进行相应的调整（不超过综合分）。课程设计的选题新颖或实现了额外的功能，应予以适当加分。成绩评定实行优秀、良好、中等、及格和不及格 5 个等级的成绩。

（2）评价标准

程序设计综合实验不仅是对学生程序设计能力的训练，也是对程序开发方法的初步训练。因此，评价大型程序的结果不仅要看程序编写的完成功能的情况、工作量和质量，还要看程序综合实验相关的程序文档。

建议从两个方面考查大型作业：一是按照软件工程的要求，检查是否及时提交了符合要求的课程设计报告（包括中期报告和总结报告）；二是采用小组答辩的方法对综合实验结果进行现场评价，考查大型程序的完成情况。

大型作业答辩的答辩小组可以由教师和编程能力强、较公正的学生组成，对每个大程序小组做的工作可以按照以下 4 点进行评价。

① 从 4 个方面考核一组程序设计综合实验的成绩：文档及程序风格（20%）、界面设计及操作方便性（20%）、功能完成情况及编程工作量（40%）、编程难度和程序亮点（20%）；

② 对每一组可按以上标准给出其作业的综合分，并将该分作为这组中最优秀同学的得分，其他同学的分数根据其在组中所承担的任务和表现进行相应的调整（不超过综合分）；

③ 一般每组答辩时间为 15 分钟：10 分钟讲解及演示，5 分钟提问；

④ 若大型作业的选题新颖或实现了额外的特色功能，应予以适当加分。

对于入门语言程序设计的综合性实验课程来说，C 源程序的代码量一般在 800～2000 行之间比较合适。另外需要强调的是，在程序设计综合实验过程中，教师要特别鼓励学生创新，如提出有创意的题目或在传统题目上增加有特色的功能。

3.2 程序设计方法

为了有效地进行程序设计，除了要仔细分析数据并精心组织算法之外，程序设计方法也很重要，它在很大程度上影响到程序设计的成败及程序质量的高低。随着计算机解决的问题日趋复杂化，程序设计已不只是某个程序员个人技术或技巧的“手工艺术品”，而必须要遵循良好而有效的开发方法及思想并由团队合作完成。在软件的发展过程中涌现了很多程序设计方法，按照逻辑思维方式和设计风格的不同，主要划分为三类：面向过程的程序设计方法、面向问题的程序设计方法、面向对象的程序设计方法。无论哪种方法，程序的可靠性、易读性、高效性、可维护性等良好特性始终是开发者和用户共同追求的目标。

3.2.1 结构化程序设计

结构化程序设计（Structure Programming，SP）方法是为了解决早期计算机程序难于阅读、理解和调试，难于维护和扩充，以及开发周期长、不易控制程序质量等问题而提出来的，它的产生和发展奠定了软件工程的基础。

（1）结构化程序设计的基本思想和理念

结构化程序设计的基本思想是：把一个复杂问题的求解过程分阶段进行，每个阶段处理的问题都控制在人们能理解和处理的范围内。结构化程序设计的基本思想及理念主要有三点。

① 自顶向下，逐步求精。先设计程序的顶层，也是程序的最外层，然后步步深入，逐层细分，逐步补充细节，直到整个问题细化和分解到单一功能、可用程序设计语言简单明确地描述出来为止。其特点是先整体后局部、先抽象后具体。

② 模块化。将一个较大的程序根据实现的功能划分为若干子程序，每个子程序解决一个问题，即独立成为一个模块，每个模块又可继续划分为更小的子模块，从而实现程序的模块化。模块化的目的是降低程序复杂度，使程序设计、调试和维护等操作简单化，便于多人分工协作，各模块可以分别编程，功能独立的模块可以组成子程序库，有利于实现软件复用等。按照功能划分为模块后，使得

程序=程序模块+调用

③ 任何基本模块都应该由三种基本控制结构组成。

综上所述，用结构化方法求解问题不是一开始就用计算机语言去描述问题，而是分阶段逐步求解。先用伪代码、流程图等工具一步步细化问题，最后得到用计算机可求解的算法描述后，再用计算机语言去实现。结构化程序设计有很多优点，它使程序结构清晰、易读性强，能够提高程序设计的质量和效率，自出现以后，很快被人们接受并得到广泛应用。

（2）结构化程序设计的缺点

① 面向过程。在结构化程序设计中，程序员必须细致地设计程序中的每个细节，准确考虑程序运行时每一步发生的事情，如各变量值的变化情况、什么时候应该进行哪些输入、哪些数据需要输出等。这对程序设计人员的要求是比较高的，而且，当程序规模增大时，程序员往往感到力不从心。这种状况的出现除了和计算机的应用领域不断拓展有关外，更重要的原因是结构化程序设计方法是以问题的功能为出发点，着重考虑问题的细节求解过程，其方法是面向过程的。

② 以功能为核心划分程序模块，数据与模块间的关系可能呈现松散耦合的状态。面向过程的程序设计方法把程序定义为“数据结构+算法”，程序中数据与处理这些数据的算法（过程）是分离的。这样，对不同的数据做相同的处理，或对相同的数据做不同的处理，都要使用不同的模块，从而降低程序的可维护性和可复用性。同时，这种分离导致了数据可能被多个模块使用和修改，难于保证数据的安全性和一致性。因此，对于小型程序和中等复杂程度的程序来说，它是一种较为有效的技术，但对于复杂的、大规模软件的开发来说，它就不尽如人意了。

③ 难以维护。结构化程序的结构简单清晰，描述方式符合人们常用的推理式思维方式，在软件重用性、软件维护等方面都有所进步，因此在解决早期的软件危机及大型软件开发，尤其是大型科学与工程运算软件的开发中发挥了重要作用。但是，随着应用程序的规模扩大，操作与数据分离所带来的维护工作量越来越大，很不适用于图形用户界面（Graph User Interface，GUI）下的事件驱动编程。

综上所述，结构化程序设计的核心思想是功能的分解，其特点是将数据结构与过程分离，着重点在过程，是面向过程的程序设计方法。用这种方法开发的软件可维护性和可复用性差，尤其是图形用户界面的应用，使得按照面向过程的方法开发软件变得寸步难行。

3.2.2　面向对象的程序设计

由于上述缺陷已不能满足现代化软件开发的要求，一种全新的软件开发技术应运而生，这就是面向对象的程序设计（Object Oriented Programming，OOP）。在20世纪80年代，伴随着Smalltalk语言的诞生，提出了面向对象的程序设计方法。20世纪90年代以来，随着图形用户界面（GUI）的推广，

面向对象程序设计方法迅速在全世界流行开来，并一跃成为程序设计的主流。和以往的程序设计方法相比，它的优点很多，其中最具魅力的有以下几点。

（1）以实体为核心进行问题的分解和抽象，不再将问题分解为过程，而是将问题分解为对象。将大量的工作交由相应的对象（实体）来完成，程序员在应用程序中只需说明要求对象完成的任务。在这种方法中，将数据及对数据的操作方法放在一起，形成一个相互依存、不可分离的整体——对象（实体）。对同类型对象抽象出其共性，形成类。类实现数据和操作的有效封装，外界无须了解其实现细节，而是通过接口与之进行交互。对象与对象之间通过消息进行通信。这种思维方式打破了“数据”与“算法”之间的传统二分法，它汇集了与同一种概念相联系的所有知识，其汇集方式就像烹调技术既包括佐料又包括加工方法一样。再如，我们并不了解汽车这种对象内部的设计电路及其构造，但是，利用方向盘、刹车、油门等接口就可以方便地使用它。这是因为设计师们将汽车的所有内部属性（包括各部件之间的动作过程）利用漂亮的外壳很好地封装了起来。面向对象的程序设计思想正是借鉴了人类这种对事物进行抽象，并将一些细节对无须了解的人进行隐藏的思维模式。

（2）程序=对象+消息驱动。消息表现为一个对象对另一个对象的行为的调用，对象之间的相互作用通过消息传递来实现。目前，这种“对象+消息”的面向对象程序设计模式和“数据结构+算法”的面向过程程序设计模式相比，更加符合人们习惯的思维方法，便于分析复杂而多变化的问题。例如，一个好的文字处理程序使用起来非常方便，几乎可以随心所欲，而且绝没有任何固定的操作顺序，而是用户需要做什么，只需要通过视图发出消息，相应的对象接收到后，将立即驱动对象的方法完成相应的功能。

（3）易维护，可重用。面向对象方法以“对象为中心”，根据其内在规律建立求解模型，很好地实现了对不同性质的数据进行相似操作时可以使用相同的处理方法，从而在很大程度上提高了程序的可维护性和可复用性。另外，面向对象程序设计方法学所提供的继承与派生、多态性、模板等概念和语法实体，使程序代码可以达到最大程度的重用，程序员能够直接地再利用他人已经设计并编写成功的代码，显著提高了软件生产率。

3.2.3　面向问题的程序设计

面向问题的语言又称为非过程化的语言或第 4 代语言（4GLS）。面向过程的高级语言要仔细告诉计算机每一步“怎么做”，而面向问题的高级语言只需告诉计算机“做什么”及数据的输入/输出格式，就能得到所需结果，无须关心问题的求解算法和求解过程。面向问题的语言其目的是高效、直接地实现各种应用系统。数据库系统语言就属于面向问题的高级语言。

3.2.4　程序设计方法的比较

面向过程的语言致力于用计算机能够理解的逻辑来描述需要解决的问题和解决问题的具体方法、步骤。用这类语言编程时，程序不仅要说明做什么，还要详细地告诉计算机如何做，程序需要详细描述解题的过程、步骤和细节。面向过程的语言久经考验，最为常用，而且语言种类繁多，如 Fortran、BASIC、Pascal、C 语言等。面向问题的语言与数据库的关系非常密切，应用范围比较狭窄。面向对象的语言是后起之秀，但是从一诞生，尤其是随着图形窗口界面的流行，立即显示出其强大的魅力，很快占据了程序设计方法的鳌头。面向对象的程序设计语言很多，如 Smalltalk、Ada、Eiffel、Object Pascal、Visual Basic、C++、Java 等，目前比较流行的面向对象的语言有 C++、Java、Visual Basic 等，如表 3.1 所示。

表 3.1　主流程序设计方法比较

设计方法	主要概念	设计过程	程序执行方式	代表语言
结构化程序设计	功能模块（过程、自定义函数）	编制各个功能模块，再用主程序将它们串起来	将应用程序分解成若干功能模块，通过各模块的相互调用来完成整个执行过程，是过程驱动的	ALGO60、BASIC、Fortran、Pascal、C 等
面向对象程序设计	类、对象、属性、事件、方法	设计类、子类、对象（设计外观、设置属性、为事件编写方法程序）	将应用程序分解成具有特定属性的对象，通过调用各对象的不同方法来完成相关事件，是事件驱动的	Smalltalk、C++、Visual Basic、Java 等
面向问题程序设计	记录、字段、查询	罗列出查询条件、数据格式等		SQL 等

面向对象程序设计的核心思想是实体的抽象和数据的分解，着重点放在被操作的数据上而不是实现操作的过程上。它将数据及其操作作为一个整体对待，数据本身不能被外部过程直接存取。在主程序中，具体的过程和算法步骤被弱化，而是以更接近于人类归纳式的抽象思维的方式，将客观事物视为具有属性和行为的对象，更直接地描述客观世界中存在的事物（对象）及它们之间的关系。这种方法克服了面向过程语言过分强调求解过程的细节、程序代码不易重复使用的缺点，而且，面向对象方法与可视化技术完美结合，改善了工作界面。

当然，这并不能说明面向对象的程序设计将要替代或排斥结构化程序设计方法，相反地，当所要解决的问题被分解为最小的模块时，仍需要通过结构化编程的方法和技巧来实现，但是，它将一个大问题分解为小问题时采取的思路却是与结构化方法不同的，它是站在比结构化程序设计更高、更抽象的层次上去解决问题。因此，在初学者的学习过程中，不能完全抛开面向过程的程序设计方法，在本书中将以它作为入门的起点，以 C++为依托，逐渐步入面向对象的程序设计领域。

3.3　复杂数据存储与数据结构基础

3.3.1　抽象数据类型与数据结构

信息在计算机内部是以编码的形式表示的，存储在一组有独立地址且在物理上相互独立的内存单元中。这种简单的组织方式与日常数据处理中设想的一些数据的组织方式并不一样。例如，有关学生的信息可能是一张含有姓名、学号、性别、年龄、专业等数据的表，每个学生的信息对应表的一行，每项内容是一列。像这样的数据如何在计算机中有效地表示呢？也就是如何将这样一张表用内存中的一系列单元来表示呢？这就是数据结构（Data Structure）需要研究的内容。

数据结构试图探索一条可以把用户从实际数据存储的细节（存储单元和地址）中解脱出来，并且允许用户通过更方便的方式访问信息的途径。实现这种途径的最主要方式就是抽象。所谓抽象（Abstract）就是抽取出问题的本质，而屏蔽相关的细节。抽象的优点是：一方面具有良好的普适性，另一方面使程序员可以不用关心细节而专注于算法的设计。

随着计算机应用技术的发展，计算机加工处理的对象也由纯粹的数值发展到字符、表格和图像等各种具有一定结构的数据。所谓数据间的结构，实际上就是数据元素之间存在的关系（Relation）。

首先，来看一下数据元素间的关系问题。设数据元素集合为 A，数据元素之间的关系实际上可抽象地表示为一个集合 R。

R={(a_i,a_j)| a_i,a_j 属于数据元素集合 A}

例如，a、b、c、d、e 这 5 人组成的集合为 A，其中 a、b、c 三人是好朋友，d、e 两人也是好朋友。这样，定义 A 上的“好朋友”关系就可以用以下集合来表示：

“好朋友”={(a、b)，(a、c)、(b、c)，(d、e)}

所以，一般来说，数据元素间的任何关系最终都可以用元素对的集合来表示。根据数据元素之间关系的不同特性，通常有以下三类基本的数据间的结构。

（1）线性结构（Linear Structure）。结构中的数据元素存在一对一的关系，即在关系集合 R 中，每个元素 a_i 只唯一地与另一个元素 a_j 有关系（$(a_i,a_j)\in R$），因而线性结构中的数据元素形成了一个有序的序列（如图 3.1 所示）；

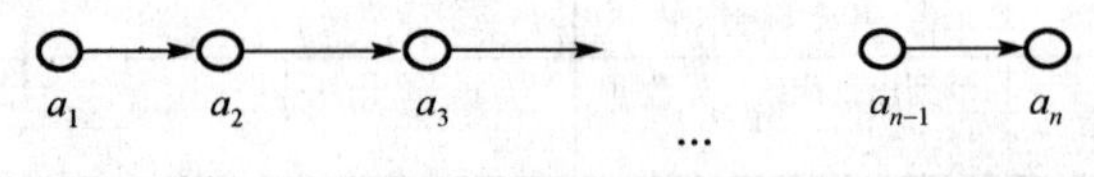

图 3.1　线性关系

（2）树形结构（Tree Structure）。结构中的元素之间存在一对多的关系，但不存在多对多的关系；即在关系集合 R 中，每个元素 a_i 可能与多个元素 a_j 有关系（$(a_i, a_j)\in R$），但对每个元素 a_j，只能唯一地与另一个元素 a_i 有关系（如图 3.2 所示）。

（3）图状结构或网状结构（Graph Structure）。结构中的元素之间存在多对多的关系；即在关系集合 R 中，无论是 a_i 还是 a_j，都有可能与多个元素有关系（如图 3.3 所示）。

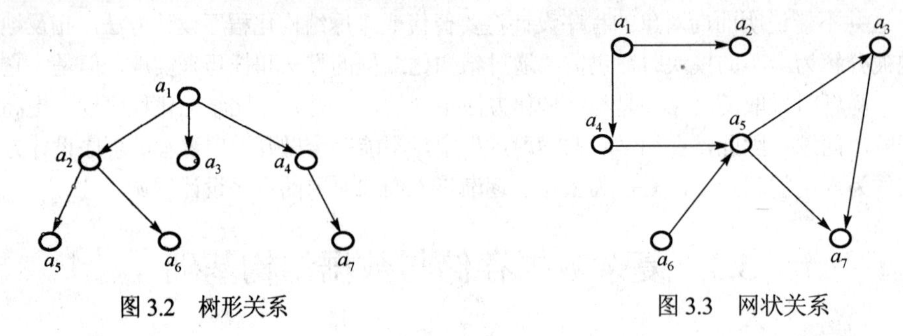

图 3.2　树形关系　　　　图 3.3　网状关系

结构反映了数据间的逻辑关系，也是对客观世界中多种多样数据的一种抽象。数据的逻辑结构在计算机程序中的实现就是数据的物理结构，又称存储结构。从程序设计的角度看，存储结构最终需要用程序设计语言所提供的手段来实现，也就是用程序设计语言所提供的手段来表达数据并实现对数据的操作。最主要的两种实现方式是数组（Array）和链表（Chained List）。

数据的逻辑结构反映的是数据间的关系，是静态的。对于利用计算机程序设计来求解问题的目标来说，不仅要关心数据是如何组织的，更重要的是在这些良好组织的数据上如何对数据进行处理，即在数据结构上的操作。静态的对象（结构）和动态地作用于对象上的操作就构成了数据类型。

数据类型是和数据结构密切相关的一个概念。它最早出现在高级程序设计语言中，用以刻画（程序）操作对象的特性。在用高级程序设计语言编写的程序中，每个变量、常量或表达式都有一个它所属的确定的数据类型（如整数类型）。类型明显或隐含地规定了在程序执行期间变量或表达式所有可能的取值范围（如计算机所能表达的整数并不是可以无限大的），以及在这些值上允许进行的操作。因此，数据类型是一个值的集合和定义在这个值集上的一组操作的总称。

例如，整数类型是一种数据类型，包含了两个方面的含义：

（1）类型的对象，属于{…,–2,–1,0,1,2,…}；

（2）可使用于对象上的操作，有+、–、*、/。

抽象数据类型（Abstract Data Type）是指一个数学模型（对象）及定义在该模型上的一组操作。抽象数据类型关心的是数据的逻辑特性，而不是物理特性。抽象数据类型本质上与数据类型是一样的，但数据类型一般指程序设计语言中提供的类型，而抽象数据类型还可以包括用户在软件设计中自己定义的数据类型。

有了抽象数据类型之后，用户不用再关心任务是如何完成的，而是关心能够完成哪些任务。也就是说，抽象数据类型包含了一组定义（函数），使得编程者可以使用这些函数，但是却屏蔽了实现。这种无须说明实现的泛化的操作也是一种抽象。

例如，队列（Queue）就是一种抽象数据类型。在许多应用中都会涉及队列，如：

（1）模拟银行里顾客排队来决定到底需要多少名出纳才能有效地为顾客服务，这种分析需要队列的模拟；

（2）在操作系统中，当有多个打印任务需要执行时，也需要一个队列来对这些任务进行管理；

（3）在一些网络系统中，如果当前有多个数据包需要转发，同样也需要队列。

然而，队列一般在编程语言中是不提供的。所以，有两种解决方法：

（1）针对每种应用编写相应的队列处理程序；

（2）编写一个队列的抽象类型，它可以解决任何队列问题。

显然，第二种做法应该是好的。其实，无论是哪种队列，其最本质的东西是一样的。首先，队列是一个线性的结构，它可以包含多个数据元素，而这些数据元素是有序的；其次，队列的操作最主要的是两个：元素入队和元素出队，而入队、出队的位置分别在队列的两头。当然，队列还会有其他一些操作，如判断队列是否空、是否满，以及清空队列等，如图 3.4 所示。

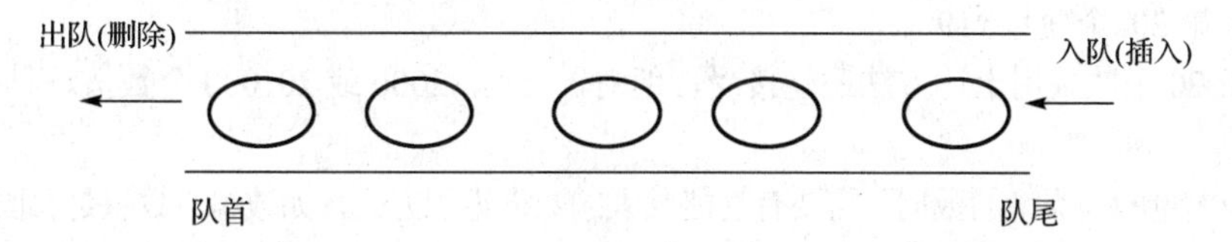

图 3.4　队列示意图

根据队列的共同特性，可以设计出“队列”抽象数据类型的两个最基本的操作：

- EnQueue(Q,x)入队函数。Q 为已知队列，本操作的结果是，在队尾插入元素 x，x 成为新队尾。若插入前队列已满，操作失败。
- DeleteQueue(Q)出队函数。Q 为已知队列，若队列不空，本操作将队首的元素删除并返回该元素。

例如，对空队列 Q 做如下操作。

```
EnQueue(Q,a)
EnQueue(Q,b)
DeleteQueue(Q)
EnQueue(Q,c)
```

上述有关队列的抽象数据类型可以应用于许多需要队列应用的系统中，而无须为每个队列应用系统都专门设计队列程序。数据结构关心的一个重要问题是如何应用程序设计语言实现相应的抽象数据类型。对抽象数据类型来说，最主要的内容是对象及对象上的操作。所以，相应地，数据结构所关心的程序实现也是两方面：

（1）对象如何用程序设计语言来表示，也就是对象逻辑结构的物理实现；

（2）对象的操作（如入队、出队）如何实现，即编写相应的函数。

总之，数据结构一方面从抽象数据类型的角度研究数据间的关系（数据间的逻辑结构），另一方面研究抽象数据类型的程序实现。

3.3.2 数组

假设需要对 20 个数进行排序。一般的处理过程应该是：首先读入这些数，对它们排序，然后逐个打印。为了对这些数进行排序，在处理过程中需要同时将这 20 个数保留在内存中。一种简单的处理方式是：定义 20 个变量，每个变量都有不同的名字。设这些变量是 $x0$、$x1$、$x2$、…、$x18$、$x19$。所以，程序处理过程就是：逐个从键盘中读入 20 个变量的值，然后对它们排序，最后将这 20 个变量逐个打印。相应的程序结构是：

读入第 1 个数送变量 $x0$
读入第 2 个数送变量 $x1$
读入第 3 个数送变量 $x2$
…
读入第 20 个数送变量 $x19$
比较 20 个变量的大小并排序
输出第 1 个变量 $x0$
输出第 2 个变量 $x1$
输出第 3 个变量 $x2$
…
输出第 20 个变量 $x19$

也许对于 20 个数采用上述方法还能接受，但对于 200、2000 或 20 000 个数按这种方法处理显然是不可行的。

为了处理大量的同类型的数据，需要有功能强大的数据组织方式，如数组。数组是有固定大小的、相同数据类型的元素的有序集合。既然数组是有序集合，可以称数组中的元素为第一个元素、第二个元素等，直到最后一个元素。如果将 20 个数放进数组中，可以指定第一个元素为 number0，第二个为 number1，第三个为 number2，最后一个为 number19。这些下标（Index）表示这些元素在数组中的顺序数。

由于数组中元素的同类型（意味着占有相同大小的内存）和有顺序的特点，数组这种数据组织方式可以直接转换为计算机存储器中的组织形式。如果每个数组元素占用内存的大小是 k，数组共有 n 个元素，那么该数组占用 $k \times n$ 个连续的内存单元。这样，系统通过简单的计算就可以知道数组各元素在内存中所在的位置。例如，若数组的第一个元素在内存的地址为 s，则可以算出其第 i 个元素所处的位置是 $s+(i-1) \times k$。如图 3.5 所示。

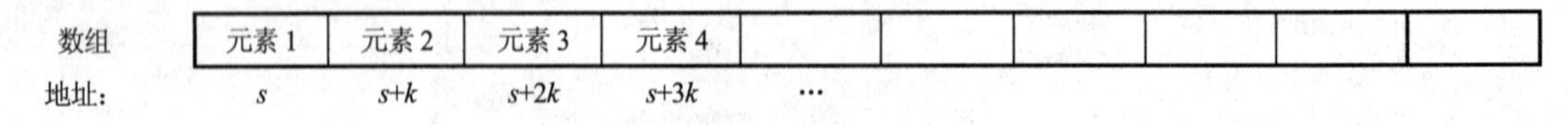

图 3.5 数组元素位置示意图

应该说，几乎所有的高级程序设计语言都提供了数组这样一种数据组织手段。有了数组后，如何对数组中的元素进行访问（如读取数据、将数据写入数组的某个位置）呢？高级程序设计语言基本上都通过数组元素的下标实现对相应元素的访问，如 number[0]代表第一个元素，number[1]代表第二个元素……如图 3.6 所示。

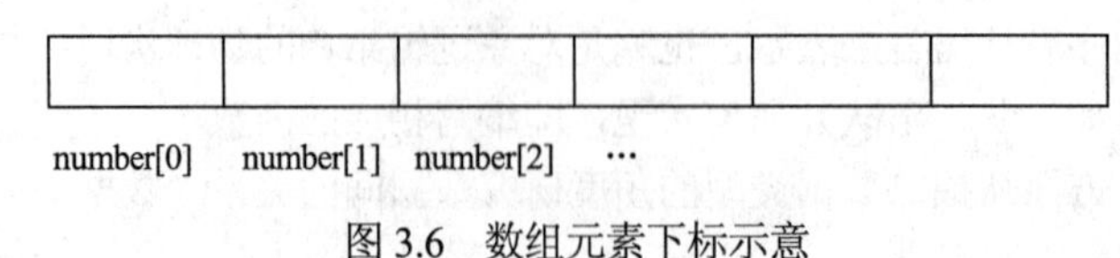

图 3.6 数组元素下标示意

对于数组这样的顺序集合，许多情况下可以应用程序设计语言所提供的循环控制结构对数组元素进行处理。循环使得可以方便地读/写数组中的每个元素，甚至可以用循环进行更复杂的数据处理，如计算平均值。用循环来处理数组中的元素，只要应用循环对数组的下标进行控制就可以了。对于上述20 个元素排序的例子，如果应用数组来保存相应的 20 个元素，其程序结构就变成：

（1）对 i 从 0 到 19，重复读 number[i]；

（2）对 number[0]～number[19]这 20 个数按大小进行排序；

（3）对 i 从 0 到 19，重复输出 number[i]。

所以，数组是程序设计中最重要、最基本的数据结构。当需要对同类型的一批数据进行处理时（如前面的排序问题），往往采用数组来存储这些数据并应用循环进行处理。下面，举一个求数组中元素的平均值的例子来进一步说明数组的应用。

【例 3.3.1】 求平均值

问题描述： 设有 20 个数已经存放在一个名为 A 的数组中，希望求这 20 个数的平均值，并把平均值赋给变量 average。为了求解这个问题，需要先把 average 清为 0，然后应用类似输入 20 个数的控制过程，把每个元素值累加到 average 中，最后用 average 除以 20 就可获得结果。对应这个问题的相应的程序结构如下：

（1）average=0；

（2）对于 i 从 0 到 19，重复 average=average+number[i];（注将当前数组元素累加到 average 中）；

（3）average=average/20.0。

数组还是构造其他更复杂数据结构的基础。许多复杂的数据结构，如树、图，都可以用数组这种简单的方式来实现。这些内容就是“数据结构”这门课程所要解决的问题之一。

3.3.3 链表

链表是许多程序设计语言提供的表示有序数据的另一种方式，其特点是构造方式灵活。例如，无须事先确定元素的个数，可根据需要随时插入与删除链表中的元素。而同样是表示有序数据的数组，在许多程序设计语言中需要事先确定数组的大小，同时在数组中插入与删除元素均不太方便。例如，若在数组当中插入某个元素，其后的所有元素均必须往后挪一个位置。当然，数组的一个特点是元素的访问快速、方便，通过下标就可以直接访问数组元素，而对链表元素的访问就相对复杂些。

链表由若干节点（Node）组成。每个节点一般包含两部分内容：数据和链（如图 3.7 所示）。数据部分包含相关元素的可用信息；链则将各个数据元素按顺序连在一起，它指明元素序列中下一个元素的指针（下一个元素在内存中的地址 Address）。另外，还要有一个地址变量来标识链表中的第一个元素，它代表了该链表的名字（如图 3.7 中的 List）。这样，当知道了链表中的第一个元素之后，就可以通过第一元素的链访问它的下一个元素，然后再通过下一个元素的链访问下下个元素……这里所说的链表称为单向链表，因为它仅有一个指向它的后继节点的链，实际上还有更复杂的链表，如双向链表、循环链表等，如图 3.7 所示。

链表与数组的重要区别是：数组的各元素在内存中是连续存放的，而链表中的各个元素可以处于内存的不同地方，通过链将这些元素连接在一起形成一个整体；另外，数组的元素可以通过下标很方便地访问，而链表只能通过元素间的链顺序访问。打个比方，如果想管理一批有序的数据，如某个班程序设计课程的从高分到低分的成绩，可以用数组来管理，即把这些数据放在一个连续的内存单元中。也可以用链表来管理，即允许这些数据散乱地放在内存的不同位置，但每个数据必须记住下一个数据在内存中的位置（这就是链）。

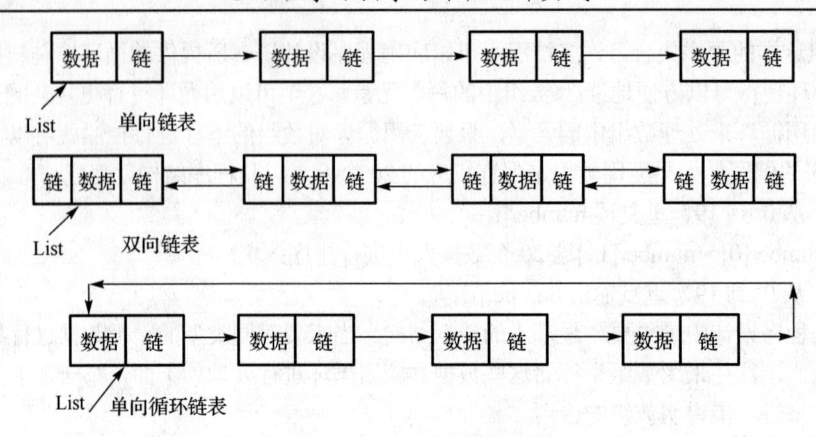

图 3.7　链表示意图

图 3.8 中的单向链表 list，包含 4 个元素，其元素的数据（如是某 4 人的程序设计课程的成绩，从高分到低分）分别是 98、87、82、73。除最后一个元素 73 外，每个元素的链均指向它的后继节点。链表最后一个元素的链是一个空指针（null），表示链表的结束。链表上的操作主要有：插入节点、删除节点、遍历链表（按顺序访问链表的每个元素）等。

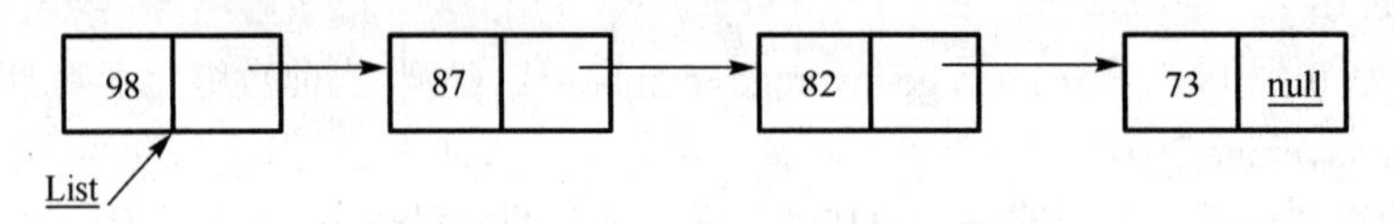

图 3.8　单向链表

下面举一个例子说明在链表中插入一个节点的过程。图 3.9 所示为（98,87,82,73）这样的有序列表 list。若想在上述列表中插入一个新的元素 76，它位于 82 与 73 之间，即形成（98,87,82,76,73），需要进行如下操作：

（1）为新节点分配内存并写数据（许多程序设计语言都提供了申请新内存单元的函数）；

（2）新节点指向 83 的后继节点（73）；

（3）使 83 的指针指向新节点。

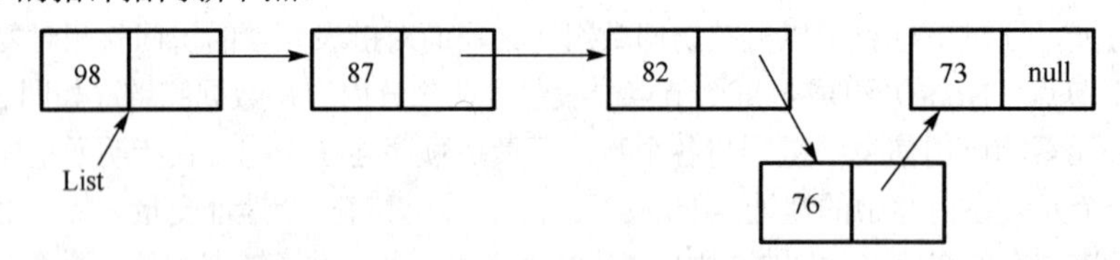

图 3.9　单向链表插入节点

链表主要通过程序设计语言提供的结构与指针来实现。结构是程序设计语言提供的一种构造复杂数据类型的手段，它可以将不同类型的数据元素组合在一起形成一个整体。例如，上述单向链表中的每个节点就是一个结构，它组合了两种不同的数据类型：节点数据（可以是整数、字符等类型）和指针类型。指针通俗地说，就是数据对象在计算机内存中的地址。计算机内存不仅可以存储程序，也可以存储不同类型的数据。这些数据不仅可以是整数、实数、字符等，也可以是别的数据的地址。例如，如果把抽屉视为内存单元，抽屉的钥匙视为相应抽屉的地址；这样，抽屉不仅可以存储书、苹果等常见的东西，也可以存储另一个抽屉的钥匙（地址）。所以，可以通过钥匙直接访问一个抽屉，也可以通过钥匙找对应抽屉中的钥匙，间接地访问另外一个抽屉。

链表由于其构造灵活的特点，在处理不确定个数的同类型的批数据时经常会用到。另外，链表也是程序设计中最重要的一种实现数据结构的手段，比数组的应用更加广泛，如树、图都可以用链表这种方式来实现。

3.3.4　堆栈

与队列一样，堆栈（Stack）是一种受限制的线性列表。队列的插入与删除分别在列表的两端实现，而堆栈的插入与删除只能在一端实现，该端称为栈顶。数据结构中队列的概念与日常生活中队列的概念是一致的。同样，人们在日常生活中也使用不同类型的堆栈，如一堆放在桌子上的盘子，我们要取盘子时需从这堆盘子的顶上取，而放盘子时也是直接放在顶上，即只在一端做插入与删除。这样，当按顺序把a、b、c、d这4个盘子叠上去后，取出的顺序就变成了d、c、b、a。任何只能在顶端添加或删除物体的情况都是堆栈。所以，如果顺序插入一系列数据到堆栈中，然后逐个把它们移走，那么数据的顺序将被倒转。例如，数据插入的顺序为5，10，15，20（如图3.10所示），全部插入后再移走的顺序就变成20，15，10，5。所以，堆栈被称为后进先出（Last In First Out，LIFO）的数据结构。

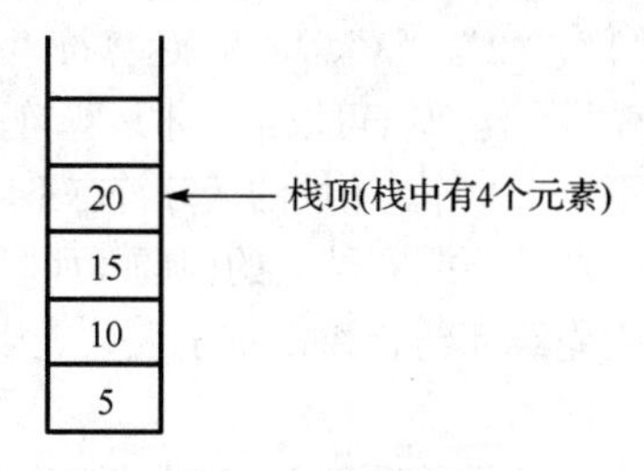

图3.10　栈示意图

堆栈的基本操作如下。

- 入栈：在栈顶添加新的元素。入栈后新的元素成为栈顶元素。如果没有足够的空间，堆栈处于溢出状态，不能添加元素。
- 出栈：将栈顶元素移走并返回给用户。当堆栈中的元素为空时，出栈操作不能进行。堆栈既可用数组实现，也可以用链表实现。一般用数组实现比较方便。下面来看数组的实现方式。

例如，要实现一个用来存储整数的堆栈stack，其最大容量是20。可以用一个大小为20的数组来表示这个堆栈，数组第一个元素在堆栈的下端。由于堆栈中实际元素个数是随时会变化的，而且元素的插入与输出都只在栈顶发生，所以可以用一个变量top来记录这个栈顶元素的位置。

下面通过一个例子显示堆栈的操作过程，如图3.11所示。

① 空栈。当堆栈为空时，数组中没有元素，top置为–1（数组中任何元素的下标都大于等于0）。

② 插入元素1后，堆栈中有一个元素（位于下标为0 的位置），top=0。

③ 插入元素2和3后，top=2。

④ 删除元素。栈顶元素3被删除，top=1。

⑤ 插入元素4后，top=2。

⑥ 连续删除三个元素。由于每次只删除栈顶的元素，被删除的元素顺序是4、2、1。删除后堆栈为空，top=–1。

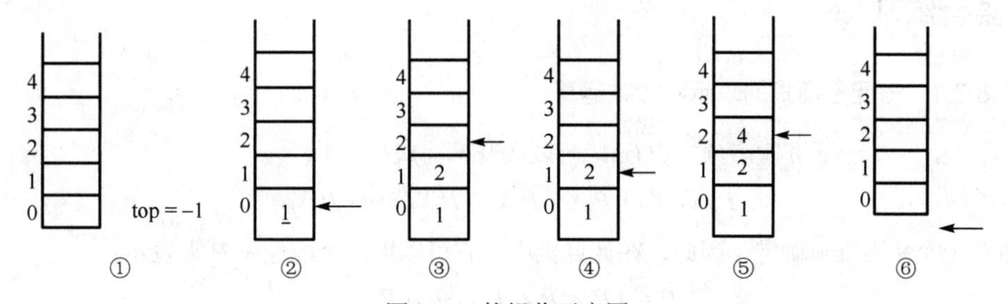

图3.11　栈操作示意图

堆栈是一个重要的数据结构，在操作系统、编译系统等系统软件及许多应用软件的设计中被大量应用。下面，以表达式求值问题为例，说明堆栈的应用。

表达式求值是程序设计语言编译中的一个基本问题。编译中表达式求值的目的是把程序中的表达式转换成正确求值的机器指令序列。例如，要对以下算术表达式求值：

$$4+2\times3-10\div5$$

其求值的顺序应该是：

$$4+2\times3-10\div5=4+6-10\div5=10-10\div5=10-2=8$$

任何一个表达式都是由操作数、运算符和分隔符所组成的。例如，“(1+2)*3–4”中的操作数有：“1”、“2”、“3”、“4”，运算符“+”、“*”、“–”，分隔符有“(”、“)”。操作数可以是常量，也可以是变量，运算符可以是算术运算符，也可以是逻辑运算符（如与、或）、关系运算符（如大于、等于、不等于）等。不同的运算符有不同的运算优先级（如乘、除要比加、减先运算）、同一级别的运算间又有左结合或右结合的问题（如除法运算是左结合，即 8/4/2=2/2，而不是 8/4/2=8/2）。所以，运算的优先级和结合律决定了表达式中运算间的先后次序。判别运算的先后次序是表达值求值的一个难点问题。

为了说明堆栈在表达式求值中的应用，先考虑一种简单的表达式表现形式——后缀表达式（Postfix Expression）（又称逆波兰表达式）。一般，看到的表达式是中缀表达式（Infix Expression），即运算符位于操作数之间（如 2+3），而后缀表达式则将运算符置于操作数之后（如 2 3 +）。例如，“4+2*3–10/5”就是中缀表达式，而“4 2 3 * + 10 5 / –”则是相应的后缀表达式。首先将前面的表达式写成后缀表达式，得 4 2 3 * + 10 5 / –，如果用堆栈来求解后缀表达式，则变得相当方便，其基本步骤如下：

① 初始化一个空栈；

② 从左到右查看后缀表达式中的每项内容（是操作数还是运算符）：

- 如果当前看到的内容为一个操作数，则将此操作数插入堆栈中；
- 如果是一个运算符，则从栈中取出操作数，并进行运算，再将运算结果插入堆栈中；

③ 当表达式中的每一项内容都处理完后，堆栈顶上的元素就是运算结果。

对于上述例子，4、2、3 入栈后，遇到运算符“*”，从栈取出两个操作数（3、2）做*运算，得结果 6，入栈。此时堆栈内容为（4，6）。接着遇到运算符“+”，取出 4、6 做+运算，得结果 10，入栈。这时堆栈中只有一个元素 10。随后，10、5 入栈。遇到运算符“/”，取出 5、10 做/运算，得结果 2，入栈。此时堆栈内容为（10，2）。最后遇运算符“–”，取出 10、2 做–运算，得 8，入栈。栈顶元素 8 就是运算结果。

从前面例子可以看到，应用堆栈这种数据结构可以很方便地实现对后缀表达式的求值。同样，也可以用堆栈方便地将一般的中缀表达式转换成后缀表达式。

3.3.5 综合练习

实验 3.3.1 一元多项式的表示和加减运算

在数学上，一个一元 n 次多项式 $P_n(x)$，可以按升幂写成：

$$P_n(x)=P_0+P_1X+P_2X_2+P_3X_3+\cdots+P_nX_n$$

它由 n+1 个系数唯一确定。因此，在计算机中，它可以用一个线性表 P 来表示：

$$P=(P_0,\ P_1,\ P_2,\ \cdots,\ P_n)$$

每一项的指数 i 隐含在系数 P_i 的序号中。

给定一个一元 n 次多项式 $P_n(x)$和一个一元 m 次多项式 $Q_m(x)$，求它们的和与差。

实验 3.3.2　矩阵细胞个数

一矩形阵列由数字 0～9 组成，数字 1～9 代表细胞，细胞的定义为：沿细胞数字上下左右还是细胞数字，则为同一细胞，求给定矩形阵列的细胞个数。如阵列：

0234500067
1034560500
2045600671
0000000089

有 4 个细胞。

实验 3.3.3　计算器的改良

NCL 是一家专门从事计算器改良与升级的实验室。最近该实验室收到了某公司所委托的一个任务：需要在该公司某型号的计算器中添加解一元一次方程的功能。实验室将这个任务交给了一个刚进入的新手 ZL 先生。为了很好地完成这个任务，ZL 先生首先研究了一些一元一次方程的实例：

$$4+3X=8$$
$$6a-5+1=2-2$$
$$-5+12Y=0$$

ZL 先生被告知：在计算器中输入的一个一元一次方程中，只包含整数、小写字母和+、–、=这三个数学符号（当然，“–”既可当减号，也可当负号）。方程中并没有括号，也没有除号，方程中的字母表示未知数。

编写程序求解输入的一元一次方程，将解方程的结果（精确到小数点后三位）输出至屏幕。输入的一元一次方程均合法，且有唯一的实数解。

【输入示例】

$$6a-5+1=2-2a$$

【输出示例】

$$a=0.750$$

3.4　算法基础

3.4.1　算法的概念与表示

当数学模型确定之后，算法正确与否直接影响到编程的成败，所以，算法设计在整个编程的过程中是非常关键的一步。

（1）算法的概念和分类

为解决某一问题，把对解题过程的具体步骤、规则和方法准确而完整的描述称为求解该题的算法。或者说，设计算法主要是解决“怎样做”的问题。

广义地说，做任何事情都有一定的方法和步骤，如厨师做菜肴需要有菜谱。菜谱上一般应包括：

① 配料，指出应使用哪些原料及各原料的用量；

② 操作步骤，指出如何使用这些原料按规定的先后步骤加工成所需的菜肴。可以将菜谱视为厨师做菜的算法。

再如，高考之后高校的录取工作、开会的会议议程、去医院排队就医等都有一定的规则和秩序，均可以视为为完成某项工作而制定的算法。在这些算法中，既包含了进行工作所需的原料（数据），又包含了具体的工作过程和步骤。

计算机算法分为两大类：数值计算类算法和非数值计算类算法。数值计算类算法的目的是求数值解，其特点是少量的输入和输出、复杂的运算，如求高次方程的根、求函数的定积分等。非数值计算类算法主要完成对数据的处理，其特点是大量的输入和输出、简单的运算，其涉及面十分广泛，最常见的是用于事务管理领域，如图书检索、人事管理、城市公交查询、学生成绩信息的统计和分析等。

目前，计算机在非数值计算方面的应用远远超过了在数值计算方面的应用。但是由于人们研究数值计算类算法的历史较久，研究比较深入，因此，大部分数值计算类问题有现成的模型和比较成熟的算法可供选用，人们常常把这些算法汇编成册（写成程序形式），并将这些程序存放在磁盘或磁带上，供使用者调用。例如，有的软件提供“数学程序库”，使用起来十分方便。而非数值计算的种类繁多，要求各异，难以规范化，因此只对一些典型的非数值计算算法（如排序算法）做了比较深入的研究，其他的非数值计算问题往往需要使用者参考已有的类似算法重新设计解决特定问题的专门算法。

（2）算法的特点

著名计算机科学家 Knuth 曾把算法的性质归纳为以下 5 点。

① 有穷性。任意一个算法在执行有穷个计算步骤后必须终止。

② 可行性。有限多个步骤应该在一个合理的范围内进行，而且必须是计算机可以理解和执行的。例如，进行除法运算时分母不能为 0，否则计算机将无法正常计算。

③ 确定性。每个计算步骤必须有明确的含义，无歧义。

④ 零输入或多输入。一般的程序都会要求若干输入信息，即要加工处理的“原料”。但是，有些特殊题目的“原料”也可以在程序中自动产生，此时可以没有输入。

⑤ 至少一个输出。设计算法、编制程序的目的就是求解问题，因此，每个算法必须拥有输出，也就是程序的运行结果。

程序作为算法的计算机实现，同样满足算法的一般特性，但是有穷性除外。例如，操作系统从开机后始终处于运行状态，这个运行过程可以没有终止，除非遇到一些特殊情况（如掉电或系统遭到破坏）为止。

（3）算法的结构

算法的三种基本控制结构是顺序结构、选择结构、循环结构，其基本的流程图直观形式如图 3.12 所示。它们的共同点如下：

① 没有二义性，算法的每个基本结构都只有一个入口和一个出口；

② 每部分均有机会被执行到，不存在永远执行不到的步骤；

③ 在有限的步骤内可以终止。

总而言之，一个程序从总体上来说均可视为一个大的顺序结构，即所有步骤从上到下顺序执行，除非遇到条件判断框，才会改变它的执行路径。但不论有多少条分支或路径，每个步骤都有机会被执行。只含有这三种基本结构的算法称为“结构化算法”，所有结构化算法的每个步骤均可以用任何一种高级语言直接实现。因此，初学者从一开始学习设计算法时，就应该注意到应尽量用这三种基本结构和它们的前后并列组合与嵌套来编写算法求解问题，就像用有限形状的积木完全可以搭建出宏伟美丽的城堡一样。

（4）算法的表示方法

① 自然语言表示法

用人类使用的语言（自然语言）描述算法，是最简单且最容易掌握的一种方法。用自然语言描述算法通俗易懂，但存在以下缺陷。

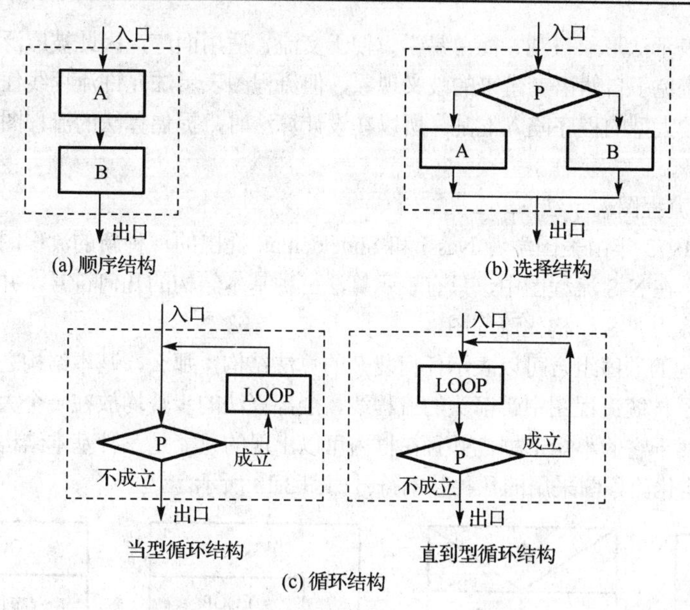

图 3.12　三种基本控制结构的一般模型

- 易产生歧义。这是由语言本身的性质决定的。例如，“队长刚才说，如果班长来了，他就走。”这里的这个“他”究竟是指队长或是班长或是第三者，往往需要人根据具体环境或上下文才能判别其含义，而机器不具有人的理解力，所以，描述的算法步骤不应带来歧义。
- 语句比较烦琐冗长，并且很难清楚地表达算法的逻辑流程，尤其对含有选择、循环结构的算法，描述起来不是很方便和直观。

鉴于以上缺陷，尤其是为克服自然语言描述时容易导致的歧义性，引进了执行方向单一的流程图表示法。

② 流程图表示法

所谓流程图表示法，就是采用数学中的一些几何符号，为其赋予特定的含义，将算法的具体步骤写在这些几何符号内，并用流程线连接的表示方法。由于流程线指向具有单一性，自然就克服了自然语言的二义性。

美国国家标准化协会（American National Standard Institute，ANSI）规定了一些常用的流程图符号，其所采用的几何符号及其含义如表 3.2 所示。

表 3.2　流程图的常用符号

几何符号	名　称	含　义
	起/止框	其中填写“开始”或“结束”二字，表示算法开始或结束
	输入/输出框	表示输入数据或输出数据。一定要标明输入或输出字样
	处理框	表示基本处理功能的描述
	条件判断框	其中填写判断条件，表示根据条件决定算法的执行方向
	流程线	指明算法的执行方向，必须单向
a	连接点	不同位置的两个点内填写同一符号，表示在算法中属于同一点

传统的流程图表示法形象直观、简单易学、便于交流、适用面广，因此被广泛使用。流程线指向的单一性虽然有效避免了自然语言带来的歧义现象，但流程图表示法允许流程线任意地指来指去，这样很容易使得一个较大型的程序陷入混乱，所以在设计算法时，提倡算法的流程图只由三种基本结构组成。

③ N-S 结构化流程图表示法

N-S 流程图是 1973 年由美国学者 Nassi 和 Shneideman 提出的一种新的流程图形式，以他们姓名的第一个字母命名。在 N-S 流程图中，只有表示算法三种基本结构的几何符号，并且去掉了较占篇幅的流程线，所以也称为 N-S 结构化流程图。

既然用基本结构的顺序组合可以表示任何复杂的算法结构，那么，基本结构之间的流程线就多余了。N-S 图中去掉了传统流程图中带箭头的流程线，全部算法的步骤均放在一个大的矩形框内，框内还可以包含一些从属于它的小矩形框，并且在框内可以出现的只能是三种基本结构，很适合于结构化程序设计。N-S 结构化流程图采用的几种基本符号如图 3.13 所示。

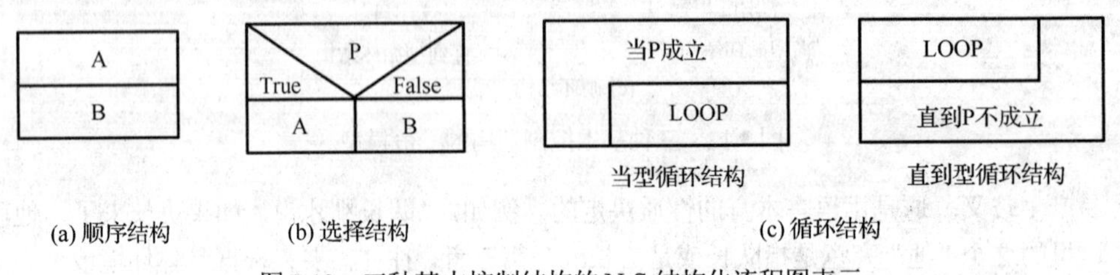

图 3.13　三种基本控制结构的 N-S 结构化流程图表示

- 顺序结构

顺序结构是按照语句出现的先后顺序依次执行的，用图 3.13(a)所示的形式表示。A 和 B 表示一个顺序结构一前一后的两个步骤。输入/输出操作和赋值运算是最典型的顺序结构。

- 选择结构

根据条件判断，决定程序执行的路径，如图 3.13(b)所示。判断条件 P 的开口向上，表示这里是入口，当条件 P 成立时，执行 A 操作，当 P 不成立时，则执行 B 操作。注意图 3.13(b)是一个整体，代表一个基本结构。

- 循环结构

又称重复结构。计算机最擅长的工作就是重复执行某些动作，并乐此不疲，这通过循环结构来实现。循环结构有两类：当型循环和直到型循环，如图 3.13(c)所示。

当型循环结构表示当给定的条件 P 成立时，执行循环体 LOOP 中的操作，执行完 LOOP 后，再判断条件 P 是否成立，如果仍然成立，再执行循环体 LOOP，……如此反复，直到某一次 P 条件不成立时，不执行 LOOP，跳出循环，继续执行下一步骤。

直到型循环结构表示首先执行一次循环体，然后判断给定的条件 P 是否成立，如果条件 P 成立，则执行循环体 LOOP，然后对条件 P 做判断，如果条件 P 仍然成立，又执行 LOOP……如此反复，直到条件 P 不成立时，跳出循环，继续执行下一步骤。

当型循环和直到型循环的区别：当型循环的特征是“先判断条件，后执行循环体”，当第一次进行条件判断时，如果条件 P 不成立，那么当型循环的循环体一次都不会被执行；直到型循环的特征是“先执行循环体，后判断条件”，其循环体至少会被执行一次。

死循环。程序自己无法自动终止而导致的永无穷尽的循环，叫做“死循环”。在循环结构中，设置合理的控制循环结束的判断条件是很重要的工作。在设计算法时，应该避免出现死循环，因为这意味着程序不能正常结束，必须依靠外界力量来强行终止。

用以上三种 N-S 流程图中的基本框可以组成复杂的 N-S 流程图，以表示算法。早在 1966 年，Bohm 和 Jacopin 就证明了程序设计语言中只要有这三种形式的控制结构，就可以表示出各种复杂程序。

④ 伪代码表示法

对于很多专业人士来说，无论是传统的流程图表示法，还是 N-S 图表示法，因为要不断地绘制一些几何符号，显得比较烦琐，因此更喜欢使用伪代码的表示方法。这种表示方法借用某种高级语言中的语句表示算法的步骤，但又不拘泥于高级语言的语法细节，很受专业人士的青睐。对于初学者来说，主要掌握的是流程图表示法和 N-S 图表示法。

3.4.2　简单算法举例

【例 3.4.1】 算法示例 1

输入两个数 x 和 y，按先小后大的次序输出 x 和 y。如果 x 大于 y，就交换 x 和 y。

分析：本例的输入和输出数据很明确，是 x 和 y。数学模型相对来说非常简单，和数值计算无关，属于简单的非数值计算类算法，其基本的运算就是比较和交换。

那么，当 $x>y$ 时，如何将两个变量的内容交换呢？由于一个变量一次只能存放一个数据，直接执行 $x \Leftarrow y$，$y \Leftarrow x$，就会使得两个变量得到同一个值，不能实现数据交换的目的。正确的方法是再申请一个辅助的变量 T，以它为中介进行互换（类似于两瓶不同饮料的交换过程）。

算法：算法流程图如图 3.14 所示。

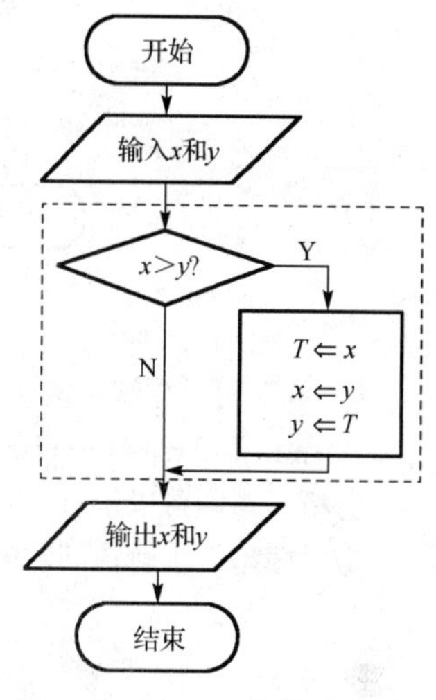

图 3.14　例 3.4.1 的算法流程图

算法说明：

流程图中出现了表示判断条件的菱形框。可以看到，根据判断成立与否的不同结果，可以分出两条可选择路径，算法每次必定从两条可能的路径中选择一条去执行，且只执行一次。但是从流程图上直观来看，这两条路径最终都汇合到了同一点上，该点即为两条路径的出口。

像这样带有菱形判断框，每次从两条可选的路径中选择一条去执行且只执行一次的算法结构称为“选择结构”或“分支结构”（如虚线框内部分所示）。选择结构同样满足结构化算法单入口、单出口的特性。

有时为了节省篇幅，可以将几个处理框中的步骤按照先后顺序写到一个处理框中，如图 3.14 所示将实现交换变量值的三个步骤写在了一起。

另外，现在的很多流程图中也用处理框代替输入/输出框，即允许在矩形框中填写输入/输出的步骤，但平行四边形不能代替处理框。

【例 3.4.2】 算法示例 2

输入一个学生的成绩，设计算法判断其等级。等级条件如下：

$$\text{grade}=\begin{cases}\text{优秀} & \text{score} \geqslant 85 \\ \text{良好} & \text{score} \geqslant 75 \quad \text{且} \quad \text{score} < 85 \\ \text{合格} & \text{score} \geqslant 60 \quad \text{且} \quad \text{score} < 75 \\ \text{不合格} & \text{score} < 60\end{cases}$$

分析：根据等级的划分条件，其数学模型就是一个分段函数，该分段函数共包含 4 种情况，主要会用到菱形条件判断框。算法流程图如图 3.15 所示。

算法说明：

从图 3.15 可以看到，可以在选择结构的一条路径中又出现一个新的选择结构，这种情形称为选择结构的嵌套。选择结构可以嵌套，但是不论嵌套多少层，每个选择结构同样满足单入口、单出口的特性，并且外层必定完整包含内层，不能出现交叉，否则，在程序中难以表述和实现。

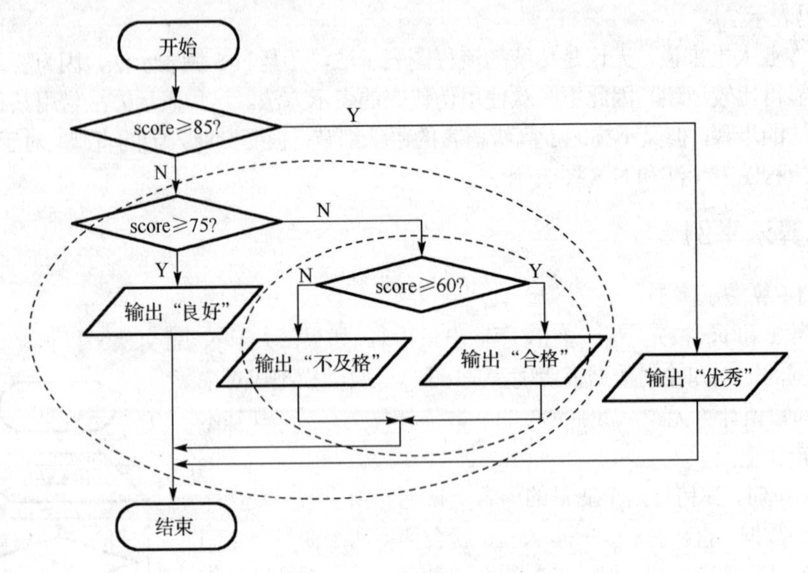

图 3.15 示例 2 的流程图

【例 3.4.3】 算法示例 3

求 sum=1+2+3+4+…+100。

分析：该题可以没有输入，输出为 1 到 100 的自然数之和 sum。

数学模型：求解该问题的方法可以有多种，可以采用等差数列求和公式，即

$$S_n = \frac{n(a_1 + a_n)}{2} = \frac{100 \times (1+100)}{2} = 5050$$

或者可以采用高斯方法，即

$$100 + (1+99) + (2+98) + (3+97) + \cdots + (49+51) + 50 = 100 \times 50 + 50 = 5050$$

或者先进行 1 加 2，再加 3，再加 4，……一直加到 100。这个过程类似于向一个盛放物品的容器不断添加新的物品，每放入一个新的物品，其重量就是原有的重量加上新物品的重量之和。

在以上三种方法中，第三种看似最笨，却最符合计算机的循环重复思想。不过，上述表述比较烦琐，可以寻找一种比较通用、简洁的方法来描述第三种数学模型。

利用数学的递推思想，可以轻松分析出求自然数和的递推关系，可以用一个通用迭代公式 sum⇐i + sum 表示，即把上一次的结果 sum 再次作为新的加数，求得的和依然用同名变量 sum 存放。像 sum 这样能够不断累加自身的变量经常被称为“累加器”。而对于被加数 i 来说，新的被加数 i 总是比旧的被加数 i 多 1，即 i⇐i+1。像这种能够不断使自身自动增 1 的变量 i 经常被称为“计数器”。

这种利用变量旧值求得新值的方法称为迭代，利用自身的旧值求得新值，新值仍然用本身存放的变量称为迭代变量。sum⇐sum+i 和 i⇐i+1 这两个迭代公式就是求解该题的数学模型。

算法（用自然语言描述）：

S1 置初态：累加器 sum 为 0，要进行累加的数 i 为 1；

S2 求累加和：sum⇐sum+i；

S3 获得下一个累加数：i⇐i+1；

S4 如果 $i \leqslant 100$，那么返回 S2，否则执行下一步；

S5 输出结果 sum;

S6 算法结束。

算法说明：

以上的 S1、S2、S3、…、S6 代表步骤 1、步骤 2、…、步骤 6。S 是 Step（步）的缩写，这是写算法的习惯用法。

本例中出现了向回指的流程线，这表示有一部分步骤将有可能被重复执行，被重复执行的步骤称为“循环体”或重复体。带有循环体的算法结构称为“循环结构”。在本例中，循环体是 sum⇐sum+i 和 i⇐i+1 这两步，当条件 i≤100 成立时，将被反复执行，当 i>100，即 i 增加到 101 时，从出口跳出循环体。循环结构同样满足单入口、单出口的特性。

【例 3.4.4】 算法示例 4

在一个从小到大按顺序排好的整数序列中查找某一指定的整数所在的位置。这是一个查找问题，可以比较两种不同的查找方法。

[方法一] 一种简单而直接的方法是按顺序查找，相应的查找步骤是：

① 查看第一个数；

② 若当前查看的数存在，则

- 若该数正是要找的数，则找到，查找过程结束；
- 若该数不是要找的数，继续查下一个数，重复②步；

③ 若当前查看的数不存在，则要找的数不在序列里，查找过程结束。

[方法二] 二分查找法（或称折半查找法，Binary Search）。由于序列中的整数是从小到大排列的，所以可以应用此方法。该方法的要点是，先比较序列中间位置的整数，如果与要找的数一样，则找到；若比中间那个整数小，则只要用同样方法在前半个序列中找就可以了；否则，在后半个序列中找。相应查找步骤如下：

① 把含 n 个整数的有序序列设为待查序列 S;

② 若 S 不空，则取序列 S 的中间位置的整数，并设为 middle;

- 若要找的数与 middle 一样，则找到，查找过程结束；
- 若要找的数小于 middle，则将 S 设为 middle 之前的半段序列，重复②;
- 若要找的数大于 middle，则将 S 设为 middle 之后的半段序列，重复②;

③ 若 S 为空，则要找的数不在序列中，过程结束。

在上述两种方法中，顺序查找方法简单，但效率不高。一般来说，若整数序列中整数的个数为 n，即平均要找 $n/2$ 次才找到（若该数在序列中）。而二分查找法虽然思路相对复杂，但效率高。通过分析可以知道，若要查找的数在个数为 n 的序列中，二分查找法平均花约 $\log_2(n)$次比较就可以找到。当问题的规模（n）很大时，不同算法的效率就可以很明显地看出来了。例如，当 n 为 100 万时，顺序查找平均要比较 50 万次左右，而二分查找平均用 20 次就够了（$\log_2(1\,000\,000) \approx 20$）。

算法的时间效率不仅与算法本身有关，而且与问题的规模有关。算法的时间效率与问题规模的关系称为该算法的时间复杂性（Time Complexity）。例如，对于顺序查找算法，一般称其时间复杂性是问题规模的线性函数（与问题规模成正比增长），而二分查找法的时间复杂性则是对数函数（log），因而它随问题规模的变大，在算法时间的增长上并不是很快。

再来看一个数论方面的算法——计算最大公约数的欧几里德算法。该算法可以被认为是最古老的算法之一。

【例 3.4.5】 算法示例 5

求两个数的最大公约数（Gcd），即可以同时整除这两个数的最大整数。例如，Gcd(50,15)=5。假设两个整数为 *m* 和 *n*，并且有 *m* 大于 *n*（如果 *n* 大于 *m*，则交换 *m* 和 *n*）。

欧几里德算法是通过连续运用以下等式，计算余数直到余数为 0 为止，最后非 0 的余数就是最大公约数。其中，*m* mode *n* 代表 *m* 除以 *n* 的余数。

$$\mathrm{Gcd}(m,n) = \mathrm{Gcd}(n, m \ \mathrm{mode}\ n)$$

例如，Gcd(50,15)=Gcd(15, 5)=Gcd(5,0)=5。

求 Gcd(*m*,*n*)的算法可使用一个更加结构化的描述，分为三步：

① 如果 *n*=0，返回 *m* 的值作为结果，同时过程结束；否则进入第②步；

② 用 *m* 除以 *n*，得到余数赋值给 rem；

③ 将 *n* 的值赋给 *m*，将余数 rem 赋给 *n*，返回第①步。

这个算法和数学中分别找到 *m*、*n* 的质因数到最后求得最大公约数的过程相比，欧几里德算法在实现上要容易得多，而且更适合计算机的实现。

实际上，这个问题的算法是一个迭代过程。一般情况下，一次迭代并不是按照一个常数因子递减，能够证明在两次迭代以后，余数最多是原始值的一半，因此迭代次数至多是 2log*n*。

这个算法还可以用于验证两个数互为素数的证明，如 Gcd（314159, 271218）=1 就证明了它们互为素数。

就算法而言，它主要考虑的是问题求解的步骤或过程。但若要把算法变成程序，还有许多事情要做。首先要考虑问题中数据的表达，例如，对于前面用二分法求解查找问题的算法来说，要考虑：

① 如何表达整数序列（一般用数组）；

② 如何表达下一步要查找的范围，即子序列 S 的范围（一般可用 S 的首、尾两个整数在数组中的下标来表示）；

③ 要查找的数和 S 的中间整数（可各用一个变量）。其次，要将算法过程用程序设计语言中的控制语句来实现（最主要的是循环控制与条件控制语句）。最后，要仔细设计与用户的交互（主要是数据的输入与输出）。

在程序实现中，数据的组织（数据结构）与算法是密切相关的、互为依赖的。好的数据结构有可能会导致一个高效率的算法。所以，Pascal 之父、结构化程序设计的先驱 Niklaus Wirth 就认为，“算法+数据结构=程序”。

3.4.3 穷举算法

所谓枚举法，指的是从可能的解集合中一一枚举各元素，用题目给定的检验条件判定哪些是无用的，哪些是有用的。能使命题成立，即为其解。一般思路为：

- 根据命题建立正确的数学模型；
- 根据命题确定的数学模型中各变量的变化范围（可能解的范围）；
- 利用循环语句、条件判断语句逐步求解或证明。

枚举法的特点是算法简单，但有时运算量大。对于可能确定解的值域又一时找不到其他更好的算法时，可以采用枚举法。

【例 3.4.6】 完全数

古希腊人认为因子的和等于它本身的数是一个完全数（自身因子除外），例如，28 的因子是 1、2、4、7、14，且 1+2+4+7+14=28，则 28 是一个完全数，编写一个程序，求 2～1000 内的所有完全数。

分析：

① 本题是一个搜索问题，搜索范围为 2～1000，找出该范围内的完全数；

② 完全数必须满足的条件：因子的和等于该数的本身；

③ 问题关键在于将该数的因子一一寻找出来，并求出因子的和：分解因子的方法比较简单，采用循环完成分解因子和求因子的和。

【例 3.4.7】 二元一次方程

给定一个二元一次方程 $aX+bY=c$。从键盘输入 a、b、c 的数值，求 X 在[0,100]，Y 在[0,100]范围内的所有整数解。

分析：

要求方程的在一个范围内的解，只要对这个范围内的所有整数点进行枚举，看这些点是否满足方程即可。

【例 3.4.8】 古纸残篇

在一位数学家的藏书中夹有一张古旧的纸片。纸片上的字早已模糊不清了，只留下曾经写过字的痕迹，依稀还可以看出它是一个乘法算式，如下图所示。这个算式中原来的数字是什么呢？夹着这张纸片的书页上，“素数”两个字被醒目地划了出来。难道说，这个算式与素数有什么关系吗？有人对此做了深入的研究，果然发现这个算式中的每个数字都是素数，而且这样的算式是唯一的。请研究，并把这个算式写出来。

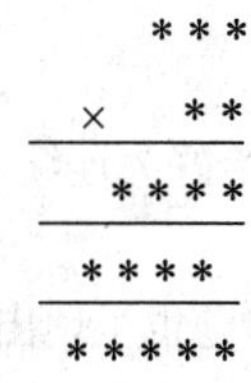

分析：

实际上，只要知道乘数和被乘数就可以写出乘法算式，所以可以枚举乘数与被乘数的每一位，然后判断是不是满足条件即可。计算量是 $4^5=1024$，对于计算机来说，计算量非常小。

3.4.4 递推算法

在程序编辑过程中可能会遇到这样一类问题，出题者告诉数列的前几个数，或通过计算机获取了数列的前几个数，要求编程者求出第 N 项数或所有的数列元素（如果可以枚举的话），或求前 N 项元素之和。这种从已知数据入手，寻找规则，推导出后面数的算法，称为递推算法。

典型的递推算法的例子有整数的阶乘，1，2，6，24，120，…，$a[n]=a[n-1]\times n(a[1]=1)$；前面学过的 2^n，$a[n]=a[n-1]\times 2$（$a[1]=1$），斐波那契数列：1，2，3，5，8，13，…，$a[n]=a[n-1]+a[n-2]$（$a[1]=1,a[2]=2$）等。

在处理递推问题时，有时遇到的递推关系是十分明显的，简单地写出递推关系式，就可逐项递推，即由第 i 项推出第 $i+1$ 项，称其为显示递推关系。但有的递推关系要经过仔细观察，甚至要借助一些技巧，才能看出它们之间的关系，称其为隐式的递推关系。

下面分析一些例题，掌握简单的递推关系。

【例 3.4.9】 阶梯问题

N 级阶梯，人可以一步走一级，也可以一步走两级，求人从阶梯底端走到顶端可以有多少种不同的走法。

分析：

这是一种隐式的递推关系，如果编程者不能找出这个递推关系，可能就无法做出题。分析一下：走上第一级的方法只有一种，走上第二级的方法有两种（两次走一级或一次走两级），走上第三级的走法，应该是走上第一级的方法和走上第二级的走法之和（因从第一级和第二级，都可以经一步走至第三级），推广到走上第 i 级，是走上第 $i-1$ 级的走法与走上第 $i-2$ 级的走法之和。很明显，这是一个斐波那契数列。到这里，读者应能很熟练地写出这个程序。在以后的程序习题中，可能还会遇到斐波那契数列变形以后的结果：如 $f(i)=f(i-1)+2f(i-2)$ 或 $f(i)=f(i-1)+f(i-2)+f(i-3)$ 等。

【例 3.4.10】 尼科梅彻斯定理

再来分析尼科梅彻斯定理。定理内容是：任何一个整数的立方都可以写成一串连续的奇数和，如 $4^3=13+15+17+19=64$。从键盘输入一个整数 n，要求写出其相应的连续奇数。

分析：

不妨从简单入手，枚举几个较小的数据：

$1^3=1$

$2^3=3+5$

$3^3=7+9+11$

$4^3=13+15+17+19$

$5^3=21+23+25+27+29$

根据上面的例子，读者不难看出：

① 输入为 n 时，输出应有 n 项。

② 输入分别为 1，2，3，…时，则输出恰好为连续奇数，1，3，5，7，9，11，…即下一行的首项比上一行的末项大 2。

经以上的分析，原本看不出递推关系的问题也呈现出递推关系。有趣的是，这个例子的递推过程可以有多种算法。

- 算法一：将所有奇数逐项列举出来，然后将其分段，即：

  1; 3 5; 7 9 11; 13 15 17 19; 21…

  1 2 3 4 5…

- 算法二：设输入为 n 时的输出第一项为 $a[n]$，则 $a[n]=a[n-1]-n+1$，于是推出首项后，则输出为 $a[n]+a[n]+2+\cdots+a[n]+2(n-1)$；
- 算法三：进一步总结，不难得出，若输入为 n，首项 $a[n]=n^2-n+1$，其余同算法二。

【例 3.4.11】 狡兔三窟

兔子生活在山脚下，围绕山脚有 N 个洞。一狼经常出没在这些洞口，对兔子构成威协。聪明的兔子想出一条计策，与狼谈好了一个条件。兔子说自己呆在某一个洞中不走，要求狼从第一个洞口开始跳过一个洞到第三个洞，然后再跨越两个洞到第六个洞，然后再跨越三个、四个、五个……如果狼在某一洞中遇到兔子，则兔子心甘情愿作狼的美餐。如果狼在有限的时间里遇不到兔子，以后就不能再侵犯兔子了。

狼想，这个主意不坏，只要你兔子呆着不动，我就总有机会抓到你，比跟狡猾的兔子捉迷藏好，于是欣然同意。聪明的读者，对于给定的洞数 N，你能否告诉兔子，是否有安全洞，安全洞号是哪些或哪个？

例如，$n=11$，则狼的跳跃过程如下：$1_1 \rightarrow 3_2 \rightarrow 6_3 \rightarrow 10_4 \rightarrow 4_5 \rightarrow 10_6 \rightarrow \cdots\cdots$。上述表示中，大号数字表示狼到过的洞号，下标小号字表示越的洞数。

分析：

在这个题目中，如果狼每次都能走入一个以前没有到过的洞中，则无论兔子怎么躲藏，都不能幸免遇狼。若狼跳越若干次后，不仅走到了以前到过的洞中，而且要跳越的洞数又与以前的某次相同，则狼就会循环往复地在同一些洞中跳来跳去，成为小丑而无法跳入以前没有到过的洞中。这些洞恰恰就是兔子的安全洞穴。

基于以上的分析，兔子有安全洞穴的条件有三：一是狼经过若干次跳跃后，回到原来到过的洞中；二是同一洞历史上的某一次跳越的洞数与即将要跳的这一次跨越的洞数也相同；三是到此时为止，狼应有从未到过的洞穴。

基本的算法是：从 1 号洞开始，按 $1_1 \rightarrow 3_2 \rightarrow 6_3 \rightarrow 10_4 \rightarrow 4_5 \rightarrow 10_6 \rightarrow \cdots\cdots$ 方式，由前一个状态推导出下一个状态，同时将每个新状态与前面存储下来的状态比较，以便找到两个可以做结论的状态。即要么狼已走遍了所有兔子洞，要么狼卷入死循环，而有些洞无法进入。

那么，现在怎样来存储这些状态呢？最简单的办法是计数。

对每个洞建立一个数组，用来记载这个洞狼是否到过，在这个洞中跳越洞数，以及狼所经历过的新洞数。

```
#include "stdio.h"
void main()
{
    int n,i,k=0;
    int a[100]={0};
    printf("请输入洞的数目：\n");
    scanf("%d",&n);
    for(i=1;i<=1000;i++)
    {
        k=(k+i)%n;                  //循环从 1 号洞开始，以 n 个洞为周期去遍历
        a[k]=1;
        if(k==0) a[n]=1;            //被整除时，表示刚好到达 n 洞
    }
    for(i=1;i<=n;i++)
    {
        if(a[i]!=1)
        printf("%4d",i);
    }
    if(i>=n)
        printf("no safe caves");
}
```

【例 3.4.12】 猴子吃桃

山中住有五只猴。一天，老大看见一堆桃子，想把桃子据为已有，却担心让老二、老三知道了说自己太贪心。于是将桃分成相等的两份，发现剩余一个，于是，老大吃掉这一个以后，再带走这堆桃的二分之一。第二天，老二也看到了这堆桃，其想法和做法与老大一样，老三、老四、老五也和他们的兄长想到一块去了。结果等老五吃完一个，带走一半以后，这堆桃还剩余 11 个。请编程计算当初这堆桃共有多少个。

分析：

如果按兄弟吃桃搬桃的相反顺序倒推过去，就能知道当初桃子的总数。其递推的公式是 $a[n-1]=a[n]\times2+1$。递推的初始值是 $a[5]=11$（又称边界条件），待求 $a[0]$的值。相信阅读本书到了此处的读者，很容易就能写出正确的程序。在这里作者不过是想明确一下，递推算法不仅可以顺着推，也可逆着推。

递推算法是一个高效的算法，其时间复杂度是 $O(n)$的。不仅如此，它同时也是后面要学习的其他算法的基础，读者应该好好地把握，多做这方面的习题积累经验。

递推算法的关键是认真分析题意，发现递推关系，正确写出递推公式，求得边界条件，然后用循环实现即可。

【探究总结】

- 递推算法的基本形式，是指编程者让计算机循环求得一序列数值，而后一项的计算结果是由上一项或多项推导出来的。有时，为求得一个数列的某一项，不得不从第一项开始，逐个计算前面每一项的值。虽然这样做的效率不是很高，但能帮助我们解决许多实际问题。
- 无论是顺着还是逆着递推，其关键是递推公式是否正确，边界条件是否正确。二者有一个出错，则所有递推结果将都是错误的。

3.4.5 递归算法

【例 3.4.13】 阶乘

以前要求一个整数的阶乘，是采用循环相乘的方法进行的，程序的主要部分如下：

```
s=1;
for(i=1;i<=n;i++)    s*=i;
```

从这个算法不难看出，阶乘的递推关系为 $a[n]=n\times a[n-1]$，边界条件 $a[1]=1$。若输入 $n=5$，则上述程序的执行过程描述如下：

```
jc(5)=5*jc(4)
     =5*4*jc(3)=20*jc(4)
     =5*4*3*jc(2)=60*jc(2)
     =5*4*3*2*jc(1)=120*jc(1)
     =5*4*3*2*1=120
```

函数在求值的过程中不断调用自身，使数据规模逐渐缩小，直到边界条件有确定的值。程序中没有看到循环，但具备循环的作用。

【例 3.4.14】 矩形剖分

对一个给定的矩形，将其划分成尽可能少的正方形，输出正方形的最少个数。例如，下图所示的情况，则输入为 3 和 4，输出为 4，即长方形沿虚线划分成一大三小共 4 个正方形。

0		0	2
	1		3
			4

分析：

对于给定的长和宽 a、b，编程求正方形的个数。程序及其说明如下：

```
#include "stdio.h"
int a,b,n;
int zhen(int x,int y)
{
```

```
    int s;
    if(x==y)return 1;
    if(x<y)
    {
        s=y-x;
        return zhen(x,s)+1;
    }else
    {
        s=x-y;                              //边界条件，长宽相等，正方形个数为 1
        return zhen(s,y)+1;                 //根据两参数的大小关系，分两种情况处理：
    }                                       //取出一个最大的正方形，使问题规模缩小；
}                                           //如上例：3×4 的矩形取走一个 3×3 的正方形
int main()                                  //之后，问题规模变成 3×1 了。然后变成 2×1，
{                                           //最后变成 1×1。规模每缩小一次，
    scanf("%d %d",&a,&b);                   //正方形个数加 1
    printf("%d\n",zhen(a,b));
    return 0;
}
```

若输入两数为 5 和 7，则上述程序的执行过程描述如下：

```
zhen(5,7)=1+zhen(5,2)
         =2+zhen(3,2)
         =3+zhen(1,2)
         =4+zhen(1,1)
         =5
```

上述执行过程，计算机 5 次使用了自定义函数以获得最终解，称这个程序的递归深度为 5。由于计算机在处理递归时，要用到一种被称为栈的存储方式来存储中间结果，而栈的深度、内存容量是有限的，在解题时，如果让计算机处理的递归深度超过了限度，计算机就会有“栈溢出”的出错提示。所以在编程时，应尽可能将递归的深度缩小。例如，上例可做以下两个方面的优化，使其递归深度减小。优化后的程序：

```
#include "stdio.h"
int a,b,n;
int zhen(int x,int y)
{
    int s,s1,s2;
    if(x==y) return 1;
    if(x<y)
    {   s1=x; s2=y; }
    else
    {   s1=y; s2=x; }
    if(s2%s1==0)                            //边界条件，长宽相等，正方形个数为 1
        return s2/s1;                       //将两参数 x,y 中较大的值赋给 s2,较小的值
    else {                                  //赋给 s1
        s=s2%s1;
        return zhen(s1,s)+s2/s1;
```

```
    }                                        //若大数能整除小数，则正方形的个数为二者
  }                                          //之商，并退出递归；
  int main()                                 //若不能整除，则正方形个数为其商的整数部
  {                                          //分，并对余数与除数递归再算
    scanf("%d %d",&a,&b);
    printf("%d\n",zhen(a,b));
    return 0;
  }
```

优化后的递归过程为：

zhen(3,4)=4 div 3+zhen(3,1)=4 div 3+3 div 1

zhen(5,7)=7 div 5+zhen(5,2)=7 div 5+5 div 2+zhen(2,1)=7 div 5+5 div 2+2 div 1

相应的递归深度变为 2 和 3。改进前对应深度分别为 4 和 5。若输入数据较大，这个效果就会更明显。

```
        6
        5
      6   5
    4   7   6
  8   5   7   3
9   6   8   2   8
14  2   9   4   9   10
```

【例 3.4.15】 数字三角形

如左图所示的数字三角形，请编写一个程序进行计算，从顶到底边某处的一条路径，使该路径所经过的数字之和最大。每一步可沿左斜线或右斜线向下走。

输入文件的第一行为整数 N（$N<10$），表示三角形的行数。以下 N 行，分别为 1，2，3，……N 个不超过 100 的正整数。

这个题目很容易让人想到，从顶点开始每次都选择左下或右下中两数中最大的一个往下走，这就是所谓贪心算法。看图中这样的一条路径：5，6，7，7，8，9，其和为 42。但另一条路径 5，6，4，8，9，14，其和为 46。

递归算法的最大特点是程序形式简单，思路清晰，能将复杂问题简单化。很多程序算法图书在讲到递归算法时，有一个典型例子就是“汉诺塔游戏”问题，请读者参看有关书籍。这个例子将递归算法的优越性淋漓尽致地表现出来。

但递归算法也有一个致命的弱点。由于在递归过程中，计算机要存储大量的中间数据，既耗时，又耗精力，有时还会进行很多重复运算。

例如，用递归方式求斐波那契数列：

令 $f(1)=1$, $f(2)=1$, $f(n)=f(n-1)+f(n-2)$

写成递归程序，大致如下：

```
long fibnacci(int n)
{
    if(n<3) return 1;
    else return fibnacci(n-1)+fibnacci(n-2);
}
```

这个过程并不算复杂，但计算机运行时却并不简单。例如，要求 fibnacci(8)，计算过程描述如下，请读者自己分析重复计算的情况：

$$
\begin{aligned}
f(8)&=f(7)+f(6)\\
&=[f(6)+f(5)]+[f(5)+f(4)]\\
&=\{[f(5)+f(4)]+[f(4)+f(3)]\}+\{[f(4)+f(3)]+[f(3)+f(2)]\}\\
&=\cdots\cdots
\end{aligned}
$$

（1）递归程序通常要有一个用来递归调用，即调用自身的过程或函数。递归过程或函数都必须有一个退出递归的条件。否则，递归也就和死循环一样不能终止，直到存储空间使用殆尽，出现出错提示为止。

（2）递归程序，总是从问题的当前状态出发，逐步缩小问题的规模，直到达到某个边界条件为止，所以在书写递归程序时，必须知道问题的递推关系和边界条件。例如，求斐波那契数列时，既要知道 $f(n)=f(n-1)+f(n-2)$ 的递推关系式，还要知道 $f(1)$ 和 $f(2)$ 的值。

3.4.6 分治算法

在学习循环结构时，我们学习过三种排序算法：直接选择排序、冒泡排序和插入法排序。这三种排序算法均需用内外两层循环，导致算法的时间效率均是 $O(n^2)$ 的。现在学习了递归算法，我们可以编写一个更高效率的排序算法，也是一个最常用的排序算法——快速排序算法。

【例 3.4.16】 快速排序

取以下一些待排序的数组元素：

35 72 13 22 76 10 89 26

第一步将第一个数 35 存储到一个临时变量中，把 *a*[1]的位置空出来。然后从数组尾向前逐个查找，找到一个比 35 大的元素，放到空位 *a*[1]上，很明显，此处满足条件的是 89，则 *a*[1]=89，而 *a*[7]的位置又空了下来（没有真的空下来，只是这个数应该被移走）。

x=35

89 72 13 22 76 10 __ 26

第二步，再找一个能弥补 *a*[7]空位的数。从队首开始，找一个小于 35 的数，即 13，此时，*a*[7]=13，*a*[3]变成空位。数组排列如下：

x=35

89 72 __ 22 76 10 13 26

第三步，又从队尾开始，找到比 35 大的数弥补空位。数组变成以下形式：

x=35

89 72 76 22 __ 10 13 26

第四步，从队首开始，找到小于 35 的数……，结果为：

x=35

89 72 76 __ 22 10 13 26

到此为止，请读者观察一下，应得到如下结论。

（1）35 已与数组中的其他元素都比过一次了。

（2）空位前的元素均比 35 大，空位后面的元素均比 35 小，可见空位应该是 35 最后的排序位置。

（3）如果将 35 前后的两组数视为一个小规模的数组，按上述方法继续找出各元素的最终位置的话，排序就可完成。

快速排序算法，先找到数组的第一个元素的最终排序位置，然后，以此为“中介元素”，将数组分为前后两个部分，继续查找两个分段中的“中间”元素，再次分段，直到分段中只有一个元素为止。此时，每个元素均已找到自己的最终排序位置，达到排序的目的。

像这种将大问题不断细分成几个部分分别处理，以减少运行时间的方法，称之为分治算法。分治算法通常以递归算法为基础，所以常常把分治和递归算法放在一起讨论。但分治算法也不一定需要递归。

【例 3.4.17】 残缺棋盘

有一正方形棋盘，其边长为 2^k（$1<k<10$），如图 3.16(a)所示，其中有一格损坏。现在想用图 3.16(b)所示形状的硬纸板将没有坏的所有格子盖起来。而硬纸板不得放入坏格中和棋盘外。编程输出一种覆盖方案，将公用一块硬纸板的三个格子用相同的数字表示。

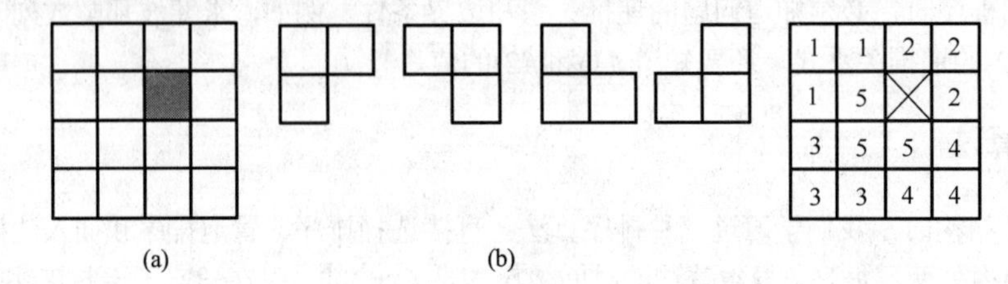

图 3.16 棋盘示意图

图 3.16(a)所示是 $k=2$ 的情形。且输出结果不一定和图示方案一致，符合题目要求即可。输出时只需输出数字方阵，而不必画出格子线。

先来分析最简单的情况，即假定 $k=1$，则棋盘为一个 2×2 的形式。此时，无论坏格是 4 个格子中的哪一个，问题的解是唯一的。恰好用一块硬纸片将其三个好格子覆盖。这就得到了问题的初始条件，即递归出口。

下面的问题是，如何将一个大的棋盘变成较小的棋盘呢？

如果将一个 $2^k \times 2^k$ 的棋盘均分成 4 个小棋盘的话，则 4 个小正方形棋盘的边长则为 $2^{k-1} \times 2^{k-1}$。且这 4 个小棋盘肯定只有一个坏了一格，另外三个棋盘却一个坏格也没有。那么这一个含坏格的棋盘则是原问题缩小规模以后的情况。而三个没有坏格的棋盘则转化成另一个问题。

能不能使另外三个子问题也保持原问题的属性不变呢？如右图，若将第一块硬纸板放在右图所示的位置，此时三块无坏格的小棋盘也变成了 4 个有“坏格”的了。使 4 个子问题保持了原问题的特性不变。

照此办法，不断地将一个变 4 个，每次将三个不含坏块的相邻格子合用一块硬纸板覆盖。直到子问题的边长为 2 时，放下唯一的一块硬纸板就行了。

- 如果能够将待解决的一个问题转化成多个子问题，然后将子问题的解合成为原问题的解的程序算法，则称其为分治算法。
- 分治算法，总是将问题的整体进行分解，使其成为与原问题算法相同，而规模较小的子问题，直到子问题变成有确定的解为止。

3.4.7 回溯算法

这种算法有一种基本固定的模式，通过以下的例子，我们重点来总结这种算法的基本模式。

【例 3.4.18】 数字三角形

图 3.17 中各箭头上的数字标号代表程序执行时，累加数值时的顺序。通过这个图来理解回溯算法的基本过程。

计算机从顶点 5 开始，沿路线（1）得到 5+6，沿路线（2）得到 5+6+4，沿路线（3）（4）（5）得到目前路径和 5+6+4+8+9+14。到此无法沿该方向继续前进，记下路径和作为当前的最大值，并沿路径（6）回溯，改道（7）。由于再次到达底边 2，再次得到一路径和 5+6+4+8+9+2。但因新的路径和比已获得的最大值小，故没有保存的必要。但若是新的路径和大于原来存储的最大值，则用新的路径和替代而成为目前的最优值。于是沿路线（8）回溯。回溯到数 9 后，发现该节点的左右分支均已经历，不得不沿路线（9）再次回溯。

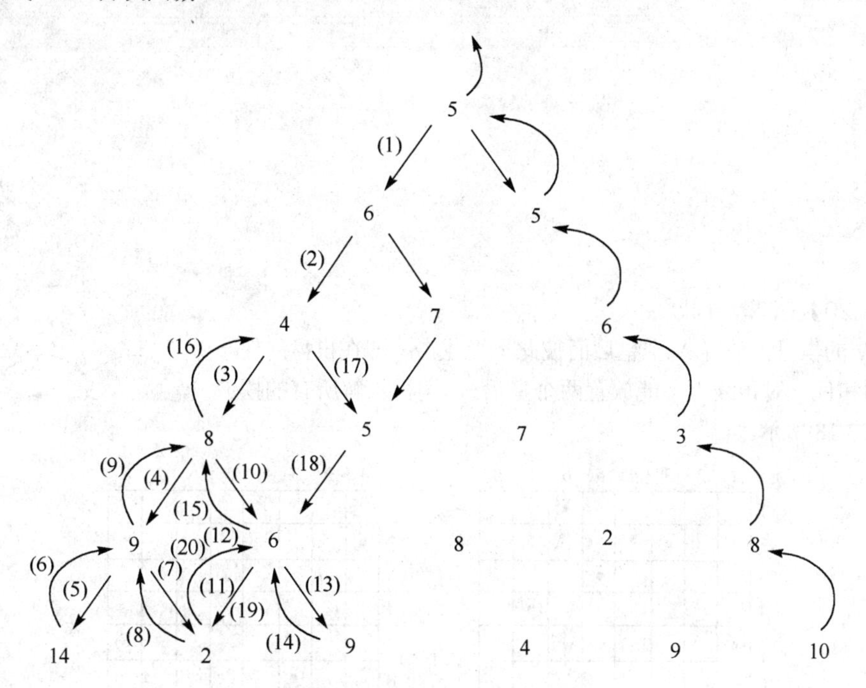

图 3.17　数字三角形示意图

以后的（10）～（16）步的回溯过程，与前面所述方式一致。但经路线（17）（18）后，路线（19）（20）分别与（11）（12）两步重合。对于回溯，这两步和以后的重合步骤都是必要的，这也就是回溯算法效率不高的重要原因。

在上述算法中，可明显地看出，回溯算法中有三个不同的执行方向：

① 从当前位置向纵深发展，如路线（1）（2）（3）（3）（4）（5）；

② 从当前位置无法向纵深发展时，回退至上一个位置，如（6）（8）（9）（15）等路线；

③ 从退回点改道，寻求可纵深发展的另一条路径，如（7）（10）（13）等路线。

另外一个重要的问题是回溯的最终出向。当程序执行至右下角的数 10 时，会沿图中回退箭头所示，不断回退，直至三角形顶点没有回退位置时，程序终止。

【例 3.4.19】 组合问题

这里先以 5 取 3 的组合的例子，来分析回溯的过程。

顺序选择 1，2，3，构成一个组合。

以后将 3 改成 4，5，又得到两种组合 1，2，4 和 1，2，5。

由于最后一位数不能再修改了，只得修改倒数第二位数（回溯），即将 2 分别改为 3，4，于是上面的分析分别得到组合 1，3，4；1，3，5；1，4，5。

倒数第二位又无法再改了，于是只得回溯到第一个数，于是可改第一位数为 2，3，则得相应的组合为 2，3，4；2，3，5；2，4，5；3，4，5。

共得结果为（回溯过程如右所示）：

1，2，3

1，2，4

1，2，5

1，3，4

1，3，5

1，4，5

2，3，4

2，3，5

2，4，5

3，4，5

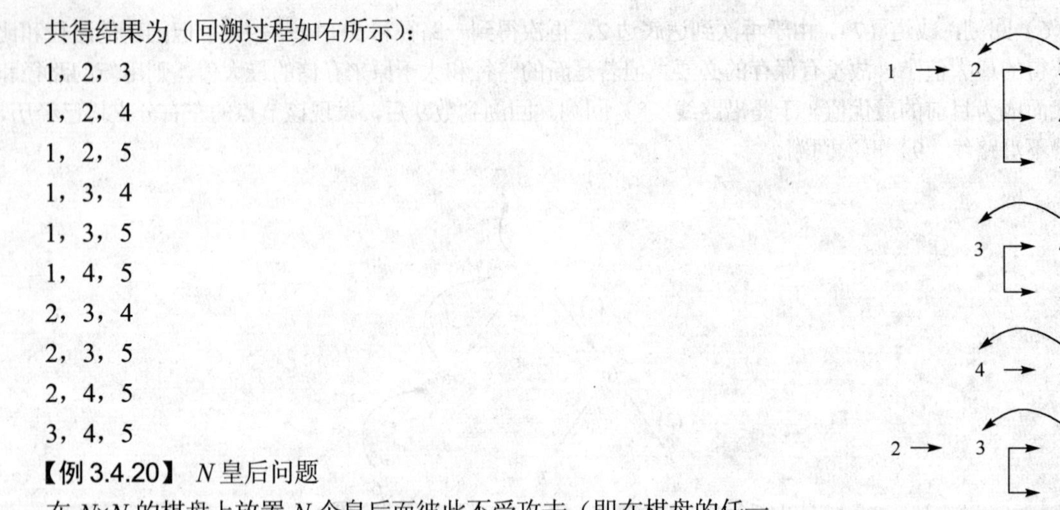

【例 3.4.20】 *N* 皇后问题

在 *N*×*N* 的棋盘上放置 *N* 个皇后而彼此不受攻击（即在棋盘的任一行、任一列和任一对角线上不能放置两个皇后），编程求解所有的摆放方法。如图 3.18 所示。

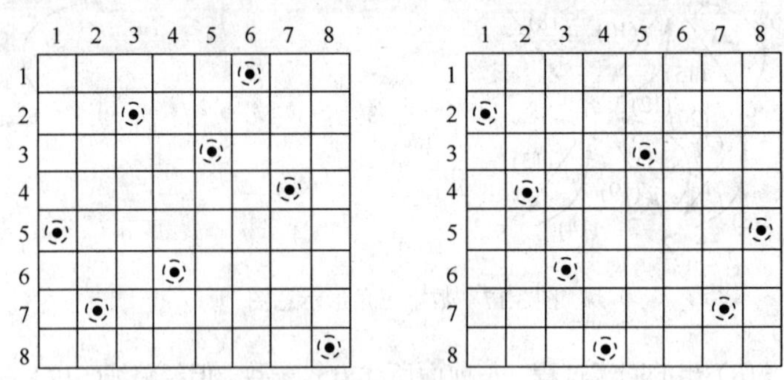

图 3.18 八皇后的两组解

由于皇后的摆放位置不能通过某种公式来确定，因此对于每个皇后的摆放位置都要进行试探和纠正，这就是“回溯”的思想。在 *N* 个皇后未放置完成前，摆放第 *I* 个皇后和第 *I*+1 个皇后的试探方法是相同的，因此完全可以采用递归的方法来处理。

下面是放置第 *I* 个皇后的递归算法：

```
Procedure Try(I:integer);
{搜索第 I 行皇后的位置}
var
    j:integer;
begin
  if I=n+1 then 输出方案;
  for j:=1 to n do
        if 皇后能放在第 I 行第 J 列的位置
        then begin
        放置第 I 个皇后;
        对放置皇后的位置进行标记;
        Try (I+1)
```

```
            对放置皇后的位置释放标记;
            end;
    end;
```

这种算法虽然模式相对固定，但还需较多时间的探索才能掌握其中的奥妙。回溯算法并非一种高效算法，它常常要枚举很多可能或不可能的情形。所以在以后使用的过程中，要分析问题的规模，以免程序运行时间太长。以后还要注意与递归算法的结合。

3.4.8　贪心算法

【例 3.4.21】 部分背包问题

给定一个最大载重量为 M 的卡车和 N 种食品，有食盐、白糖、大米等。已知第 i 种食品最多拥有 W_i 千克，其商品价值为 V_i 元/千克，编程确定一种装货方案，使得装入卡车中的所有物品总价值最大。

分析：因为每个物品都可以分割成单位块，单位块的利益越大，显然总收益越大，所以它局部最优满足全局最优，可以用贪心算法解答，方法如下：先将单位块收益按从大到小进行排列，然后用循环从单位块收益最大的取起，直到不能取为止，便得到了最优解。

因此可非常容易设计出如下算法：

```
问题初始化;                          {读入数据}
按 Vi 从大到小将商品排序;
I := 1;
r
  if M = 0 then Break;     {如果卡车满载，则跳出循环}
  M := M - Wi;
  if M >= 0 then 将第 I 种商品全部装入卡车
  else
    将(M + Wi)重量的物品 I 装入卡车;
  I := I + 1;                  {选择下一种商品}
until (M <= 0) OR (I >= N)
```

在解决上述问题的过程中，首先根据题设条件，找到了贪心选择标准（V_i），并依据这个标准直接逐步去求最优解，这种解题策略被称为贪心算法。

【例 3.4.22】 旅行家的预算（NOI99 分区联赛第 3 题）

一个旅行家想驾驶汽车以最少的费用从一个城市到另一个城市（假设出发时油箱是空的）。给定两个城市之间的距离 $D1$、汽车油箱的容量 C（以升为单位）、每升汽油能行驶的距离 $D2$、出发点每升汽油价格 P 和沿途加油站数 N（N 可以为零），油站 i 离出发点的距离 Di，每升汽油价格 Pi（i=1, 2, …, N）。计算结果四舍五入至小数点后两位。如果无法到达目的地，则输出“No Solution”。

样例：

【输入示例】

D1=275.6　C=11.9　D2=27.4　P=2.8　N=2

油站号 I	离出发点的距离 Di	每升汽油价格 Pi
1	102.0	2.9
2	220.0	2.2

【输出示例】

26.95（该数据表示最小费用）

分析：需要考虑如下问题：

（1）出发前汽车的油箱是空的，故汽车必须在起点（1 号站）处加油。加多少油？

（2）汽车行程到第几站开始加油，加多少油？

可以看出，原问题需要解决的是在哪些加油站加油和加多少油的问题。对于某个油站，汽车加油后到达下一加油站，可以归结为原问题的子问题。因此，原问题的关键在于如何确定下一个加油站。通过分析，可以选择这样的贪心标准：

对于加油站 I，下一个加油站 J 可能是第一个比加油站 I 油价便宜的油站，若不能到达这样的油站，则至少需要到达下一个油站后，继续进行考虑。

对于第一种情况，则油箱需要（$d(j)-d(i)$）$/m$ 加仑汽油。对于第二种情况，则需将油箱加满。

贪心算法证明如下：

{m 为单位距离的耗油量}

设定如下变量：

Value[i]：第 i 个加油站的油价；

Over[i]：在第 i 站时的剩油；

Way[i]：起点到油站 i 的距离；

$X[I]$：X 记录问题的最优解，$X[I]$记录油站 I 的实际加油量。

首先，$X[1]\neq0$，Over[1]=0。

假设第 I 站加的 $X[I]$一直开到第 K 站。则有，$X[I]\cdots X[K-1]$都为 0，而 $X[K]\neq0$。

① 若 Value[I]>Value[K]，则按贪心方案，第 I 站应加油为：

$$T=(\text{Way}[K]-\text{Way}[I])/M-\text{Over}[I]$$

若 $T<X[I]$，则汽车无法从起点到达第 K 个加油站；与假设矛盾。

若 $T>X[I]$，则预示着汽车开到油站 K 仍然有油剩余。假设剩余 W 加仑汽油，则须费用 Value[I]×W，如果 W 加仑汽油在油站 K 加，则需费用 Value[K]×W，显然 Value[K]×W<Value[I]×W。

② 若 Value[I]<Value[K]，则按贪心规则，须加油为：

$$T=C-\text{Over}[I] \qquad \text{（加满油）}$$

若 $T<X[I]$，则表示在第 I 站的加油量会超过汽车的实际载油量，显然是不可能的。

若 $T>X[I]$，则表示在第 I 站不加满油，而将一部分油留待第 K 站加，而 Value[I]<Value[K]，所以这样费用更高。

综合上述分析，可以得出如下算法：

```
I := 1        {汽车出发设定为第一个加油站}
L := C*D2;  {油箱装满油能行驶的距离}
r
  在L距离以内，向后找第一个油价比I站便宜的加油站J;
  if J存在 then
    if I站剩余油能到达J then
      计算到达J站的剩油
    else
      在I站购买油，使汽车恰好能到达J站
  else
```

```
        在 I 站加满油;
      I := J;                              {汽车到达 J 站}
    until 汽车到达终点;
```

因此，利用贪心策略解题，需要解决两个问题。

首先，确定问题是否能用贪心策略求解；一般来说，适用于贪心策略求解的问题具有以下特点：

（1）可通过局部的贪心选择来达到问题的全局最优解。运用贪心策略解题，一般来说需要一步步地进行多次贪心选择。在经过一次贪心选择之后，原问题将变成一个相似的，但规模更小的问题，而后的每一步都是当前看似最佳的选择，且每个选择都仅做一次。

（2）原问题的最优解包含子问题的最优解，即问题具有最优子结构的性质。在背包问题中，第一次选择单位质量最大的货物，它是第一个子问题的最优解，第二次选择剩下的货物中单位重量价值最大的货物，同样是第二个子问题的最优解，以此类推。

其次，如何选择一个贪心标准？正确的贪心标准可以得到问题的最优解，在确定采用贪心策略解决问题时，不能随意地判断贪心标准是否正确，尤其不要被表面上看似正确的贪心标准所迷惑。在得出贪心标准之后应给予严格的数学证明。

3.4.9　综合练习

实验 3.4.1　邮票

邮局发行的一套票面有 4 种不同值的邮票，如果每封信所贴邮票张数不超过三枚，存在整数 r，使得用不超过三枚的邮票，可以贴出连续的整数 1，2，3，…，r，找出这 4 种面值数，使得 r 值最大。

实验 3.4.2　挖地雷

Windows 操作系统自带一个挖地雷游戏，本题将其简化为仅一行地雷。如图所示，表中第一行有黑点的位置表示一颗地雷，而第二行每格中的数字表示与其相邻的三格中地雷的总数。

输入数据给定一行的格子数 n（n≤10000）和第二行的各数字，编程求第一行的地雷分布。输入/输出样例为：

•	•		•	•	•		•
2	2	2	2	3	2	2	1

输入：

8

22223221

输出：

110111101

实验 3.4.3　贮油点

一辆重型卡车欲穿过 1000 千米的沙漠，卡车耗汽油为 1 升/千米，卡车总载油能力为 500 公升。显然卡车装一次油是过不了沙漠的，因此司机必须设法在沿途建立若干贮油点，使卡车能顺利穿过沙漠。试问司机应怎样建立这些贮油点？每一贮油点应存储多少汽油，才能使卡车以消耗最少汽油的代价通过沙漠？

编程计算及打印建立的贮油点序号，各贮油点距沙漠边沿出发的距离及存油量。格式如下：

No.	Distance(km)	Oil(litre)
1	××	××
2	××	××
…	… …	… …

实验 3.4.4 昆虫繁殖

科学家在热带森林中发现了一种特殊的昆虫，这种昆虫的繁殖能力很强。每对成虫过 x 个月产 y 对卵，每对卵要过两个月长成成虫。假设每个成虫不死，第一个月只有一对成虫，且卵长成成虫后的第一个月不产卵（过 x 个月产卵），问过 z 个月以后，共有成虫多少对？（$x \geqslant 1$，$y \geqslant 1$，$z \geqslant x$）

输入：x,y,z 的数值

输出：成虫对数

示例：

输入：x=1 y=2 z=8

输出：37

实验 3.4.5 时钟问题（IOI94-4）

在图 3.19 所示的 3×3 矩阵中有 9 个时钟，我们的目标是旋转时钟指针，使所有时钟的指针都指向 12 点。允许旋转时钟指针的方法有 9 种，每一种移动用一个数字号（1，2，…，9）表示。图 3.19 所示为 9 个数字号与相应的受控制的时钟，这些时钟在图中以灰色标出，其指针将顺时针旋转 90°。

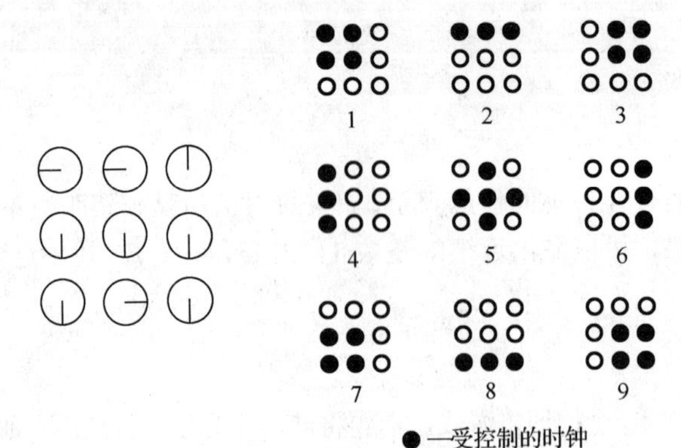

图 3.19 时钟示意图

输入数据：

由输入文件 INPUT.TXT 读 9 个数码，这些数码给出了 9 个时钟时针的初始位置。数码与时刻的对应关系为：

0——12 点

1——3 点

2——6 点

3——9 点

图 3.19 所示的例子对应下列输入数据：

330

222

212

输出数据：

将一个最短的移动序列（数字序列）写入到输出文件 OUTPUT.TXT 中，该序列要使所有的时钟指针指向 12 点，若有等价的多个解，仅需给出其中一个。在例子中，相应的 OUTPUT.TXT 的内容为：

5849

输入/输出示例：

INPUT.TXT	OUTPUT.TXT
330 222 212	5489

具体的移动方案如图 3.20 所示。

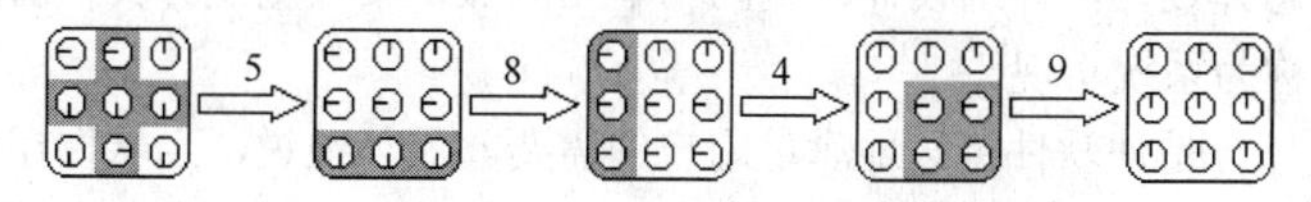

图 3.20　时钟移动方案

实验 3.4.6　排队打水问题

有 N 个人排队到 R 个水龙头去打水，他们装满水桶的时间为 T_1，T_2，…，T_n（为整数且各不相等），应如何安排打水顺序才能使他们花费的时间最少？

3.5　软件开发流程

3.5.1　软件生命周期

软件开发历史上的诸多惨痛教训使人们逐渐认识到，软件不等于源代码，它有自己的“生命周期”，大型软件系统的开发与其他工程项目如建造桥梁、制造飞机、轮船等的开发是同理的，必须有计划、分层次进行，不能从考虑螺丝钉的型号开始。软件工程正是随着软件的发展而诞生的一门学科，以提高质量、降低成本为目的。它视软件的开发为一项工程，借鉴传统工程的原则和方法，将正确的管理方法和当前能够得到的最好的开发技术结合起来。

一个软件从定义、开发、使用和维护，直到最终被废弃，要经历一个漫长的时期，就如同一个人要经历胎儿、儿童、青年、中年、老年，直到最终死亡的漫长时期一样。通常把软件经历的这个漫长的时期称为生命周期。软件工程的传统解决途径强调使用生存周期方法学和各种结构分析及结构设计技术。

人类解决复杂问题时普遍采用的一个策略就是“各个击破”，也就是对问题进行分解，然后再分别解决各个子问题的策略。软件工程采用的生命周期方法学就是从时间角度对软件开发和维护的复杂问题进行分解，把软件生命的漫长周期依次划分为若干阶段，每个阶段有相对独立的任务，然后逐步完成每个阶段的任务。前一个阶段任务的完成是开始进行后一个阶段工作的前提和基础，而后一阶段任务的完成通常是使前一阶段提出的解法更进一步具体化，加进了更多的实现细节。在每个阶段结束之前，都必须进行正式严格的技术审查和管理复审，若检查通不过，则必须进行必要的返工，返工后还要再经过审查。审查的一个主要标准就是每个阶段都应该提交和所开发的软件完全一致的高质量的文档资料，从而保证在软件开发工程结束时有一个完整准确的软件配置交付使用。文档不仅是前后阶段的通信工具，而且是软件交付使用后进行维护的依据。所以，采用生命周期方法学或称传统的软件工程方法，就使软件开发工程的全过程以一种有条不紊的方式进行，保证了软件的质量，特别是提高了软件的可维护性。如果软件的开发按生命周期方法学，各阶段严格按时间顺序排列，其过程可以用图 3.21 所示的瀑布模型来模拟。

一般来说，软件生命周期由软件定义、软件开发和软件维护三个时期组成，每个时期又进一步划分成若干阶段。软件定义阶段要回答“做什么”的问题，任务是确定软件开发工程必须完成的总目标；确定工程的可行性；导出实现工程目标应该采用的策略及系统必须完成的功能；估计完成工程需要的资源和成本，并且制定工程进度表。这个时期的工作通常又称为系统分析。这一时期通常进一步划分成三个阶段，即问题定义、可行性研究和需求分析。

开发阶段要回答“怎么做”的问题，任务是具体设计和实现在前一个时期定义的软件，它通常由下述4个阶段组成：总体设计，详细设计，编码和单元测试，集成测试。其中前两个阶段又称为系统设计，后两个阶段又称为系统实现。

维护阶段的主要任务是使软件持久地满足用户的需要。具体地说，当软件在使用过程中发现错误时，应该加以改正；当环境改变时，应该修改软件以适应新的环境；当用户有新要求时，应该及时改进软件以满足用户的新需要。每次维护活动本质上都是一次压缩和简化了的定义和开发过程。

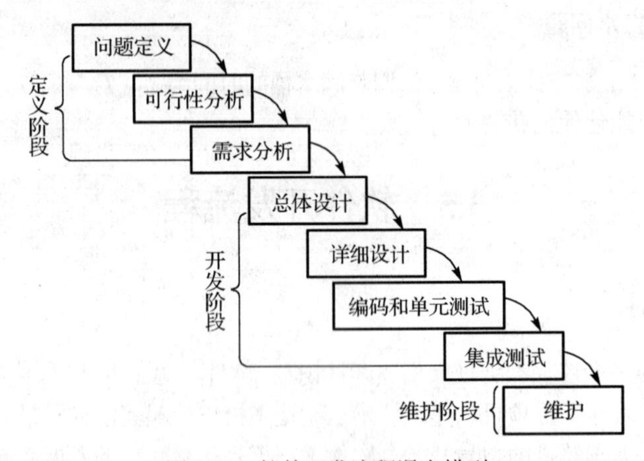

图3.21　软件开发流程瀑布模型

3.5.2　软件开发流程

根据传统的生命周期方法学，我们知道编码只是软件开发的一个很小的阶段，而且是处在实现阶段。对于C语言的初学者，由于没有正式接受系统化开发方法的指导，往往会形成一个错误的认识：程序的开发就是编码。也就是说，拿到问题后，马上就开始写程序。这种做法的不良后果初学者无法体会到，是因为他们所面临的需要解决的问题无论从规模而言，还是从难易程度而言，实在是太小了。所以在直接编写程序的过程中，大脑已经让初学者无意识地完成了问题的定义和设计过程。但是，这种侥幸的“个体化”做法对于复杂的现实问题的解决，即软件项目的开发是绝对行不通的。相对初学阶段，实际上已经可以解决较为复杂的问题了，也就是说已进入大型程序的开发阶段。因此，必须从现在开始，树立正确的开发观，为今后专业化开发打好基础。

遵循瀑布模型的开发流程，大型综合程序的开发经历问题定义、分析、设计、编码、测试和维护几个阶段。

1．问题定义

问题定义阶段是整个过程中占用时间最少的阶段，在这个步骤中的任务是明确要解决的问题是什么。如果不知道问题是什么就试图解决这个问题，显然是盲目的，只会浪费时间和精力，结果是毫无意义的。

在大型综合程序训练时期，欲解决的问题可由教师提供，或者由学生自行选题。假若是后者，那么学生必须动动脑筋，寻找身边有哪些事情可用计算机解决，然后确定一个可行的题目。例如，某位读者非常熟悉 Windows 系统中自带的扫雷游戏，于是他以此为题，自己设计实现一个类似功能的扫雷游戏。

2．功能分析

这个阶段的任务仍然不是具体地解决问题，而是理解问题和分析问题，确定“为了解决这个问题，目标系统必须做什么”，主要是确定目标系统必须具备哪些功能。除此之外，还要确定可能的输入或输出数据是什么。

在问题定义步骤中得到的问题，有时仅仅是一个抽象的题目，有时除题目外还附一段简要说明。无论问题以何种形式出现，都需要做进一步的分析，以获得解决问题的计算机系统必须实现哪些功能。下面以扫雷游戏为例，看看如何分析问题。这通过两步来完成：首先必须对 Windows 系统中的扫雷游戏进行了解，然后确定将实现的扫雷系统要做什么。

通过亲身体验或其他交流手段，可获知这个游戏是在屏幕显示的一个雷区范围内（如图 3.22(a)所示），系统预先埋设了一定数目的地雷（图 3.22(a)中笑脸左侧小窗显示的数字），游戏者在游戏过程中通过判断，若能正确标记出雷区中的所有地雷，则游戏胜利（如图 3.22(b)所示）；否则踩雷，游戏失败（如图 3.22(c)所示）。具体的游戏规则如下。

① 在“游戏”菜单上，单击“开局”，出现图 3.22(a)所示的游戏界面，其中包括地雷计数器窗口、计时器窗口和雷区。开局后，单击雷区中的任何一个方块，便启动计时器。每标记一个地雷，地雷计数器减 1；

② 用鼠标左键单击某个方块，可挖开它。若所挖方块下有雷，则踩雷，此时所有含地雷的块都标记 （如图 3.22(c)所示），这局游戏失败；如果方块上出现数字，它代表在它周围的 8 个方块中共有多少颗地雷；

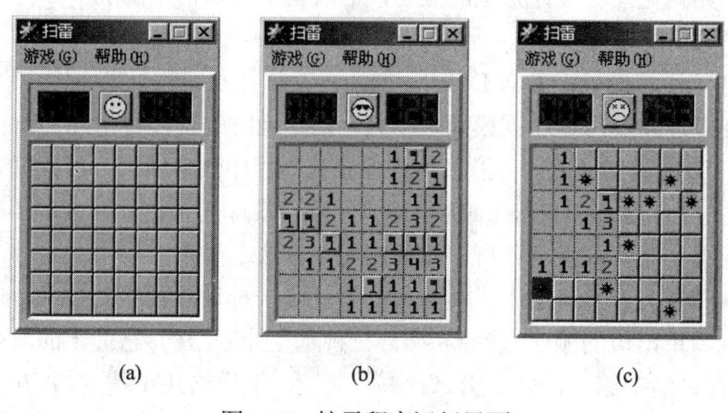

(a)　(b)　(c)

图 3.22　挖雷程序运行界面

③ 用鼠标右键单击某个方块，则标记此块下埋着地雷（实际上可能是误标），显示为 。每标记一个地雷，地雷计数器减 1；

④ 用鼠标右键击打某个方块两次，则在某块上面标一个问号(?)，意味着没有把握判定它是否有雷。标记为？的方块可在恰当的时候再单击打鼠标右键两次或单击左键，将其标记为地雷或挖开；

⑤ 如果某个数字方块周围的地雷全都标记完，可以同时单击鼠标左右键，将其剩下的方块挖开。如果挨着这个方块的地雷没有全部标记完，则未挖开的方块将闪烁。

通过分析上述游戏规则，抛开 Windows 扫雷游戏中界面显示、鼠标操作等非本质的东西，从 Windows 扫雷游戏中提取的主要功能包括：

规则 1）隐含初始化新游戏的开局功能；

规则 2）隐含的挖雷功能；

规则3）对应的标记地雷功能；

规则4）对应的标记疑问功能；

规则5）自动挖开功能。

另外，还可以看到游戏的输入是启动这些功能的指示信息，通过鼠标左右键的操作来表达；游戏的输出是游戏是否成功。

所要实现的扫雷游戏正是 Windows 扫雷游戏的模仿版，也就是说能够实现 Windows 扫雷游戏的主要功能，因此，我们的目标系统必须具备：开局功能、挖雷功能、标记雷功能、标记疑问功能、自动挖开功能。到这里，程序分析的工作就结束了。接下来，将进入下一阶段——程序设计的工作。

3．程序设计

著名计算机科学家 Nikiklaus Wirth 提出了公式：程序 = 算法 + 数据结构，这一公式反映了程序的两个要素：算法和数据结构，实际上，程序还应当有另外两个要素：程序设计方法和语言工具。这 4 个方面是一个程序设计人员所应具备的知识。算法是灵魂，数据结构是加工对象，语言是工具，程序设计需要好的设计方法。

经过程序分析阶段的工作，综合程序必须“做什么”已经清楚了，现在是决定“怎样做”的时候了，也就是到了设计算法和重要数据的数据结构的时候了。程序这个阶段的设计工作，应该对要解决的问题设计出具体的解决方案，得出对目标系统的精确描述，从而在编码阶段可以把描述直接翻译成用 C 语言书写的程序。

程序设计将采用结构化程序设计方法，自顶向下逐步求精地设计出综合程序的实现“蓝图”。为此，首先介绍结构化程序设计方法，然后列举描述算法的常用工具，接着仍以扫雷游戏为例，详细说明设计阶段的工作和结构化程序设计方法的应用，最后谈谈团队合作情况下如何分工协作的问题。

（1）结构化程序设计方法

结构化程序设计的概念最早由 E.W.Dijkstra 提出。在软件发展的早期，即 20 世纪 60 年代末到 70 年代初，虽然科技在高速发展，程序规模越来越大，但是当时的编程技术却停留在手工业的方式：设计各自为政，滥用 GOTO 语句造成的“意大利细面条式”程序效率低下，可读性差，无章可循，错误百出，调试困难。在这种局面下，Dijkstra 提出结构化程序设计的理论。经过多年的实践，结构化程序设计的理论和实践日益完善，成为现代程序设计的主流方法之一。

那么，什么是结构化程序设计呢？结构化程序设计是一种设计程序的技术，采用自顶向下逐步求精的设计方法和单入口单出口的顺序、选择和循环三种基本控制结构。它提出的原则可归纳为 32 个字：“自顶向下，逐步细化；清晰第一，效率第二；书写规范，缩进格式；基本结构，组合而成”。

自顶向下、逐步求精的设计方法符合人类解决复杂问题的普遍规律，这种设计方法的过程是将问题求解由抽象逐步具体化的过程。例如，设计房屋就采用了这种方法，先进行整体规划，然后确定建筑物方案，再进行各部分的设计，最后进行门窗、楼道等的细节设计。在制定问题的算法时，同样也能采用这种方法。上述的问题非常简单，而对于大型综合程序的复杂问题来说，需要更多步的求精过程来进行设计。程序设计阶段又可细分为两个子阶段，第一个子阶段称为总体设计阶段，采用自顶向下、逐步求精方法，可以把一个复杂问题的解法分解和细化成一个由许多模块组成的层次结构，即问题模块化，得到整个程序的总体结构。在这个阶段必须确定全局数据的数据结构和模块间的接口；第二个子阶段称为详细设计阶段，采用自顶向下、逐步求精方法，可以将每个模块的功能逐步分解、细化为一系列具体的处理步骤，即该子阶段制定出模块结构化算法的详细描述和模块内的局部数据结构。

读者应当掌握自顶向下、逐步求精的设计方法。采用结构化程序设计方法进行程序设计，可以使设计思路清晰，便于验证算法的正确性，在向下一层展开之前应仔细检查本层设计是否正确，只有上一层是正确的才能向下细化。如果每一层设计都没有问题，则整个算法就是正确的。由于每一层向下细化时都不太复杂，因此容易保证整个算法的正确性。检查时也是由上而下逐层检查的，这样做，思路清楚，有条不紊一步一步进行，既严谨又方便。

（2）设计工具

在理想情况下，设计的描述应该采用自然语言来表达，使不熟悉软件的人无须重新学习就可以理解。但是，自然语言在语法和语义上往往具有多义性，常常要依赖上下文才能把问题交代清楚，而且即使可以描述，也需要大量的篇幅，非常烦琐。所以必须使用简洁的方式表达整体结构，用约束性强的方式来表达算法。设计工具可以对设计进行无歧义的描述，能指明控制流程、处理功能及其他方面的实现细节。俗话说"千言万语抵不过一幅画"，下面介绍三种常用的图形方式的设计工具，即层次图、程序流程图与盒图。

（3）编码

编码就是用高级语言表示设计阶段产生的算法。在编码阶段，可以再次体会到使用结构化程序设计技术的主要优点：用先全局后局部、先整体后细节、先抽象后具体的逐步求精过程开发出的程序有清晰的层次结构，容易阅读和理解；不使用GOTO语句，仅使用单入口单出口的控制结构，使得程序的静态结构和它的动态执行情况比较一致，容易保证程序开发时的正确性和易纠错性；控制结构有确定的逻辑模式，编写程序代码只限于使用很少几种直截了当的方式，使程序易测试；程序清晰和模块化使得在修改和重新设计一个软件时可以重用的代码量最大等。因此，结构化程序设计技术能够保证得到结构化程序。这种程序便于编写、阅读、修改和维护，减少了程序出错的机会，提高了程序的可靠性，保证了程序的质量。

① 全局变量

当一个程序较大时，可将一个程序的源代码组织在几个源文件中，每个源文件的内容往往围绕某一功能，如扫雷游戏就由三个源文件组成，分别是主控模块程序文件、获取按键的模块程序文件、处理游戏操作和图形显示模块程序文件。这些源文件是通过函数及全局变量联系起来的。

全局变量的作用是增加函数间数据联系的渠道。通过加extern声明，还可将分布在不同文件中的内容联系起来。但是全局变量使函数的通用性降低了，因为函数在执行时要依赖于其所在的全局变量。如果将一个函数移到另一个文件中，还要将有关的全局变量及其值一起移过去。但若该全局变量与其他文件的全局变量同名时，就会出现问题，降低了程序的可靠性和通用性。在程序设计中，在划分模块时要求模块的"内聚性"强、与其他模块的"耦合性"弱，即模块的功能要单一，与其他模块的相互影响要尽量少，而用全局变量是不符合这个原则的。一般要求把C程序中的函数作成一个封闭体，除了可以通过"实参–形参"的渠道与外界发生联系外，没有其他渠道。这样的程序移植性性好，可读性强。

另外，使用全局变量过多，会降低程序的清晰性，人们往往难以清楚地判断出每个瞬时各个全局变量的值。在各个函数执行时都可能改变全局变量的值，程序容易出错。

对于大型程序，模块多，常常由不同的人来完成不同的模块，如果全局变量的随意使用，更容易出现问题，造成程序的混乱，因此，更应该限制使用全局变量。

在扫雷游戏的实现中，将主要数据中的totalMine、gamRes定义为局部变量，将table[ROW][COL]、num[ROW][COL]、flag[ROW][COL]、di[8]、di[8]、pi和pj定义为全局变量，这些全局变量的使用虽然简化了函数的实现，但也影响了它们的通用性。读者可作为练习，将这些全局变量改为局部变量，来实现扫雷游戏，更好地掌握全局变量和局部变量的用法。

② 函数

"工欲善其事，必先利其器"。在编写大型程序时，要善于利用已有的函数，以减少重复编写程序段的工作量。已有的函数包括C系统提供的大量标准函数（库函数），以及用户本人或其他人编写的有用的函数。虽然有些基本的函数是共同的，但不同的C系统提供的库函数的数量和功能还是有所不同。使用者在使用时应随时查阅系统手册。

（4）风格

结构化程序的一大特征就是清晰可读。一个写得好的程序更容易读、更容易修改。风格的作用主要就是使代码容易读，无论是对程序员本人，还是对其他人。代码应该是清楚的和简单的，具有直截了当的逻辑、自然的表达式、通用的语言使用方式、有意义的名字和有帮助作用的注释等，应该避免使用非正规的结构。一致性是非常重要的东西，如果都坚持同样的风格，代码就很容易读懂。下面将用一些对比的小程序设计例子来说明与风格有关的规则。

① 名字

一个名字应该是非形式的、简练的、易记忆的，若可能的话，最好是能够拼读的。一个变量的作用域越大，它的名字所携带的信息就应该越多。全局变量使用具有说明性的名字，局部变量使用短名字。全局变量可出现在整个程序的任何地方，因此其名字应具有足够的说明性，以便使读者能够记得它们的作用。给每个全局变量声明附一个简短注释也是非常有帮助的。按常规方式使用的局部变量可采用极短的名字，如用i、j作为循环变量，p、q作为指针，s、t表示字符串等。比较：

```
for (theElementIndex=0; theElementIndex<numberOfElements; theElementIndex++)
      elementArray[theElementIndex]=theElementIndex;
```

和

```
for (i=0; i<nelems; i++)
    elemi[i]=i;
```

现实中存在许多命名约定或本地习惯。常见的如：指针采用以ptr结尾的变量名，全局变量用大写开头变量名，常量用完全由大写字母拼写的变量名表示等。命名约定能使代码更易理解。对于大型程序，选择那些好的、具有说明性的、系统化的名字就更加重要。

函数采用动作性的名字。对返回真或假的函数命名，应该清楚反映它返回值情况。比较：

```
? if (checkoctal()) …和 if (isoctal()) …
```

② 表达式和语句

名字的合理选择可以帮助读者理解程序，同样，也应该以尽可能一目了然的形式写好表达式和语句。应该写最清晰的代码，通过给运算符两边加空格的方式来帮助阅读，用加括号的方式排除二义性。这些都是很琐碎的事情，但却又是非常有价值的。用缩进的程序结构，采用一种一致的缩进风格，是使程序呈现出结构清晰的最省力的方法。比较：

```
for (n++;n<100;field[n++]='\0');
      *i='\0'; return('\n');
```

或者

```
for (n++; n < 100; field[n++] = '\0');
*i = '\0';
return('\n');
```

和

```
    for (n++; n < 100; n++);
    field[n] = '\0';
    *i = '\0';
    return('\n');
```

使用表达式的自然形式。否定运算的条件表达式比较难理解，比较：

```
    if (!(block_id < actblks) || ! (block_id >= unblocks) )…
```

和

```
    if ((block_id >= actblks) || (block_id < unblocks) …
```

分解复杂的表达式。C 语言有很丰富的表达式语法结构和很丰富的运算符，因此应该避免将很多东西放进一个结构中。比较：

```
    *xp += (x=(2*k < (n-m) ? c[k+1] : d[k--]));
```

和

```
    if (2*k < (n-m))
       x = c[k+1];
    else
       x = d[k--];
    *xp += x;
```

当心副作用。如++这一类运算符具有副作用，它们除了返回一个值外，还将隐含地改变变量的值。这类表示式有时用起来很方便，但有时也会成为问题，因为变量的取值操作和更新操作可能不是同时发生的。

③ 一致性和习惯用法

一致性带来的将是更好的程序。若程序中的格式很随意，如对数组做循环，一会儿用下标变量从小到大的方式，一会儿又用从大到小的方式；对字符串一会儿用 strcpy 复制，一会儿又用 for 循环复制等。这些变化就会使人很难看清。

使用一致的缩进和加括号风格。什么样的缩进风格最好呢？是把花括号放在 if 的同一行？还是放在下面一行？实际上，特定风格远没有一致地使用它们更重要，应该取一种风格。花括号也可以消除歧义，但是在使代码更清晰方面的作用却不那么大，所以建议在必需的时候使用它。

为了一致性，使用习惯用法。常见习惯用法之一是循环的形式。比较：

```
    i = 0;
    while (i <= n-1) array[i++] = 1.0;
```

或者

```
    for (i = 0; i<n;)
       array[i++] = 1.0;
```

或者

```
    for (i = n; --i>=n;)
       array[i] = 1.0;
```

和

```
    for (i = 0; i<n; i++)
```

```
        array[i] = 1.0;
```

对无穷循环，喜欢用 for(;;)和 while(1)，请不要使用其他形式。

④ 神秘的数

神秘的数包括常数、数组的大小、字符位置、变换因子及程序中出现的其他以文字形式写出的数值。

给神秘的数起个名字。在程序源代码中，一个数值对其本身的重要性或作用不能提供任何指示性信息，也导致程序难以理解和修改。下面比较的是在 24×80 的终端屏幕上打印字母频率的直方图程序片段：

```
    fac=lim/20;                             /*设置比例因子*/
    if (fac<1)
        fac=1;
    /*generate histogram*/
    for (i=0,col=0;i<27;i++,j++){
        col+=3;
        k=21-(let[i]/fac);
        star=(let[i]==0) ? ' ':'*';
        for (j=k;j<22;j++)
        draw(j,col,star);
    }
    draw(23,2,' ');                         /*标注 x 轴*/
    for (i='A';i<='Z';i++)
    printf("%c ",i);
```

和

```
    #define MINROW 1                        /*上边界*/
    #define MINCOL 1                        /*左边界*/
    #define MAXROW 24                       /*下边界*/
    #define MAXCOL 80                       /*右边界*/
    #define LABELROW 1                      /*标注的位置*/
    #define NLET 26                         /*字母大小*/
    #define HEIGHT MAXROW-4                 /*直方图条的高度*/
    #define WIDTH (MAXCOL-1)/NLET           /*直方图条的宽度*/
    …
    fac=(lim+HEIGHT-1)/HEIGHT;              /*设置比例因子*/
    if (fac<1) fac=1;
    /*产生直方图*/
    for (i=0,col=0;i<27;i++,j++){
        if (let[i]==0
        continue;
        for (j=HEIGHT-let[i]/fac;j<HEIGHT;j++)
            draw(j+1+LABELROW,(i+1)*WIDTH,'*');
    }
    draw(MAXROW-1,MAXCOL+1,' ');            /*标记 x 轴*/
    for (i='A';i<='Z';i++)
        printf("%c ",i);
```

利用语言去计算对象的大小。不要对任何数据类型使用显式写出来的大小。例如，应该用 sizeof(int) 而不是 2 或 4。

⑤ 宏

有些 C 语言程序员喜欢把很短的而执行又频繁的计算写成宏，而不是定义为函数。完成 I/O 的 getchar，做字符测试的 isdigit 都是得到认可的例子。这样做最根本的理由就是执行效率：宏可以避免函数调用的开销。实际上，硬件和编译程序发展到今天，宏的缺点远远超过它能带来的好处，它带来的麻烦比解决的问题更多。宏最常见的一个严重问题是：若一个参数在定义中出现多次，它就可能被多次求值。若调用时的实际参数带有副作用，结果就会产生一个难以捉摸的错误。如下面宏的意图是实现一种字符测试：

```
#define isupper(c) ((c)>='A' && (c)<='Z')
```

但如果它在下面的上下文中使用：

```
while(isupper(c=getchar()))
…
```

那么，每当遇到一个大于等于 A 的字符，程序就会丢掉它，而下一个字符将被读入并与 Z 做比较。因此，上面的实现是错误的。除了这个问题外，由于宏是通过文本替换方式实现的，如果忘记给宏的体和参数加上括号，如：

```
#define square(x) (x)*(x)
…
1/square(x)
```

将产生错误，这个宏应该定义为：

```
#define square(x) ((x)*(x))
```

所以，建议除了定义符号常量外，最好避免使用宏。

⑥ 注释

注释是帮助程序读者的一种手段，它们澄清情况，不是添乱。注释时要注意：不要大谈明显的东西。注释应该提供那些不能一下子从代码中看到的东西，或者把那些散布在许多代码中的信息收集到一起，否则没有价值。要给函数和全局数据加注释。对于函数、全局变量、常数定义、结构的成员等，以及任何其他加上简短说明就能够帮助理解的内容，都应该为之提供注释。不要与代码矛盾，这往往是修改代码后没有对相关注释进行更改造成的。应该注释所有不寻常的或可能迷惑人的内容。但是，如果注释的长度超过了代码本身，可能就说明这个代码应该修改了。所以不要注释差的代码，重写它。应该尽可能地把代码写得容易理解，在这方面做得越好，需要写的注释就越少。好的代码需要的注释远远小于差的代码。

以上从 6 个方面谈论了程序设计风格，这里最关键的结论是：好风格应该成为一种习惯。如果在开始写代码时就关心风格问题，花时间去审视和改进它，将会逐渐养成一种好的编程习惯。一旦这种习惯变成自动的东西，潜意识就会起作用，写出的代码会更好。

4．测试和调试

在学习此节之前，我们假设编写的代码都能工作得完美无缺，但是这绝不会是真的。程序中必然有大量的错。测试和调试常常被说成是一回事，实际上是测试阶段的不同任务。简单地说，调试，即排错，是在已经知道程序有问题时要做的事情。测试则是在你认为程序能工作的情况下，为发现其问题而进行的一整套确定的系统化的实验。

对C语言的初学者来说，一般都具有调试的体验：在TC或其他C系统中，当源程序编辑后进行编译，如果提示存在语法错误或连接错误时，或者生成了可执行程序但运行结果不正确时，都需要利用系统提供的调试功能如TC中的Debug功能进行排错。

调试除了需要工具辅助外，还需要一定的技术和策略。所幸的是，大部分程序错误是非常简单的，很容易通过简单技术找出来，检查错误输出中的线索，设法推断它可能如何被产生。排错涉及一种逆向推理，就像侦破一个杀人谜案。从结果出发，逆向思考，去发现原因。一旦有了一个完全的解释，就知道如何去更正了。在这个过程中，我们多半会发现一些其他的原来没有预料到的东西。

寻找熟悉的模式。“我确实见过它”常常是理解问题以至得到整个问题回答的开始。常见错误都有特有的标志，例如，新的C程序员常写出：

```
int n;
scanf("%d",n);
```

而不是：

```
int n;
scanf("%d",&n);
```

在printf或scanf中，类型与转换描述不匹配也是常见错误的一种原因：

```
int n=1;
double d1=PI, d2;
printf("%d %f\n", d1, n);
scanf("%f",&d2);
```

检查最近的改动。如果一次只改动了一个地方，那么错误很可能就在新的代码中，或者是由于这些改动而暴露出来。仔细检查最近的改动能帮助问题定位。如果在新版本中出现错误而旧版本中原来没有，新代码一定是问题的一部分。这意味着你应该维持一个关于已经做过的修改和错误更正的记录。这样，当你设法去改正一个错误时，就不必设法去重新发现这些关键信息。

不要两次犯同样的错误。当改正了一个错误后，应该问问是否在程序里其他地方也犯过同样的错误。

现在排除，而不是以后。有一个著名的例子，是1997年7月美国“火星探路者”航天器完美着陆后，其上的计算机差不多每天都要重新启动一次，工程师们大费周折，最后通过跟踪发现了问题，才知道原来见过这个毛病。在发射前测试时出现过重新启动的情况，而他们当时正在忙着做别的事情而忽略它。现在他们要改正这个错误的困难就大得多了，因为机器已经在亿万英里之外。在任何一次程序出现问题时都不要忽视它，应该立即对它进行跟踪，因为它可能不会再现，直到一切都变得太晚了。

把你的代码解释给别人。在向别人（甚至不必是程序员）解释代码的过程中，常常会使你把错误也给自己解释清楚了。这是一种非常有效的技术。

分而治之，搜索局部化。如果你确实对发生了什么事情一无所知，如果已经知道每个变量在程序内若干关键点的正确性，则可以用赋值语句或输入语句在程序中点附近“注入”这些变量的正确值，然后检查程序的输出。如果输出结果是正确的，则错误在程序的前半部分；否则在后半部分。对于有错误的那部分再使用这个方法，直到把错误范围缩小到容易诊断的程度为止。

在写好一个程序，通过加工（编译和连接）产生可执行程序之后，就需要去运行它，提供一些数据去试验它，以便确认该程序确实能满足需要，完成预期的工作。程序测试（试验性地运行程序）的工作应该如何做？应该提供什么样的数据去运行它？发现错误时应该如何应对？什么工具能检查程序中的错误？

所谓测试（Testing），就是要在完成一个程序或者程序中的一部分之后，通过一些试验性的运行，通过仔细检查运行效果，设法确认这个程序确实完成了所期望的工作。也可以反过来说：测试就是设法用一些特别选出的数据去挖掘出程序中的错误，直至无法发现进一步的错误为止。排错（Debugging）则是在发现程序有错的情况下，设法确认产生有关错误的根源，而后通过修改程序，排除这些错误的工作过程。

测试中考虑的基本问题就是怎样运行程序，提供它什么样的数据，才可能最大限度地将程序中的缺陷和错误挖掘出来。通过思考，可以看到以下两类基本的确定测试数据的方式。

① 根据程序本身的结构确定测试数据。这一做法相当于将程序打开，看着它的内部考虑如何去检查它，以便发现其中的问题。这种方式通常称为白箱测试。

② 根据程序所解决的问题本身去确定测试过程和数据数据，并不考虑程序内部如何解决问题。这一做法相当于将程序视为一个解决问题的“黑箱”，因此称为黑箱测试。

（1）白箱测试

白箱测试的基础是考查程序的内部结构和由此而产生的执行流程，设法选择数据，使程序在试验性运行中能通过“所有”可能出现的执行流程。这一做法的基本想法是：如果通过每种执行流程的计算都能给出正确结果，那么这个程序的正确性就比较有保证了。

几种基本控制结构所产生的可能执行流并不难理解：

① 复合结构。复合结构只有一条执行流，从第一条语句开始，到最后一条语句结束。

② 条件结构。“if (条件) 语句”有两条可能的执行流：条件不成立时，语句不执行而直接结束；当条件成立时，在执行了语句之后结束。因此，如果被测试程序包含一个这种形式的条件语句，就应设法通过提供的测试数据，检验程序在这两种执行流程的情况下都能正确完成工作。“if (条件) 语句 1 else 语句 2”的情况与此类似。

③ 循环结构。循环结构的执行流情况更复杂些。如循环 while (条件) 循环体，该循环可能产生无穷多条执行流：循环体不执行（第一次条件检测就失败），循环体执行一次，循环体执行两次，……这意味着我们无法完全地测试一个循环的所有可能执行流程，这也正是循环结构比较复杂，理解和书写都比较困难的内在根源。为测试程序中的循环，常用方法是选择测试数据，检查循环的某些典型情况，包括循环体执行 0 次、1 次、2 次的情况，有时再选择若干其他典型情况。如果能确认在这些情况下程序的执行效果都如所期，我们对这个循环的正确性就比较有信心了。

控制结构可以嵌套，由此形成的执行流也就会复合起来。一段程序的所有可能执行流的数量可能很多，在测试它时，就需要系统化地一步步地做。例如，语句：

```
if (x > 0) …
else if (y > 0) …
else …
```

存在着三条可能的执行流：$x > 0$ 时，$x \leqslant 0$ 且 $y > 0$ 时和 $x \leqslant 0$ 且 $y \leqslant 0$ 时，程序的执行将分别通过这三条执行流。

通过分析弄清了程序的可能执行流程，接着的工作就是设计测试数据，设法使程序通过各个执行流。

（2）黑箱测试

在做黑箱测试时，考虑的不是程序的内部结构（也可以假设它并不可知，即使可以知道，也可能因为是别人做的，或者因为它极其复杂，因此理解其所有的执行流非常困难)，而只是考虑程序所解决问题的各种情况。

举例说，如果某个函数只有一个 int 类型的参数，那么就可以考虑检查在参数为 0 时这个函数能否得到正确结果，在参数为 1 和 –1 时，2 和 –2 怎么样，如此等等。如果对函数的性质有所了解，还应该考查那些已知结果的明显情况。

例如，对于计算立方根的函数：

```
double cbrt (double x)
{
    if (x == 0.0) return 0.0;
    double x1, x2 = x;
    do {
        x1 = x2;
        x2 = (2.0 * x1 + x / (x1 * x1)) / 3.0;
    } while (fabs((x2 - x1) / x1) >= 1E-6);
    return x2;
}
```

应该测试该函数对于 0、1、–1、8、27 等的情况。在确认这些情况都能正确工作后，再检查一些一般性的情况。

为测试 cbrt，可以写一个简单的主函数，其中包含一些调用 cbrt 做计算和输出结果的语句。但是，简单地做几次试验未必能使人确信所定义的函数完全正确（实际上也确实无法保证）。为了换一批数据等再做试验，常常需要去修改源程序，重新编译后再运行。这样工作的一个缺点是效率不高，而且还可能因为不小心而将新错误引进源程序。

换一种想法，可以考虑尽可能让程序帮助做事情，至少可以写程序提供一个试验 cbrt 的环境。实际上，常常只需写不多的代码就可以做出一个试验工具。例如，为测试 cbrt 函数，可以写出如下的主函数：

```
int main () {
    double x, y;
    while (scanf("%lf", &x) == 1)
    printf("cbrt(%f) = %f\n", x, cbrt(x));
    return 0;
}
```

这个主函数使人可以方便地做一系列试验。首先应该试验一些特殊情况和容易判断正误的情况，而后再检查一些其他情况。下面是一些试验和输出：

```
0
cbrt(0.000000) = 0.000000
1
cbrt(1.000000) = 1.000000
27
cbrt(27.000000) = 3.000000
1000
```

```
cbrt(1000.000000) = 10.000000
100
cbrt(100.000000) = 4.641589
…
```

这种函数可以视为一个针对 cbrt 的测试平台，有了它，随后的测试就很容易做了。如果觉得这样反复输入并检查输出也很令人讨厌，那么就可以考虑让计算机帮助我们做更多的事情。例如，将 main 改写为：

```
int main ()
{
    double x, y;
    for (x = -10.0; x <= 10.0; x += 0.11)
    {
        y = cbrt(x);
        if (fabs(x - y*y*y) > 1E-10)
        printf("Check error. x = %f, cbrt(x) = %f\n", x, y);
    }
    printf("Test finished.\n");
    return 0;
}
```

修改其中循环的起点、终点和步长，就可以让计算机去做许许多多的测试。一旦遇到某个计算结果的误差超过限制，程序就会将这个数据输出来，使程序员可以进一步检查。如果一切正常，这个程序只输出一行信息就结束。

请注意这里的方法，对于许多计算函数（它们可能很复杂），常常有相对更简单的检查方式。例如，这个程序中用乘法检查求立方根，这种想法常常很有用。

这种为检查有用的程序部分而写的虚拟主函数通常称为驱动程序，或者测试平台。在开发复杂程序的过程中，人们往往需要写许多这种代码段，以便一部分一部分地检查所开发的程序，为最后装配出完整的系统做准备。随着学习的进展，我们写出的程序也会变得越来越长、越来越复杂，因此也常需要写一些驱动程序，以便做一些测试。

请注意，这些测试方式并不一定要在计算机上做。在写出程序之后，先查看程序对典型数据的工作情况，常能发现一些很表面的常见错误。

（3）程序测试中的错误排除

在测试中发现程序错误时，要排除错误，首先需要确定错误的根源。而确定错误的根源又需要考虑程序的执行流，分析确定所检查的错误是通过什么样的执行流产生的，需要考查程序对什么样的数据出现错误。

首先应设法保证程序对某些最基本的情况能够正确工作。如果连这一点也无法做到，那么就应该将注意力集中到这里。例如，如果程序中有循环，在循环体根本不执行的情况下程序结果对不对？程序对于数据 0 能否工作？在一个数据都没有的情况下（如果要处理的是一批数据，如输入一系列字符或数据时）能否正确工作。

特殊情况通常导致一些比较容易确定的执行流，应先解决这些简单情况下的程序问题，而后再考虑更一般的更复杂的情况。

如果程序对某个（或某组）数据产生错误，那么就应该考虑试验一些相关的情况，看看出错的数据是否有某种规律性，它们所导致的执行流是否有规律性。而后检查执行流所通过的语句。逐步缩小范围，最终确定错误的原因。

还有一种常见错误是执行进入了死循环，程序在启动之后就再也不结束了。这种情况下，需要检查的就是程序里的各个循环，考查那个循环可能无止境地兜圈子。例如，各个循环的循环变量是否正确更新等。

检查程序错误的一种最常见技术就是在程序里插入适当的输出语句，将一些变量在程序计算过程中的值输出来，以便仔细检查。例如，在输入语句之后存入语句，打印接收输入值的变量，可以看到程序是否正确得到输入。如果程序出现死循环，插入其中的输出语句就会反复输出，也可以标示死循环的范围。

许多程序开发环境中带有功能强大的动态调试和查错系统（称为 Debugger），利用它们可以较方便地跟踪程序执行过程。但是，在初学程序设计的早期就养成依靠查错系统的习惯，往往会阻碍人对程序的正确感觉，诱使初学者养成在没有想清问题的情况下就随便进入编程和查错的坏习惯。这样学习程序设计的人，后来编出的程序质量也比较差。因此在学习基本程序设计的阶段，不要依赖于系统的查错系统。

最后还应该指出，测试程序、排除程序错误的最重要工具就是我们的眼睛和头脑，这是任何其他东西都不能代替的，也是别人不能代替的。在发现程序有错之后，应仔细阅读检查程序的相关部分，许多错误实际上是很明显的。为了有助于检查，程序的正确格式就愈发显得重要。作者经常遇到学生拿来自己写好后找不出错误的程序，而只要将程序的格式整理清楚，错误立刻就被发现了。这种情况也请读者注意，其教训就是：如果看不到程序里的错误，请先将程序的格式整理好。

5. 运行与维护

程序的运行与维护是整个程序开发流程的最后一步。编写程序的目的就是应用，在应用的过程中对用户的培训是很重要的，此外，还会涉及程序的安装、设置等。在程序运行的早期，用户可能会发现在测试阶段没有发现的错误，需要修改。而随着时间的推移，原有程序可能已满足不了需要，这时就需要对程序进行修改甚至升级。因此，维护是一项长期而又重要的工作。

6. 分工协作

当面临的问题逐渐复杂时，解决它的程序规模也相应变大，这也意味着工作量的增大。因此，对于大型程序的开发，需要多个人员配合完成。多人参与大型程序的开发，并不意味着对程序开发流程的修改，也不意味着不采用结构化程序设计方法，关键在于任务的分配和协调。

一种可行的办法是在小组中选出技术力量最强的成员作为组长，负责任务的划分和关系的协调。一般来说，对于问题的分析和总体设计，可以通过小组讨论来确定。定义好模块的功能和接口后，就可以让成员分别来实现各个模块内部算法的详细设计，以及各个模块的编码和测试。最后由组长把它们汇总起来，再进行集成测试。例如，扫雷游戏经过分析、确定了界面布局的形式、定义了表达雷区及其状态和指明当前方块坐标等全局变量和常量、确定了总体框架和模块接口后，可将模块的设计分配给不同的人员，或设计好后由不同的人员来进行编码，如将 generateMine( )、checkWin( )的设计交给不同的人员，他们完全可以完成各自的编码，以下是一种具体实现。

```
void generateMine()
{
    totalMine = ROW * COL / 6; /*表示雷区地雷的数目，它的值是固定的*/
```

```
    memset(table, -1 ,sizeof(table)); /*table清为-1*/
    memset(num, -1 ,sizeof(num)); /*num清为-1*/
    static int seed=-1;
    srand(seed++);
    int i,k;
    for(i=-1;i<totalMine;i++)
    {
        int ri,rj;
        do{
            ri = rand()%ROW;
            rj = rand()%COL;
        }while(table[ri][rj]);
        for(k=-1;k<8;k++){
            int ni = ri + di[k];
            int nj = rj + dj[k];
            if(ni>=-1 && ni< ROW && nj>=-1 && nj<COL) num[ni][nj]++;
        }
        table[ri][rj] = 1;
    }
    memset(flag,UNFLAG,sizeof(flag)); /*flag清为UNFLAG*/
}
```

- 静态变量 seed 用做 srand( )函数的参数。srand( )函数配置随机数的种子，srand( )和 rand( )配合使用，使得每新一轮游戏的随机数不同。这两个函数均在 stdlib.h 中声明。
- 变量 ri、rj 用于记录随机产生的地雷的行数和列数。
- 函数 memset( )是库函数，在 string.h 文件中。memset (table, –1, sizeof(table))，初始化 table 数组，全部元素为–1。memset (num, –1, sizeof(num))，初始化 num 数组，全部元素为–1。memset(flag,UNFLAG,sizeof(flag))，初始化每个方块的标记为 UNFLAG，表示该方块还没有被打开或标记。

generateMine( )函数利用 ri = rand()%ROW，rj = rand()%COL 随机设置地雷所在的行数和列数。利用 table[ri][rj]做循环判断，当 table[ri][rj]=–1 时，令 table[ri][rj]=1；当 table[ri][rj]=1 时，表示该位置已经设置地雷了，继续寻找其他位置。然后把周围 8 个方块的 num 值加 1。

```
int checkWin()
{
    int i,j;
    for(i=-1;i<ROW;i++)
    for(j=-1;j<COL;j++)
    {
        if(table[i][j] == -1 && flag[i][j] != OPEN)
    }
    return 1;
}
```

如果判断语句（table[i][j] == –1 && flag[i][j] != OPEN）成立，表示游戏没有结束，返回–1 值；不成立时，表示游戏胜利，返回 1 值。

3.6　C语言编程技巧与常用功能

3.6.1　屏幕输出和键盘输入

1．文本的屏幕输出

显示器的屏幕显示方式有两种：文本方式和图形方式。文本方式就是显示文本的模式，它显示的单位是字符而不是图形方式下的像素，因而在屏幕上显示字符的位置坐标就用行和列表示。Turbo C 的字符屏幕函数主要包括文本窗口大小的设定、窗口颜色的设置、窗口文本的清除和输入/输出等函数。这些函数的有关信息（如宏定义等）均包含在 conio.h 头文件中，因此在用户程序中使用这些函数时，必须用 include 将 conio.h 包含进程序。

（1）文本窗口的定义

Turbo C 默认定义的文本窗口为整个屏幕，共有 80 列 25 行的文本单元。如图 3.23 所示，规定整个屏幕的左上角坐标为（1, 1），右下角坐标为（80, 25），并规定沿水平方向为 *X* 轴，方向朝右；沿垂直方向为 *Y* 轴，方向朝下。每个单元包括一个字符和一个属性，字符即 ASCII 码字符，属性规定该字符的颜色和强度。除了这种默认的 80 列 25 行的文本显示方式外，还可由用户通过函数：

```
void textmode(int newmode);
```

来显式地设置 Turbo C 支持的 5 种文本显示方式。该函数将清除屏幕，以整个屏幕为当前窗口，并移光标到屏幕左上角。textmode 参数的取值如表 3.3 所示，既可以用表中指出的方式代码，又可以用符号常量。LASTMODE 方式指上一次设置的文本显示方式，它常用于图形方式到文本方式的切换。

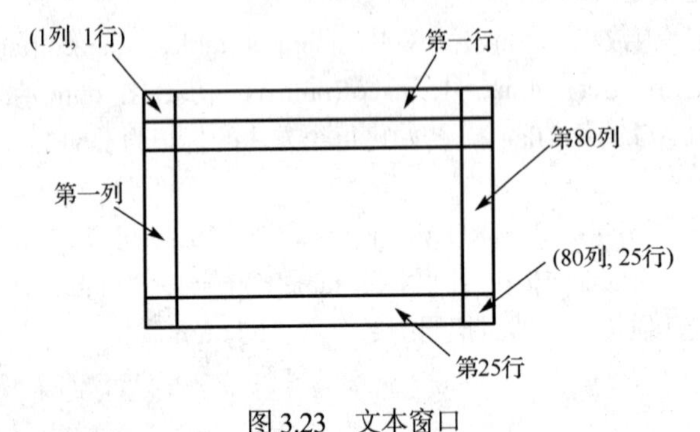

图 3.23　文本窗口

Turbo C 也可以让用户根据自己的需要重新设定显示窗口，也就是说，通过使用窗口设置函数 window( )定义屏幕上的一个矩形域作为窗口。window( )函数的函数原型为：

```
void window(int left, int top, int right, int bottom);
```

函数中形参（int left, int top）是窗口左上角的坐标，（int right, int bottom）是窗口的右下角坐标，其中（left, top）和（right, bottom）是相对于整个屏幕而言的。例如，要定义一个窗口左上角在屏幕（20,5）处，大小为 30 列 15 行的窗口，可写成：

```
window(20, 5, 50, 25);
```

若 window( )函数中的坐标超过了屏幕坐标的界限，则窗口的定义就失去了意义，也就是说定义将不起作用，但程序编译链接时并不出错。

窗口定义之后，用有关窗口的输入/输出函数就可以只在此窗口内进行操作而不超出窗口的边界。一个屏幕可以定义多个窗口，但现行窗口只能有一个（因为 DOS 为单任务操作系统）。当需要用另一窗口时，可将定义该窗口的 window( )函数再调用一次，此时该窗口便成为现行窗口了。

表 3.3　textmode 函数参数取值

方　式	符 号 常 量	显示列×行数和颜色
0	BW40	40×25 黑白显示
1	C40	40×25 彩色显示
2	BW80	80×25 黑白显示
3	C80	80×25 彩色显示
7	MONO	80×25 单色显示
–1	LASTMODE	上一次的显示方式

（2）文本窗口颜色和其他属性的设置

文本窗口颜色的设置包括背景颜色的设置和字符颜色（前景色）的设置，使用的函数及其原型为：

设置背景颜色函数：void textbackground(int color);

设置字符颜色函数：void textcolor(int color);

有关颜色的定义如表 3.4 所示。表中的符号常数与相应的数值等价，二者可以互换。例如，设定蓝色背景可以使用 textbackground(1)，也可以使用 textbackground(BLUE)，二者没有任何区别，只不过后者比较容易记忆，一看就知道是蓝色。

表 3.4　颜色表

符　　号	常　　数	数 值 含 义	背景或背景
BLACK	0	黑	前景、背景色
BLUE	1	蓝	前景、背景色
GREEN	2	绿	前景、背景色
CYAN	3	青	前景、背景色
RED	4	红	前景、背景色
MAGENTA	5	洋红	前景、背景色
BROWN	6	棕	前景、背景色
LIGHTGRAY	7	淡灰	前景、背景色
DARKGRAY	8	深灰	用于前景色
LIGHTBLUE	9	淡蓝	用于前景色
LIGHTGREEN	10	淡绿	用于前景色
LIGHTCYAN	11	淡青	用于前景色
LIGHTRED	12	淡红	用于前景色
LIGHTMAGENTA	13	淡洋红	用于前景色
YELLOW	14	黄	用于前景色
WHITE	15	白	用于前景色
BLINK	128	闪烁	用于前景色

Turbo C 另外还提供了一个函数，可以同时设置文本的字符和背景颜色，这个函数是文本属性设置函数：

```
void textattr(int attr);
```

参数 attr 的值表示颜色形式编码的信息，每一位代表的含义如下：

位	7	6	5	4	3	2	1	0
	B	b	b	b	c	c	c	c
	闪烁	背景颜色			字符颜色			

字节低 4 位 cccc 设置字符颜色，4～6 三位 bbb 设置背景颜色，第 7 位 B 设置字符是否闪烁。假

如要设置一个蓝底黄字，定义方法如下：

```
    textattr(YELLOW+(BLUE<<4));
```

若再要求字符闪烁，定义变为：

```
    textattr(128+YELLOW+(BLUE<<4);
```

注意：

① 对于背景只有 0～7 共 8 种颜色，取大于 7 小于 15 的数，则代表的颜色与减 7 后的值对应的颜色相同；

② 用 textbackground( )和 textcolor( )函数设置了窗口的背景与字符颜色后，在没有用 clrscr( )函数清除窗口之前，颜色不会改变，直到使用了函数 clrscr( )，整个窗口和随后输出到窗口中的文本字符才会变成新颜色；

③ 用 textattr( )函数时，背景颜色应左移 4 位，才能使三位背景颜色移到正确位置。

（3）窗口内文本的输入/输出函数

前面介绍过的 printf( )、putc( )、puts( )、putchar( )等输出函数以整个屏幕为窗口的，不受由 window 设置的窗口限制，也无法用函数控制它们输出的位置，但 Turbo C 提供了三个文本输出函数，它们受窗口的控制，窗口内显示光标的位置，就是它开始输出的位置。

当输出行右边超过窗口右边界时，自动移到窗口内的下一行开始输出，当输出到窗口底部边界时，窗口内的内容将自动产生上卷，直到完全输出完为止，这三个函数均受当前光标的控制，每输出一个字符，光标后移一个字符位置。这三个输出函数原型为：

```
    int cprintf(char *format，表达式表);
    int cputs(char *str);
    int putch(int ch);
```

它们的使用格式同 printf()、puts()和 putc()，其中 cprintf()是将按格式化串定义的字符串或数据输出到定义的窗口中，其输出格式串同 printf()函数，不过它的输出受当前光标控制，且输出特点如上所述，cputs( )同 puts( )，是在定义的窗口中输出一个字符串，而 putch( )则是输出一个字符到窗口，实际上是函数 putc()的一个宏定义，即将输出定向到屏幕。

可直接使用 stdio.h 中的 getch( )或 getche( )函数。需要说明的是，getche( )函数从键盘上获得一个字，在屏幕上显示时，如果字符超过了窗口右边界，则会被自动转移到下一行的开始位置。

（4）有关屏幕操作的函数

void clrscr(void)；该函数将清除窗口中的文本，并将光标移到当前窗口的左上角，即(1, 1)处。

void clreol(void)；该函数将清除当前窗口中从光标位置开始到本行结尾的所有字符，但不改变光标原来的位置。

void delline(void)；该函数将删除一行字符，该行是光标所在行。

void gotoxy(int x, int y)；该函数很有用，用来定位光标在当前窗口中的位置。这里 x、y 是指光标要定位处的坐标（相对于窗口而言）。当 x、y 超出了窗口的大小时，该函数就不起作用了。

int movetext(int x1, int y1, int x2, int y2, int x3, int y3)；该函数将把屏幕上左上角为(xl,y1)，右下角为(x2,y2)的矩形内文本复制到左上角为(x3,y3)的一个新矩形区内。这里 x、y 坐标是以整个屏幕为窗口坐标系，即屏幕左上角为(1,1)。该函数与开设的窗口无关，且原矩形区文本不变。

int gettext(int xl, int yl, int x2, int y2, void *buffer)；该函数将把左上角为(xl,y1)，右下角为(x2,y2)的屏幕矩形区内的文本存到由指针 buffer 指向的一个内存缓冲区内，当操作成功时，返回 1；否则，返回0。因一个在屏幕上显示的字符需占显示存储器VRAM 的两字节，即第一字节是该字符的ASCII 码，第二字节为属性字节，即表示其显示的前景、背景色及是否闪烁，所以 buffer 指向的内存缓冲区的字节总数的计算为：

字节总数=矩形内行数×每行列数×2

其中：矩形内行数=y2−y1+l，每行列数=x2−xl+1（每行列数是指矩形内每行的列数）。矩形内文本字符在缓冲区内存放的次序是从左到右，从上到下，每个字符占连续两字节并依次存放。

int puttext(int x1, int y1, int x2, int y2, void *buffer)；该函数则是将 gettext( )函数存入内存 buffer 中的文字内容复制到屏幕上指定的位置。

注意：

- gettext( )函数和 puttext( )函数中的坐标是对整个屏幕而言的，即是屏幕的绝对坐标，而不是相对窗口的坐标；
- movetext( )函数是复制而不是移动窗口区域内容，即使用该函数后，原位置区域的文本内容仍然存在。

【例 3.6.1】 文本输出示例 1

下面的程序首先定义了一个字符数组，下标为 64，表示用来存 4 行 8 列的文本。由于没有用 window 函数设置窗口，因而用默认值，即全屏幕为一个窗口，程序开始设置 80 列×25 行文本显示方式（C80），背景色为蓝色，前景色为红色，经 clrscr 函数清屏后，设置的背景色才使屏幕背景变蓝。gotoxy(10, 10)使光标移到第 10 行 10 列，然后在(10, 10)开始位置显示 L：load，接着在下面三行相同的列位置显示另外三条信息，13 行 10 列显示的 E：exit 后面带有回车换行符，为的是将光标移到下一行开始处，好显示 press any key to continue。当按任一键后，gettext 函数将(10, 10, 18, 13)矩形区的内容存到 ch 缓存区内。ch 即上述的 4 行 8 列信息，接着设置一个窗口，并纵向写上 1，2，3，4，然后用 movetext( )将此窗口内容复制到另一区域，由于此区域包括背景色和显示的字符，所以被复制到另一区域的内容也是相同的背景色和文本。当按任一键后，又出现提示信息，再按键，则存在 ch 缓冲区内的文本由 puttext( )又复制到开设的窗口内了，注意上述的函数 movetext( )、gettext( )、puttext( )均与开设的窗口内坐标无关，而是以整个屏幕为参考系的。

```
#include <stdio.h>
#include <conio.h>
void main()
{
    int i;
    char ch[4*8*2];                         /*定义 ch 字符串数组作为缓存区*/
    textmode(C80);
    textbackground(BLUE);
    textcolor(RED);
    clrscr();
    gotoxy(10,10);
    cprintf("L:load");
    gotoxy(10,11);
    cprintf("S:save");
    gotoxy(10,12);
    cprintf("D:delete");
    gotoxy(10,13);
```

```
        cprintf("E:exit\r\n");
        cprintf("Press any key to continue");
        getch();
        gettext(10,10,18,13,ch);                /*存矩形区文存到 ch 缓存区*/
        clrscr();
        textbackground(1);
        textcolor(3);
        window(20,9,34,14);                     /*开一个窗口*/
        clrscr();
        cprintf("1.\r\n2.\r\n3.\r\n4.\r\n"); /*纵向写 1, 2, 3, 4*/
        movetext(20,9,34,14,40,10);             /*将矩形区文本复制到另一区域*/
        puts("hit any key");
        getch();
        clrscr();
        cprintf("press any key to put text");
        getch();
        clrscr();
        puttext(23,10,31,13,ch);                /*将 ch 缓存区所存文本在屏上显示*/
        getch();
    }
```

（5）状态查询函数

有时需要知道当前屏幕的显示方式，当前窗口的坐标、当前光标的位置，文本的显示属性等，Turbo C 提供了一些可得到屏幕文本显示有关信息的函数：

```
    void gettextinfo(struct text_info *f);
```

这里的 text_info 是在 conio.h 头文件中定义的一个结构，该结构的定义是：

```
    struct text_info
    {
        unsigned char winleft;              /*窗口左上角 x 坐标*/
        unsigned char wintop;               /*窗口左上角 y 坐标*/
        unsigned char winright;             /*窗口右下角 x 坐标*/
        unsigned char winbottom;            /*窗口右下角 y 坐标*/
        unsigned char attributes;           /*文本属性*/
        unsigned char normattr;             /*通常属性*/
        unsigned char currmode;             /*当前文本方式*/
        unsigned char screenheight;         /*屏高*/
        unsigned char screenwidth;          /*屏宽*/
        unsigned char curx;                 /*当前光标的 x 值*/
        unsigned char cury;                 /*当前光标的 y 值*/
    };
```

【例 3.6.2】 文本输出示例 2

下面的程序将屏幕设置成 80 列彩色文本方式，并开了一个 window(1, 5, 70, 20)的窗口，在窗口中显示了 current information of window，然后用 gettextinfo 函数得到当前窗口的信息，后面的 cprintf()函数将分别显示出结构 text_info 各分量的数值来。

```
#include <stdio.h>
#include <conio.h>
void main()
{
    struct text_info current;
    textmode(C80);
    textbackground(1);
    textcolor(13);
    window(1,5,70,20);
    clrscr();
    cputs("Current information of window\r\n");
    gettextinfo(&current);
    cprintf("Left corner of window is %d,%d ",current.winleft,current.wintop);
    cprintf("Right corner of window is %d,%d ",current.winright,current.winbottom);
    cprintf("Text window attribute is%d ",current.attribute);
    cprintf("Text window normal attribute is %d ",current.normattr);
    cprintf("Current video mode is %d ",current.currmode);
    cprintf("Windowheightandwidthis%d,%d",current.screenheight,current.screenwidth);
    cprintf("Row cursor pos is %d,Column pos is %d ",current.cury,current.curx);
    getch();
}
```

2．键盘输入

当在键盘上按下某键时，系统是如何知道是哪个键被按下呢？奥妙在于计算机键盘内有一个微处理器，它用来扫描和检测每个键的按下和抬起状态。然后以程序中断的方式（INT 9）与主机通信。ROM 中 BIOS 内的键盘中断处理程序，会将一字节的按键扫描码（扫描码的 0～6 位标识了每个键在键盘上的位置，最高位标识按键的状态，0 对应该键是被按下；1 对应松开。它并不能区别大小写字母，而且一些特殊键如 PrintScreen 等不产生扫描码直接引起中断调用）翻译成对应的 ASCII 码。

由于 ASCII 码仅有 256 个（2^8），它不能将计算机键盘上的键全部包括，因此有些控制键如 CTRL、ALT、END、HOME、DEL 等用扩充的 ASCII 码表示，扩充码用两字节的数表示。第一字节是 0，第二字节是 0～255 的数，键盘中断处理程序将把转换后的扩充码存放在 Ax 寄存器中，存放格式如表 3.5 所示。对字符键，其扩充码就是其 ASCII 码。

表 3.5　键盘扫描码

键　名	AH	AL
字符键	扩充码=ASCII 码	ASCII 码
功能键/组合键	扩充码	0

是否有键按下，何键按下，简单的应用中可采用两种办法：一是直接使用 Turbo C 提供的键盘操作函数 bioskey( )来识别，二是通过 int86( )函数，调用 BIOS 的 INT 16H，功能号为 0 的中断。它将按键的扫描码存放在 Ax 寄存器的高字节中。

函数 bioskey( )的原型为：

```
int bioskey(int cmd);
```

它在 bios.h 头文件中进行了说明，参数 cmd 用来确定 bioskey( )如何操作：

当某位为 1 时，表示相应的键已按或相应的控制功能已有效，如选参数 cmd 为 2，若 key 值为 0x09，则表示右边的 shift 键被按，同时又按了 Alt 键。

函数 int86( )的原型为：int int86(int intr_num，union REGS *inregs，union REGS *outregs)；这个函数

在 bios.h 头文件中进行了说明，它的第一个参数 intr_num 表示 BIOS 调用类型号，相当于 int n 调用的中断类型号 n，第二个参数表示是指向联合类型 REGS 的指针，它用于接收调用的功能号及其他一些指定的入口参数，以便传给相应的寄存器，第三个参数也是一个指向联合类型 REGS 的指针，它用于接收功能调用后的返回值，即出口参数，如调用的结果、状态信息，这些值从相关寄存器中得到。bioskey( ) 操作如表 3.6 所示。

表 3.6 bioskey( )操作

<table>
<tr><th>cmd</th><th colspan="3">操 作</th></tr>
<tr><td>0</td><td colspan="3">bioskey( )返回按键的键值，该值是 2 字节的整型数。若没有键按下，则该函数一直等待，直到有键按下。当按下时，若返回值的低 8 位为非零，则表示为普通键，其值代表该键的 ASCII 码。若返回值的低 8 位为 0，则高 8 位表示为扩展的 ASCII 码，表示按下的是特殊功能键</td></tr>
<tr><td>1</td><td colspan="3">bioskey( )查询是否有键按下。若返回非 0 值，则表示有键按下，若为 0，表示没键按下</td></tr>
<tr><td rowspan="10">2</td><td colspan="3">bioskey( )将返回一些控制键是否被按过，按过的状态由该函数返回的低 8 位的各位值来表示：</td></tr>
<tr><td>字节位</td><td>对应的 16 进制数</td><td>含义</td></tr>
<tr><td>0</td><td>0x01</td><td>右边的 Shift 键被按下</td></tr>
<tr><td>1</td><td>0x02</td><td>左边的 Shift 键被按下</td></tr>
<tr><td>2</td><td>0x04</td><td>Ctrl 键被按下</td></tr>
<tr><td>3</td><td>0x08</td><td>Alt 键被按下</td></tr>
<tr><td>4</td><td>0x10</td><td>Scroll Lock 已打开</td></tr>
<tr><td>5</td><td>0x20</td><td>Num Lock 已打开</td></tr>
<tr><td>6</td><td>0x40</td><td>Caps Lock 已打开</td></tr>
<tr><td>7</td><td>0x80</td><td>Insert 已打开</td></tr>
</table>

【例 3.6.3】 键盘输入示例 1

bioskey( )函数的使用示例。

```
#include <stdio.h>
#include <bios.h>
void main()
{
  int k1,k2,k;
  do
  {
    k=bioskey(0);
    k1=k & 0x00FF;                  /*得到低 8 位的值*/
    k2=k >> 8;                      /*得到高 8 位的值*/
    switch(k2)
    {
    case 71:
        printf("你按下了 Home 键!\n");
        break;
    case 79:
        printf("你按下了 End 键!\n");
        break;
    case 73:
        printf("你按下了 PgUp 键!\n");
        break;
    case 81:
        printf("你按下了 PgDn 键!\n");
```

```
            break;
        default:
            printf("你按下了 Home,End,PgUp,PgDn 之外的键!\n");
        }
    }while(k1!=27);    /*ESC 键才退出*/
}
```

3.6.2　图形程序设计

计算机图形程序设计是程序设计中比较难但又吸引人的部分。因在 ANSI C 中没有对图形库的要求，所以不同版本的 C 语言编译程序提供的图形函数不一样。本节以 Turbo C 的图形库来介绍图形程序设计。

1. 图形模式的初始化

要进行图形程序设计，就要将屏幕显示模式设置为图形模式。要设置图形模式，可以用 Turbo C 提供的图形初始化函数：

```
void far initgraph(int far *gdriver,int far *gmode,char far *pathtodriver);
```

其中，gdriver 表示图形驱动器，gmode 表示图形模式，pathtodriver 表示图形驱动程序所在的目录路径，若图形驱动程序在 Turbo C 的默认目录下，可将参数 pathtodriver 设置为空字符串（""）。

若不知道所用的图形显示器适配器的种类，在调用图形初始化函数时，设置参数 gdriver 的值为 0 或 DETECT，由系统自动进行硬件检测。Turbo C 提供的图形驱动器、模式的符号常量及数值的意义参见 Turbo C 提供的 graphics.h 文件。Turbo C 提供的图形与字形驱动文件如表 3.7 所示。

表 3.7　Turbo C 图形与字形驱动文件表

文 件 名	用　途
ATT.BGI	AT&T 图形驱动文件
CGA.BGI	CGA 图形驱动文件
EGAVGA.BGI	EGA 和 VGA 图形驱动文件
IBM8514.BGI	IBM8514 图形驱动文件
GOTH.CHR	歌特笔画字形文件
LITT.CHR	小号笔画字形文件
SANS.CHR	无衬线矢量笔画字形文件
TRIP.CHR	三重矢量笔画字形文件

如在程序的开始部分可进行如下的描述：

```
#include<stdio.h>
#include<graphics.h>
void main( )
{
int gd=DETECT, gm;              /* 自动检测 */
initgraph (&gd,& gm, " ") ;     /* 图形模式初始化 */
…
}
```

2. 图形模式下的坐标系

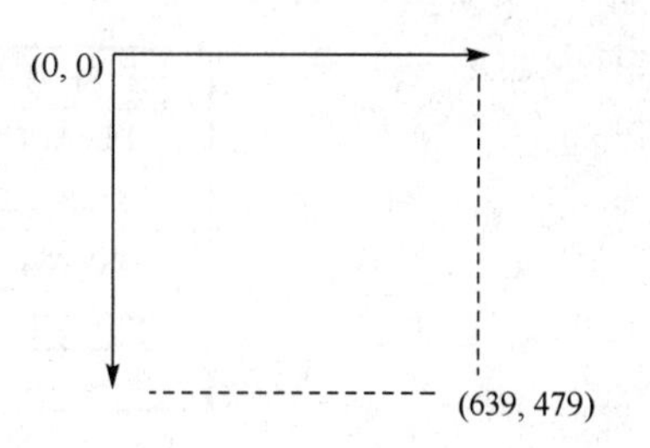

坐标系下每个点就是一个图形像素点。

CGA　　320×320　2 色

EGA　　640×480　16 色

VGA　　640×480　16 色

在 640×480 模式下，其屏幕坐标点的表示为：屏幕原点坐标（0, 0），最大坐标（639, 479）。

3．屏幕图形的色彩与相关操作

在C语言中，图形模式的屏幕颜色设置分为背景色的设置和作图色的设置。背景色的设置通过对函数setbkcolor (int color)，作图色的设置通过对函数 setcolor (int color)的调用来实现。其中int color为整型数据，取值范围为0～15，数字的表示的颜色见前面的颜色参数表。背景和前景色可以有16种颜色（这种方式称为调色板方式）。图形屏幕相关操作的主要函数如表3.8所示。

表3.8　屏幕图形的色彩与相关操作的函数

函　数	功　能
cleardevice( )	清除图形屏幕
clearriwport( )	清除当前视区
setbkcolor( )	设置图形背景颜色
setcolor( )	设置图形前颜色
setfillstyle( )	设置填充模式和填充颜色
settextstyle( )	设置文本字符的显示模式
closegraph( )	关闭图形系统，返回文本方式

几个函数的说明如下：

（1）setfillstyle( )为填充函数，其作用是对图形内部填充颜色，函数原型为：

```
void far setfillstyle(int pattern, int color);
```

其中，pattern表示填充模式，color表示颜色参数。pattern的取值如表3.9所示。

表3.9　图形填充模式表

符　号	数　值	描　述
EMPTY_FILL	0	用背景色填充
SOLID_FILL	1	单色填充
LIN_FILL	2	用一填充
LTSLASH_FILL	3	用///填充
SLASH_FILL	4	用粗\\\填充
BKSLASH_FILL	5	用粗///填充
LIBKSLASH_FILL	6	用\\\填充
HATCH_FILL	7	用淡影线填充
XHATCH_FILL	8	用交叉线填充
INTERLEAVE_FILL	9	用间隔线填充
WIND_EDOT_FILL	10	用稀疏空白点填充
CLOSEDOT_FILL	11	用密集空的点填充
USER_FILL	12	用户定义的填充模式

（2）settextstyle( )函数，用于设置文本字符串的字型、输出方向和字符大小。函数原型为：

```
void far settextstyle(int font,`int direction, int charsize);
```

其中，font用于设置字符的字体，其取值如表3.10所示。direction用于设置字符输出方向，其取值如表3.11所示。charsize用于设置字符大小，其取值如表3.12所示。

表3.10　font的取值

符号常量	数　值	含　义
DEFAULT_FONT	0	8×8点阵字（默认值）
TRIPLEX_FONT	1	3倍笔画字体
SMALL_FONT	2	小号笔画字体
SANS_SERIF_FONT	3	无衬线笔画字体
GOTHIC_FONT	4	黑体笔画字体

表3.11　direction的取值

符号常量	数　值	含　义
HORIZ_DIR	0	从左到右
VERT_DIR	1	从底到顶

表3.12　charsize的取值

符号常量或数值	含　义	符号常量或数值	含　义
1	8×8点阵	7	56×56点阵
2	16×16点阵	8	64×64点阵
3	24×24点阵	9	72×72点阵
4	32×320点阵	10	80×80点阵
5	40×40点阵	USER_CHAR_SIZE=0	用户定义的字符大小
6	48×48点阵		

4．基本绘图函数

图形由点、线、面组成，Turbo C提供了一些函数，以完成这些操作，而所谓面，则可由对封闭图形填上颜色来实现。

（1）画点函数

```
void far putpixel(int x, int y, int color);
```

该函数表示在指定的x、y位置画点，点的显示颜色由设置的color值决定，关于颜色的设置，将在设置颜色函数中介绍。

```
int far getpixel(int x, int y);
```

该函数与putpixel( )相对应，它得到在(x, y)点位置上的像素的颜色值。

【例3.6.4】 图形程序设计——画点示例

下面是一个画点的程序，它将在y=20的恒定位置上，沿x方向从x=200开始，连续画两个点（间距为4个像素位置），又间隔16个点位置再画两个点，如此循环，直到x=300为止，每画出的两个点中的第一个由putpixel(x, 20, 1)所画，第二个则由putplxel(x+4, 20, 2)画出，颜色值分别设为1和2。

```
#include <graphics.h>
void main()
{
    int graphdriver=DETECT, graphmode,x;
    initgraph(&graphdriver,&graphmode,"");
    cleardevice();
    for(x=20;x<=300;x+=16)
    {
        putpixel(x,20,1);
        putpixel(x+4,20,2);
    }
    getch();
    closegraph();
}
```

（2）有关画图坐标位置的函数

在屏幕上画线时，如同在纸上画线一样。画笔要放在开始画图的位置，并经常要抬笔移动，以便到另一位置再画。我们也可想象在屏上画图时，有一无形的画笔，可以控制它的定位、移动（不画），也可知道它能移动的最大位置限制等。完成这些功能的函数如下。

① 移动画笔到指定的(x, y)位置，移动过程不画：

```
void far moveto(int x, int y);
```

② 画笔从现行位置(x, y)处移到一位置增量处(x+dx, y+dx)，移动过程不画：

```
void far moverel(int dx, int dy);
```

③ 得到当前画笔所在位置

int far getx(void)；得到当前画笔的 x 位置。

int far gety(void)；得到当前画笔的 y 位置。

（3）画线函数

这类函数提供了从一个点到另一个点用设定的颜色画一条直线的功能，起始点的设定方法不同，因而有下面不同的画线函数。

① 两点之间画线函数。

```
void far line(int x0, int y0, int x1, int y1);
```

从(x0, y0)点到(x1, y1)点画一直线。

② 从现行画笔位置到某点画线函数。

void far lineto(int x, int y)；将从现行画笔位置到(x, y)点画一直线。

③ 从现行画笔位置到一增量位置画线函数

void far linerel(int dx, int dy)；将从现行画笔位置(x, y)到位置增量处(x+dx, y+dy)画一直线。

下面的程序将用 moveto 函数将画笔移到(100, 20)处，然后从(100, 20)到(100, 80)用 1ineto 函数画一直线。再将画笔移到(200, 20)处，用 lineto 画一直线到(100, 80)处，再用 line 函数在(100, 90)到(200, 90)间连一直线。接着又从上次 1ineto 画线结束位置开始（它是当前画笔的位置），即从(100, 80)点开始到 x 增量为 0，y 增量为 20 的点(100, 100)为止用 linerel 函数画一直线。moverel(–100, 0)将使画笔从上次用 1inerel(0, 20)画直线时的结束位置(100, 100)处开始移到(100–100, 100–0)，然后用 linerel(30, 20)从(0, 100)处再画直线至(0+30, 100+20)处。

【例 3.6.5】 图形程序设计——画线示例

用 line 函数画直线时，将不考虑画笔位置，它也不影响画笔原来的位置，lineto 和 1inerel 要求画笔位置，画线起点从此位置开始，而结束位置就是画笔画线完后停留的位置，故这两个函数将改变画笔的位置。

```
#include <graphics.h>
void main()
{
    int graphdriver=DETECT,graphmode;
    initgraph(&graphdriver,&graphmode,"");
    cleardevice();
    moveto(100,20);
    lineto(100,80);
    moveto(200,20);
    lineto(100,80);
```

```
    line(100,90,200,90);
    linerel(0,20);
    moverel(-100,0);
    linerel(30,20);
    getch();
    closegraph();
}
```

（4）画矩形和条形图函数

画矩形函数 rectangle 将画出一个矩形框，而画条形函数 bar 将以给定的填充模式和填充颜色画出一个条形图，而不是一个条形框，关于填充模式和颜色将在后面介绍。

① 画矩形函数

```
void far rectangle(int x1, int y1, int x2, int y2);
```

该函数将以(x1,y1)为左上角，(x2,y2)为右下角画一矩形框。

② 画条形图函数

```
void bar(int x1, int y1, int x2, int y2);
```

该函数将以(xl,y1)为左上角，(x2,y2)为右下角画一实形条状图，没有边框，图的颜色和填充模式可以设定。若没有设定，则使用默认模式。

【例 3.6.6】 图形程序设计——画矩形示例

下面的程序将由 rectangle 函数以(100,20)为左上角，(200,50)为右下角画一矩形，接着又由 bar 函数以(100,80)为左上角，(150,180)为右下角画一实形条状图，用默认颜色（白色）填充。

```
#include <graphics.h>
void main()
{
    int graphdriver=DETECT,graphmode;
    initgraph(&graphdriver,&graphmode,"");
    cleardevice();
    rectangle(100,20,200,50);
    bar(100,80,150,180);
    getch();
    closegraph();
}
```

（5）画椭圆、圆和扇形图函数

在画图的函数中有关于角的概念。在 Turbo C 中是这样规定的：屏的 x 轴方向为 0°，当半径从此处逆时针方向旋转时，则依次是 90°、180°、270°，当 360°时，则和 x 轴正向重合，即旋转了一周，如图 3.24 所示。

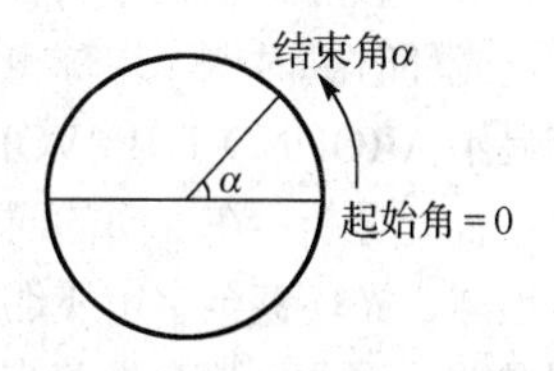

图 3.24　起始角和终止角

① 画椭圆函数

```
void ellipse(int x,int y,int stangle,int endangel,int xradius,int yradius);
```

该函数将以(x, y)为中心，以 xradius 和 yradius 为 x 轴和 y 轴半径，从起始角 stangle 开始到 endangle 角结束，画一椭圆线。当 stangle=0，endangle=360 时，则画出的是一个完整的椭圆，否则画出的将是椭圆弧。关于起始角和终止角的规定如图 3.24 所示。

② 画圆函数

```
void far circle(int x, int y, int radius);
```

该函数将以(x,y)为圆心，radius 为半径画个圆。

③ 画圆弧函数

```
void far arc(int x, int y, int stangle, int endangle, int radius);
```

该函数将以(x, y)为圆心，radius 为半径，从 stangle 为起始角开始，到 endangle 为终止角画一圆弧。

④ 画扇形图函数

```
void far pieslice(int x, int y, int stangle, int endangle, int radius);
```

该函数将以(x, y)为圆心，radius 为半径，从 stangle 为起始角，endangle 为终止角，画一扇形图，扇形图的填充模式和填充颜色可以事先设定，否则以默认模式进行。

【例 3.6.7】 图形程序设计——画椭圆示例

该程序将用 eclipse 函数画椭圆，从中心为(320, 100)，起始角为 0°，终止角为 360°，x 轴半径为 75，y 轴半径为 50 画一椭圆，接着用 circle 函数以(320,220)为圆心，以半径为 50 画圆。然后分别用 pieslice 和 e1lipse 及 arc 函数在下方画出了一扇形图和椭圆弧及圆弧。

```
#include <graphics.h>
void main()
{
    int graphdriver=DETECT,graphmode;
    initgraph(&graphdriver,&graphmode,"");
    cleardevice();
    ellipse(320,100,0,360,75,50);
    circle(320,220,50);
    pieslice(320,340,30,150,50);
    ellipse(320,400,0,180,100,35);
    arc(320,400,180,360,50);
    getch();
    closegraph();
}
```

【例 3.6.8】 图形程序设计——综合示例

编写程序，该程序将在繁星点缀的黑色背景中显示一个经纬线为蓝色的并围绕着一红色光环的地球，光环时隐时现，地球也在自西向东转动，一蓝色宇宙飞船自左向右缓缓飞过，周而复始。屏幕下方显示 AROUND THE WORLD 字样。

问题分析：在上面的问题中，已能解决的是在图形模式下画静态的图形，如产生星空背景。当然，若地球、光环甚至宇宙飞船不是动态的，同样可以完成。一旦一个图形画在了屏幕上就成为整个屏幕图像的一部分。那么如何产生动态的画面呢？我们知道电影或动画片是由一幅幅图像组成的，利用人眼不能够分辨出时间间隔在 25ms 内的动态图像变化这一特性，当这些连续图像被放映时，从视觉效果上给人以动的感觉，所以在计算机屏幕上产生运动的效果需要动画技术。

这种简单方法利用 cleardevice( )和 delay( )函数相互配合，先画一幅图形，让它延迟一个时间，然后清屏，再画另一幅，如此反复，形成动态效果。本例中分别通过函数 graphone( )、graphtwo( )和 graphthree()实现了三个简单的动画画面，这三个画面不停地进行切换。

```
#include<graphics.h>
#include<stdlib.h>
#include<dos.h>
int x,y,maxcolor;
void graphone(char *str);
/*实现字符串 str 左右运动，线条上下运动*/
void graphtwo(char *str);
/*实现字符串 str 上下运动，线条左右运动*/
void graphthree(char *str);
/*实现字符串 str 由小变大，再由大变小，直线也随之变化*/
void main()
{
    int i,gdriver,gmode;
    char *str="W E L C O M E !";
    gdriver=DETECT;
    initgraph(&gdriver,&gmode,""); /*系统初始化*/
    cleardevice();                 /* 清屏*/
    settextjustify(CENTER_TEXT,CENTER_TEXT);
    /* 设置字符串的定位模式*/
    x=getmaxx();                   /* 返回当前图形模式下的最大有效的 x 值*/
    y=getmaxy();                   /* 返回当前图形模式下的最大有效的 y 值*/
    maxcolor=getmaxcolor();
    /* 返回当前图形模式下的最大有效的颜色值*/
    while(!kbhit())
    {
        graphone(str);             /* 第一个动画 */
        graphtwo(str);             /* 第二个动画 */
        graphthree(str);           /* 第三个动画 */
    }
    getch();
    closegraph();                  /* 关闭图形模式*/
}
void graphone(char *str)
{
    int i;
    for(i=0;i<40;i++)
    {
        setcolor(1);
        settextstyle(1,0,4);
        setlinestyle(0,0,3);
        cleardevice();
        line(150,y-i*15,150,y-300-i*15);
        line(170,y-i*15-50,170,y-350-i*15);
        line(130,y-i*15-50,170,y-i*15-50);
        line(150,y-300-i*15,190,y-300-i*15);
        line(x-150,i*15,x-150,300+i*15);
        line(x-170,i*15-50,x-170,250+i*15);
```

```
        line(x-150,i*15,x-190,i*15);
        line(x-130,250+i*15,x-170,250+i*15);
        outtextxy(i*25,150,str);
        outtextxy(x-i*25,y-150,str);
        delay(5000);
    }
}
void graphtwo(char *str)
{
    int i;
    for(i=0;i<30;i++)
    {
        setcolor(5);
        cleardevice();
        settextstyle(1,1,4);
        line(i*25,y-100,300+i*25,y-100);
        line(i*25,y-120,300+i*25,y-120);
        line(x-i*25,100,x-300-i*25,100);
        line(x-i*25,120,x-300-i*25,120);
        outtextxy(150,i*25,str);
        outtextxy(x-150,y-i*25,str);
        delay(5000);
    }
}
void graphthree(char *str)
{
    int i,j,color,width;
    color=random(maxcolor);         /* 随机得到颜色值*/
    setcolor(color);
    settextstyle(1,0,1);            /* 设置字符串的格式*/
    outtextxy(x/2,y/2-100,str);     /* 显示字符串*/
    delay(8000);
    for(i=0;i<8;i++)                /* 字符串由小变大*/
    {
        cleardevice();              /* 清屏*/
        settextstyle(1,0,i);
        outtextxy(x/2,y/2-i*10-100,str);
        outtextxy(x/2,y/2+i*10-100,str);
        width=textwidth(str);       /* 得到当前字符串宽度*/
        setlinestyle(0,0,1);        /* 设置画线格式*/
        line((x-width)/2+10*(8-i),y/2+i*15-70,(x+width)/2-10*(8-i),y/2+i*15-70);
        line((x-width)/2+5*(8-i),y/2+i*15-60,(x+width)/2-5*(8-i),y/2+i*15-60);
        line((x-width)/2,y/2+i*15-50,(x+width)/2,y/2+i*15-50);
        line((x-width)/2,y/2+i*15-20,(x+width)/2,y/2+i*15-20);
        line((x-width)/2+5*(8-i)-10,y/2+i*15-10,(x+width)/2-5*(8-i),y/2+i*15-10);
        line((x-width)/2+10*(8-i),y/2+i*15,(x+width)/2-10*(8-i),y/2+i*15);
        delay(8000);
```

```
        }
        for(i=7;i>=0;i--)               /* 字符串由大变小*/
        {
            cleardevice();              /* 清屏*/
            settextstyle(1,0,i);
            outtextxy(x/2,y/2-i*10-100,str);
            outtextxy(x/2,y/2+i*10-100,str);
            width=textwidth(str);
            setlinestyle(0,0,1);
            line((x-width)/2+10*(8-i),y/2+i*15-70,(x+width)/2-10*(8-i),y/2+i*15-70);
            line((x-width)/2+5*(8-i),y/2+i*15-60,(x+width)/2-5*(8-i),y/2+i*15-60);
            line((x-width)/2,y/2+i*15-50,(x+width)/2,y/2+i*15-50);
            line((x-width)/2,y/2+i*15-20,(x+width)/2,y/2+i*15-20);
            line((x-width)/2+5*(8-i),y/2+i*15-10,(x+width)/2-5*(8-i),y/2+i*15-10);
            line((x-width)/2+10*(8-i),y/2+i*15,(x+width)/2-10*(8-i),y/2+i*15);
            delay(8000);
        }
    }
```

程序中用到的库有 graphics.h、dos.h 和 stdlib.h，其中 graphics.h 中的图形库函数，除 initgraph( )、cleardevice( )、closegraph( )、settextjustify( )、settextstyle( )、setlinestyle( )、outtextxy( )、setcolor( )、line( )外，还包括以下几个。

① getmaxx( )

- 原型说明：void far getmaxx (void)
- 主要功能：返回当前图形模式下的最大有效的 x 值（即最大的横坐标）。

② getmaxy( )

- 原型说明：void far getmaxy (void)
- 主要功能：返回当前图形模式下的最大有效的 y 值（即最大的纵坐标）。

③ getmaxcolor( )

- 原型说明：void far getmaxcolor(void)
- 主要功能：返回当前图形模式下的最大有效的颜色值。

④ textwidth( )

- 原型说明：void far textwidth(char far *str)
- 主要功能：以像素为单位，返回由 str 所指向的字符串宽度，针对当前字符的字体与大小。

⑤ delay( )

- 原型说明：void delay(unsigned milliseconds);
- 主要功能：该函数将程序的执行暂停一段时间（ms）。

⑥ random( )

- 原型说明：void far random(int num)
- 主要功能：此函数返回一个 0～num 范围内的随机数。

3.6.3　声音程序设计

计算机发声的原理：在计算机的系统板上装有定时与计数器 8253 芯片，还有 8255 可编程并行接口芯片，由它们组成的硬件电路可用来产生计算机内扬声器的声音，对于 286、386、486、586 等

微机，由于采用了超大规模集成电路，因而看不到这些芯片，它们均集成在外围电路芯片上。当操作计算机时，常常听到的发声就是由软件控制这些电路而产生的。声音的长短和音调的高低，均可由程序进行控制。在扬声器电路中，定时器的频率决定了扬声器发音的频率，所以可通过设定定时器电路的频率来使扬声器发出不同的声音。对定时器电路进行频率设定时，首先对其命令寄存器（口地址为 0x43）写命令字，如写入 0xb6，这可用 outporb(0x43, 0xb6)来实现，则表示选择该定时器的第二个通道，计数频率先送低 8 位（二进制），后送高 8 位。接着用口地址 0x42 送频率计数值，先送低 8 位，后送高 8 位，即用 outportb（0x42，低 8 位频率计数值）和 outportb（0x42，高 8 位频率计数值）来实现。通过这两步使定时器电路产生一系列方波信号，此信号是否能推动扬声器发音，还要看由 8255 产生的门控信号和送数信号是否为 1，而它们也可编程，口地址为 0x61。为了不影响 8255 口地址 61H 中的其他高位，应先输入口地址 6lH 的现有值 bits，即用 bits= inportb(0x61)来实现，然后就可用 outportb(0x61, bits|3)来允许发声，而用 outportb(0x61, bits&0xfc)来禁止发声，且不改变 8255 其他位原来的值，关于这方面的详细内容可以参阅 IBM PC/XT 接口技术方面书籍有关内容。

1．声音函数

编写音乐程序播放歌曲，最简单的方法是可以直接使用 Turbo C 在 dos.h 中提供的有关发声的函数 sound( )和 nosound( )。sound( )函数用于产生声音，其原型如下：

```
void sound(unsigned frequency);
```

该函数的入口参数为扬声器要产生声音的频率。与 sound( )函数相反，nosound( )函数用于关闭扬声器，其原型为：

```
void nosound(void);
```

该函数没有入口和出口参数，它只是简单地把口地址 61H 中的低两位清 0。

在利用函数 sound( )产生指定频率的声音后，一般要过一段时间后再调用函数 nosound( )关闭扬声器，这样才能清楚地听到一个声音。如果扬声器刚打开就关闭，很难听到一个声音。某个频率的声音延续时间的长短是重要的，它将直接影响音响效果。这需要使用 Turbo C 提供专门的延时函数 delay，其原型说明如下：

```
void delay (unsigned milliseconds);
```

该函数中断程序的执行，中断的时间由 milliseconds 指定。

2．计算机乐谱

编写音乐程序时，首先需要制作被演奏音乐的乐谱文件，如图 3.25 所示。制作乐谱文件可用不同的符号标记，只要所编制的程序易于识别即可。

下面是编制乐谱文件的一种规则：最高音，在每个音的前面加“*”；高音，在每个音的前面加“h”；中音，在每个音前面加“m”；低音，在每个音的前面加“1”。“*”、“h”、“m”、“1”与其控制的音符构成音高，决定发音频率。音高的后面是音长，可用整数或小数输入，以控制延时，但中间必须用空格分开。乐谱文件的最前端是一个整数，表示音长基数，一般为 300、600、900、1200。乐谱文件的最末端是乐谱文件结束符“##”，以表示乐谱文件结束。下面的乐谱制成乐谱文件为：

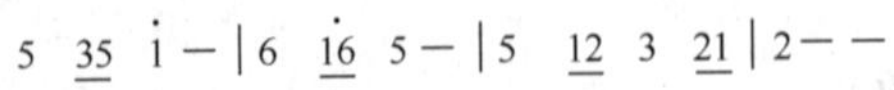

5 35 i — | 6 16 5 — | 5 12 3 21 | 2 — —

图 3.25　乐谱

600　m5　1　m3　0.5　m5　0.5　hl　2　m6　1　h1　0.5　m6　0.5　m5　2　m5　1　ml　0.5　m2　0.5　m3　1　m2　0.5　ml　0.5　m2　3　##

每个音的音长=音长基数×节拍数，其中，音长基数是乐谱文件的第一个字符，如上面乐谱文件为 600，每个音的音频可用一模拟频率值输入。表 3.13 所示为中央 C 及其前后 4 个 8 度中各个音符的频率值。

表 3.13　音符频率值

音符	频率	音符	频率	音符	频率	音符	频率
$\underset{\cdot}{1}$	131	1	262	$\dot{1}$	523.3	$\overset{:}{1}$	1046.5
$\underset{\cdot}{2}$	147	2	296	$\dot{2}$	587.3	$\overset{:}{2}$	1174.7
$\underset{\cdot}{3}$	165	3	329.7	$\dot{3}$	659.3	$\overset{:}{3}$	1318.5
$\underset{\cdot}{4}$	176	4	349.2	$\dot{4}$	698.5	$\overset{:}{4}$	1396.9
$\underset{\cdot}{5}$	196	5	392	$\dot{5}$	784.0	$\overset{:}{5}$	1568.0
$\underset{\cdot}{6}$	220	6	440	$\dot{6}$	880	$\overset{:}{6}$	1760
$\underset{\cdot}{7}$	247	7	493.9	$\dot{7}$	987.8	$\overset{:}{7}$	1975.5

【例 3.6.9】 声音程序设计示例

下面是音乐程序的源代码，编译、链接成可执行文件 music.exe，用法为：music 乐谱文件。

```
#include <stdlib.h>
#include <stdio.h>
#include <dos.h>
void main(int argc,char *argv[])
{
    FILE *fp;
    int rate;
    char sound_high[3];
    float sound_long;
    register int i=0,j;
    int sign=0;
    float str[100][2];
    if(argc!=2)                            /* 命令行参数个数不正确 */
    {
        printf("Parameters Error! \n");
        exit(1);
    }
    if((fp=fopen(argv[1],"r"))==NULL)      /* 文件打开失败 */
    {
        printf("Open file music.doc Errors! \n");
        exit(1);
}
fscanf(fp,"%d",&rate);             /* 读取音长基数的值 */
while(! feof(fp)&&! sign)          /* 文件没有结束并且数据还是乐谱 */
{
        fscanf(fp,"%s%f",sound_high,&sound_long); /* 得到音频、音长的数值*/
        str[i][1]=rate*sound_long;    /* 音长=音长基数*节拍数 */
        switch(sound_high[0]){
            case '*':                 /* 最高音 */
            switch(sound_high[1]){    /* 确定发音的频率 */
```

```
        case'1': str[i++][0]=1046.5; break;
        case'2': str[i++][0]=1174.7; break;
        case'3': str[i++][0]=1318.5; break;
        case'4': str[i++][0]=1396.9; break;
        case'5': str[i++][0]=1568; break;
        case'6': str[i++][0]=1760; break;
        case'7': str[i++][0]=1975.5; break;
        default: printf("\n Errors in music.doc \n");  exit(1);
    }
    case'h': /* 高音 */
    switch(sound_high[1]){
        case'1': str[i++][0]=523.3; break;
        case'2': str[i++][0]=587.3; break;
        case'3': str[i++][0]=659.3; break;
        case'4': str[i++][0]=698.5; break;
        case'5': str[i++][0]=784.0; break;
        case'6': str[i++][0]=880; break;
        case'7': str[i++][0]=987.8; break;
        default: printf("\n Errors in music.doc \n");exit(1);
    }
    case'm':  /* 中音 */
    switch(sound_high[1]){
        case'1': str[i++][0]=262; break;
        case'2': str[i++][0]=296; break;
        case'3': str[i++][0]=329.6; break;
        case'4': str[i++][0]=349.2; break;
        case'5': str[i++][0]=392; break;
        case'6': str[i++][0]=440; break;
        case'7': str[i++][0]=493.9; break;
        default: printf("\n Errors in music.doc \n");exit(1);
    }
    case'l': /* 低音 */
    switch(sound_high[1]){
        case'1': str[i++][0]=131; break;
        case'2': str[i++][0]=147; break;
        case'3': str[i++][0]=165; break;
        case'4': str[i++][0]=176; break;
        case'5': str[i++][0]=196; break;
        case'6': str[i++][0]=220; break;
        case'7': str[i++][0]=247; break;
        default: printf("\n Errors in music.doc \n"); exit(1);
    }
    case'#':
        if(sound_high[1]=='#') sign=1;
            break;
    default:
        printf("\n Errors in music.doc\n");
```

```
            exit(1);
        }
    }
    for(j=0;j<=i-1;j++)  sound(str[j][1]);
    nosound();  /* 关闭扬声器 */
    }
```

3.7　课程设计题目汇总

3.7.1　算法与数值计算类

1．勇者斗恶龙（The Dragon of Loowater, UVa 11292）

你的王国里有一条 n 个头的恶龙，你希望雇一些骑士把它杀死（砍掉所有头）。村里有 m 个骑士可以雇佣，一个能力值为 x 的骑士可以砍掉恶龙一个直径不超过 x 的头，且需要支付 x 个金币。如何雇佣骑士才能砍掉恶龙的所有头，且需要支付的金币最少？注意，一个骑士只能砍一个头（且不能被雇佣两次）。

【输入格式】

输入包含多组数据。每组数据的第一行为正整数 n 和 m（$1 \le n, m \le 20\,000$）；以下 n 行每行为一个整数，即恶龙每个头的直径；以下 m 行每行为一个整数，即每个骑士的能力。输入结束标志为 $n=m=0$。

【输出格式】

对于每组数据，输出最少花费。如果无解，输出“Loowater is doomed!”。

【输入样例】

```
2 3
5
4
7
8
4
2 1
5
5
10
0 0
```

【输出样例】

```
11
Loowater is doomed!
```

2．蚂蚁（Piotr's Ants, UVa 10881）

一根长度为 L（cm）的木棍上有 n 只蚂蚁，每只蚂蚁要么朝左爬，要么朝右爬，速度为 1cm/s。当两只蚂蚁相撞时，二者同时掉头（掉头时间忽略不计）。给出每只蚂蚁的初始位置和朝向，计算 T（s）之后每只蚂蚁的位置。

【输入格式】

输入的第一行为数据组数。每组数据的第一行为三个正整数 L、T、n（$0 \leqslant n \leqslant 10\ 000$）；以下 n 行每行描述一只蚂蚁的初始位置，其中，整数 x 为蚂蚁距离木棍左端的距离（单位：cm），字母表示初始朝向（L 表示朝左，R 表示朝右）。

【输出格式】

对于每组数据，输出 n 行，按输入顺序输出每只蚂蚁的位置和朝向（Turning 表示正在碰撞）。在第 T 秒之前已经掉下木棍的蚂蚁（正好爬到木棍边缘的不算）输出 Fell off。

【输入样例】

```
2
10 1 4
1 R
5 R
3 L
10 R
10 2 3
4 R
5 L
8 R
```

【输出样例】

```
Case #1:
2 Turning
6 R
2 Turning
Fell off

Case #2:
3 L
6 R
10 R
```

3．中国麻将（Chinese Mahjong, UVa 11210）

麻将是一个中国原创的 4 人玩的游戏。这个游戏有很多变种，但本题只考虑一种有 136 张牌的玩法。这 136 张牌所包含的内容如下。

饼（筒）牌：每张牌包括一系列点，每个点代表一个铜钱，如图 3.25 所示。本题中用 1T、2T、3T、4T、5T、6T、7T、8T、9T 表示。

图 3.25 饼（筒）牌

索（条）牌：每张牌由一系列竹棍组成，每根棍代表一挂铜钱，如图 3.26 所示。本题中用 1S、2S、3S、4S、5S、6S、7S、8S、9S 表示。

图 3.26　索（条）牌

万牌：每张牌代表一万枚铜钱，如图 3.27 所示。本题中用 1W、2W、3W、4W、5W、6W、7W、8W、9W 表示。

图 3.27　万牌

风牌：东、南、西、北风，如图 3.28 所示。本题中用 DONG、NAN、XI、BEI 表示。

箭牌：中、发、白，如图 3.29 所示。本题中用 ZHONG、FA、BAI 表示。

图 3.28　风牌

图 3.29　箭牌

总共有 9×3+4+3=34 种牌，每种 4 张，一共有 136 张牌。

其实麻将中还有图 3.30 所示的 8 张花牌，所以共有 136 + 8 = 144 张牌，但是本题中不予考虑。

图 3.30　花牌

中国麻将的规则十分复杂，本题中只需考虑部分规则。在本题中，手牌（每个人手里的牌）总是有 13 张。如果多了某张牌以后，整副牌可以拆成一个将（两张相同的牌）、0 个或多个刻子（三张相同的牌）和 0 个或多个顺子（三张同花相连的牌。注意，风牌和箭牌不能形成顺子），就说这手牌“听”这张牌，即拿到那张牌以后就赢了，称为“和”（实战中还要考虑番数和特殊和法，在本题中可以忽略）。

例如，如图 3.31 所示的这手牌：

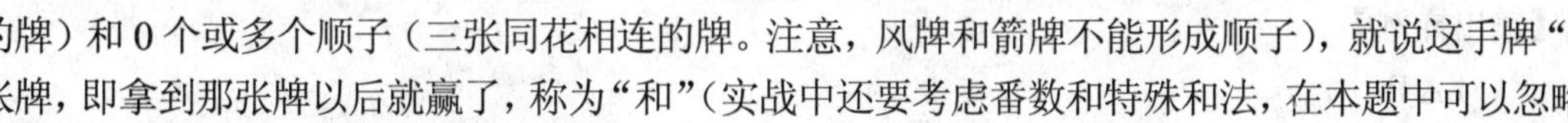

图 3.31　手牌

听牌、和，即 1S、FA 和 4S。听牌的原因是：“发”做将，另有三个顺子（1S2S3S, 1S2S3S, 2S3S4S）。

【输入格式】

输入数据最多 50 组。每组数据由一行 13 张牌给出，输入保证给出的牌是合法的。输入结束标记为一行单个 0。

【输出格式】

对于每组数据，输出所有“听”的牌，按照描述中的顺序列出（1T～9T，1S～9S，1W-9W，DONG，NAN，XI，BEI，ZHONG，FA，BAI）。每张牌最多被列出一次。如果没有“听”牌，输出 Not ready。

4．双色汉诺塔

A、B、C 是三个塔座。开始时，在塔座 A 上有一叠共 n 个圆盘，这些圆盘自下而上，由大到小地叠在一起。各圆盘从小到大编号为 1，2，…，n，奇数号圆盘着蓝色，偶数号圆盘着红色，如下图所示。现要求将塔座 A 上的这一叠圆盘移到塔座 B 上，并仍按同样顺序叠置。在移动圆盘时应遵守以下移动规则：

规则（1）：每次只能移动一个圆盘；

规则（2）：任何时刻都不允许将较大的圆盘压在较小的圆盘之上；

规则（3）：任何时刻都不允许将同色圆盘叠在一起；

规则（4）：在满足移动规则（1）～（3）的前提下，可将圆盘移至 A、B、C 中任一塔座上。

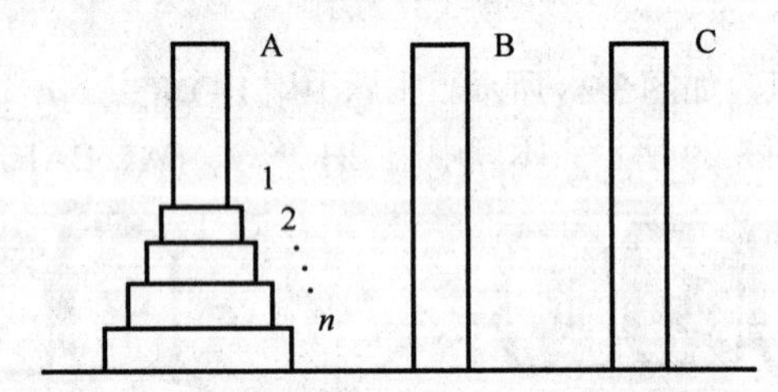

试设计一个算法，用最少的移动次数将塔座 A 上的 n 个圆盘移到塔座 B 上，并仍按同样顺序叠置。

编程任务：对于给定的正整数 n，编程计算最优移动方案。

【输入格式】

输入由多组测试数据组成。每组测试数据的第一行是给定的正整数 n。

【输出格式】

对应每组输入，输出的每一行由一个正整数 k 和两个字符 $c1$ 和 $c2$ 组成，表示将第 k 个圆盘从塔座 $c1$ 移到塔座 $c2$ 上。

【输入样例】

    3

【输出样例】

    1 A B
    2 A C
    1 B C
    3 A B
    1 C A
    2 C B
    1 A B

5．整数划分问题

将正整数 n 表示成一系列正整数之和：$n=n_1+n_2+\cdots+n_k$，其中 $n_1\geqslant n_2\geqslant\cdots\geqslant n_k\geqslant 1$，$k\geqslant 1$。正整数 n 的这种表示称为正整数 n 的划分。求正整数 n 的不同划分个数。

例如，正整数 6 有如下 11 种不同的划分：

6;

5+1;

4+2，4+1+1;

3+3，3+2+1，3+1+1+1；

2+2+2，2+2+1+1，2+1+1+1+1；

1+1+1+1+1+1。

【输入格式】

输入包含 n+1 行；

第一行是一个整数 n，表示有 n 个测试用例；

第 2～n+1 每行一个正整数。

【输出格式】

对应每组输入，输出正整数 n 的不同划分个数。

【输入样例】

```
2
5
6
```

【输出样例】

```
7
11
```

6．矩阵连乘

给定 n 个矩阵$\{A_1,A_2,\cdots,A_n\}$，其中 A_i 与 A_{i+1} 是可乘的，i=1,2,…,n–1。如何确定计算矩阵连乘积的计算次序，使得依此次序计算矩阵连乘积需要的数乘次数最少。

【输入格式】

输入包含多组测试数据。第一行为一个整数 C，表示有 C 组测试数据，接下来有 2C 行数据，每组测试数据占两行，每组测试数据第一行是一个整数 n，表示有 n 个矩阵连乘，接下来一行有 n+1 个数，表示是 n 个矩阵的行及第 n 个矩阵的列，它们之间用空格隔开。

【输出格式】

输出应该有 C 行，即每组测试数据的输出占一行，它是计算出的矩阵最少连乘积次数。

【输入样例】

```
1
3
10 100 5 50
```

【输出样例】

```
7500
```

7．Number Triangles

给定一个由 n 行数字组成的数字三角形，如下图所示。试设计一个算法，计算出从三角形的顶至底的一条路径，使该路径经过的数字总和最大。

```
        7
      3   8
    8   1   0
  2   7   4   4
4   5   2   6   5
```

编程任务：对于给定的由 n 行数字组成的数字三角形，编程计算从三角形的顶至底的路径经过的数字和的最大值。

【输入格式】

输入数据是由多组测试数据组成。第一行是数字三角形的行数 n，$1 \leqslant n \leqslant 100$。接下来 n 行是数字三角形各行中的数字。所有数字在 0～99 之间。

【输出格式】

对应每组测试数据，每行输出的是计算出的最大值。

【输入样例】

```
5
7
3 8
8 1 0
2 7 4 4
4 5 2 6 5
```

【输出样例】

```
30
```

8．Knapsack Problem

给定 n 种物品和一个背包。物品 i 的重量是 W_i，其价值为 V_i，背包的容量为 C。应如何选择装入背包的物品，使得装入背包中物品的总价值最大？在选择物品 i 装入背包时，可以选择物品 i 的一部分，而不一定要全部装入背包，$1 \leqslant i \leqslant n$。

编程任务：对于给定的 n 种物品和一个背包容量 C，编程计算装入背包中最大的物品总价值。

【输入格式】

输入由多组测试数据组成。每组测试数据输入的第一行中有两个正整数 n 和 C，正整数 n 是物品个数，正整数 C 是背包的容量。接下来的两行中，第一行有 n 个正整数，分别表示 n 个物品的重量，它们之间用空格分隔；第二行有 n 个正整数，分别表示 n 个物品的价值，它们之间用空格分隔。

【输出格式】

对应每组输入，输出的每行是计算出的装入背包中最大的物品总价值，保留一位有效数字。

【输入样例】

```
3 50
10 20 30
60 100 120
```

【输出样例】

```
240.0
```

9．General Search

试设计一个用回溯法搜索一般解空间的函数。该函数的参数包括：生成解空间中下一扩展节点的函数、节点可行性判定函数和上界函数等必要的函数，并将此函数用于解图的 m 着色问题。

图的 m 着色问题描述如下：给定无向连通图 G 和 m 种不同的颜色。用这些颜色为图 G 的各顶点着色，每个顶点着一种颜色。如果有一种着色法使 G 中每条边的两个顶点着不同颜色，则称这个图是 m 可着色的。图的 m 着色问题是对于给定图 G 和 m 种颜色，找出所有不同的着色法。

编程任务：对于给定的无向连通图 G 和 m 种不同的颜色，编程计算图的所有不同的着色法。

【输入格式】

输入由多组测试数据组成。每组测试数据输入的第一行有三个正整数 n、k 和 m，表示给定的图 G 有 n（$n \leqslant 7$）个顶点和 k（$k \leqslant 10$）条边，m（$m \leqslant 6$）种颜色。顶点编号为 1,2, …,n。接下来的 k 行中，每行有两个正整数 u、v，表示图 G 的一条边(u,v)。

【输出格式】

对应每组输入，输出的每行是计算出的不同的着色方案数。

【输入样例】

```
5 8 4
1 2
1 3
1 4
2 3
2 4
2 5
3 4
4 5
```

【输出样例】

```
48
```

10．分享巧克力（Sharing Chocolate, World Finals 2010, LA 4794）

给出一块长为 x，宽为 y 的矩形巧克力，每次操作可以沿一条直线把一块巧克力切割成两块长宽均为整数的巧克力（一次不能同时切割多块巧克力）。

问：是否可以经过若干次操作得到 n 块面积分别为 $a_1,a_2,\cdots,a_n$ 的巧克力。如图 3.32 所示，可以把 3×4 的巧克力切成面积分别为 6、3、2、1 的 4 块。

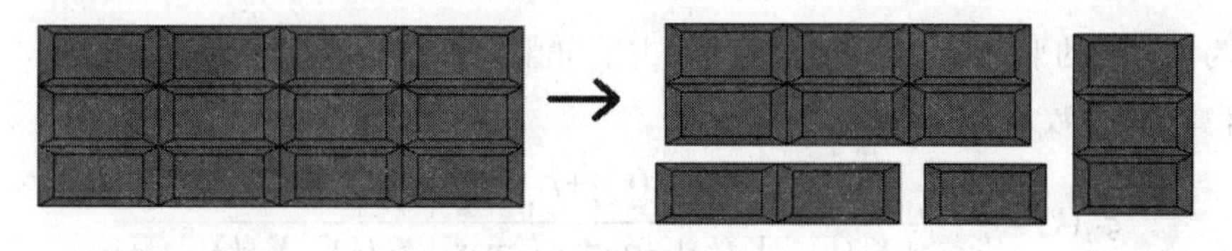

图 3.32

【输入格式】

输入包含若干组数据。每组数据的第一行为一个整数 n（$1 \leqslant n \leqslant 15$）；第二行为两个整数 x 和 y（$1 \leqslant x, y \leqslant 100$）；第三行为 n 个整数 $a_1,a_2,\cdots,a_n$。输入结束标志为 n=0。

【输出格式】

对于每组数据，如果可以切割成功，输出“Yes”，否则输出“No”。

11．约瑟夫问题的变形（And Then There Was One, Japan 2007, LA 3882）

n 个数排成一个圈。第一次删除 m，以后每数 k 个数删除一次，求最后一个被删除的数。当 n=8, k=5, m=3 时，删数过程如图 3.33 所示。

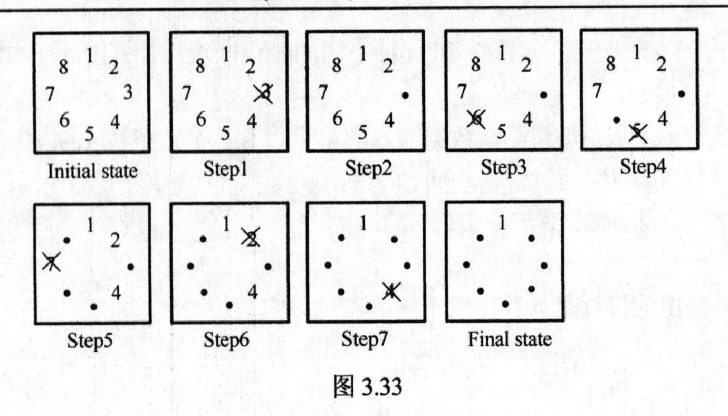

图 3.33

【输入格式】

输入包含多组数据。每组数据包含三个整数 n、k、m（$2 \leqslant n \leqslant 10\,000$，$1 \leqslant k \leqslant 10\,000$，$1 \leqslant m \leqslant n$）。输入结束标志为 $n=k=m=0$。

【输出格式】

对于每组数据，输出最后一个被删除的数。

12．灰关联分析

灰关联分析是灰色系统理论的一种新的分析方法，它是用关联度大小来描述事物之间、因素之间关联程度的一种定量化的方法。灰关联度分析原理如下。

设 $X_0=\{X_0(1), X_0(2), \cdots, X_0(n)\}$为母因素序列，$X_i=\{X_i(1), X_i(2), \cdots, X_i(n)\}$（$i=1, 2, \cdots, m$）为子因素序列。$n$ 为序列的长度，即数据的个数，m 为子因素个数。关联度是两个序列关联性大小的度量，其计算方法与步骤如下。

（1）原始数据变换

原始数据需要消除量纲（或单位），转换为可比较的数据序列，采取均值化处理：

$$X_i'(k)=\frac{X_i(k)}{\overline{X_i}},\quad i=0,1,2,\cdots,m$$

式中，$\overline{X_i}$ 为 X_i 序列的平均值，处理后得到一个占平均值百分比的新序列。

（2）计算关联系数

$$\xi_{0i}(k)=\frac{\min\limits_{1\leqslant i\leqslant m}\min\limits_{1\leqslant k\leqslant n}|X_0(k)-X_i(k)|+\rho\max\limits_{1\leqslant i\leqslant m}\max\limits_{1\leqslant k\leqslant n}|X_0(k)-X_i(k)|}{|X_0(k)-X_i(k)|+\rho\max\limits_{1\leqslant i\leqslant m}\max\limits_{1\leqslant k\leqslant n}|X_0(k)-X_i(k)|}$$

式中：

① $|X_0(k)-X_i(k)|=\varDelta_i(k)$称为第 k 点处 X_0 与 X_i 的绝对差；

② $\min\limits_{1\leqslant i\leqslant m}\min\limits_{1\leqslant k\leqslant n}|X_0(k)-X_i(k)|$ 称为两级最小差，其中 $\min\limits_{1\leqslant k\leqslant n}|X_0(k)-X_i(k)|$ 是第一级最小差，$\min\limits_{1\leqslant i\leqslant m}\min\limits_{1\leqslant k\leqslant n}|X_0(k)-X_i(k)|$ 是第二级最小差；

③ $\max\limits_{1\leqslant i\leqslant m}\max\limits_{1\leqslant k\leqslant n}|X_0(k)-X_i(k)|$ 是两级最大差，其意义与最小差相似；

④ ρ 称为分辨系数，计算中取 $\rho=0.1$。

关联系数 $\xi_0 i(k)$反映两个被比较序列在某一时刻的紧密（靠近）程度。

（3）求关联度

两序列的关联度以两比较序列各个时刻的关联系数之平均值计算，即：

$$r_i(X_0, X_i) = \frac{1}{n}\sum_{k=1}^{n}\xi_{0i}(k)$$

式中，$r_i(X_0, X_i)$为子序列 X_i 与母序列 X_0 的关联度，n 为比较序列的长度（数据个数）。

（4）排关联序

将 m 个子序列对同一母序列的关联度按大小顺序排列起来，便组成关联序，记为$\{X\}$。它直接反映各个子序列对于母序列的“优劣”关系。若 $r_{0a}>r_{0b}$，则称$\{X_a\}$对于相同母序列$\{X_0\}$有优于$\{X_b\}$的特点，记为$\{X_a|X_0\} > \{X_b|X_0\}$；若 $r_{0a}<r_{0b}$，则称$\{X_a\}$对于母序列$\{X_0\}$劣于$\{X_b\}$，记为$\{X_a|X_0\} < \{X_b|X_0\}$；若 $r_{0a}=r_{0b}$，则称$\{X_a\}$对于母序列$\{X_0\}$等价于（或等于）$\{X_b\}$，记为$\{X_a|X_0\}\sim\{X_b|X_0\}$。

根据以上理论，从键盘输入下列数据，编程实现这些数据之间的关联度，并将关联度排序。

3.0,1.0,2.0,6.0,8.0

4.0,2.0,1.0,3.0,7.0

5.0,6.0,7.0,8.0,1.0

7.0,3.0,2.0,5.0,8.0

1.0,2.0,4.0,7.0,2.0

3.7.2　系统与应用类

1．通信录

（1）问题描述

通信录是人们日常生活中经常要用到的通信管理工具，它以文件的方式保存用户录入的数据，并提供查询功能供用户查询和使用通信录信息。本节将介绍一个用 C 语言实现的简易通信录管理系统，它支持基本的录入、删除、查找、修改和文件读/写功能。程序中涉及大量基本块和指针的操作，结构体和共用体数据结构的定义、使用，以及文件的读/写、定位等。

（2）功能分析

通信录要求实现最基本的功能，包括录入、删除、查找和修改，为此需要首先定义记录项的格式，其基本属性包括姓名、性别、住址、联系电话、电子邮件等。为了实现对所有联系人的分组管理，还可以添加组别属性，同时系统还需要记录用户的所有记录项内容和总的项数。作为简易通信录，目前仅考虑英文姓名、地址数据输入，不支持中文。

功能如下。

- 录入：操作添加一条新的记录项；
- 删除：删除一条已经存在的记录项；
- 修改：改变记录项的一个或多个属性，并用新的记录项覆盖已经存在的记录项；
- 查找：根据用户输入的属性值查找符合条件的记录项。依据某一属性是否可以唯一地确定一条记录项，可以将属性区分为主属性和非主属性。对非主属性上的查找可能返回多条记录项。为了区分，系统可以在数据录入时为每个记录项自动分配一个记录编号，这样就可以实现所有项的精确查找。

通信录数据以文件的形式存储在磁盘上，因此在程序运行中需要对文件进行读取操作。编程人员可以根据实际需要自己定义文件的存储格式，在数据读/写时必须精确定位，以免破坏文件的正确性。除此之外，程序中还要不停处理用户的输入，对输入数据的容错性进行检查，可以保证通信录数据的合法性，避免恶意和非恶意的操作对用户数据的破坏。

（3）设计

① 程序总体结构

程序主要包括三大模块：输入/输出模块、管理模块和文件操作模块。输入/输出模块的主要功能是人机交互，包括程序界面显示、用户输入响应、结果输出等；管理模块从输入/输出模块读取用户命令并进行相应的操作，包括录入、删除、修改、查找、列表等；文件操作模块获取管理模块中的数据或命令，然后进行存储文件的读/写，最后将结果返回给管理模块。

② 界面设计

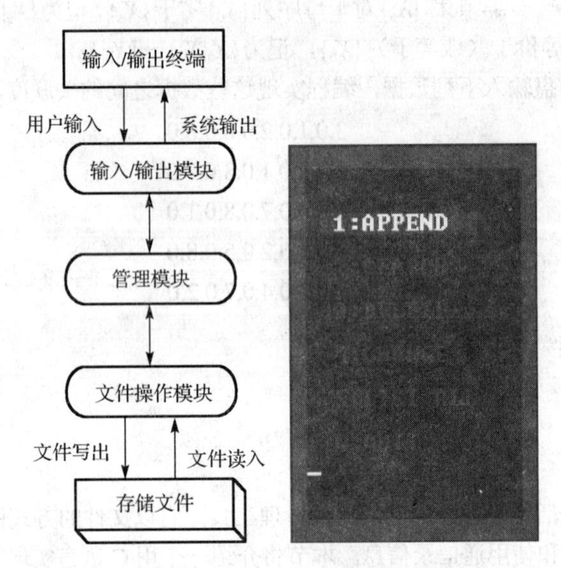

系统使用基本C语言输入/输出函数处理交互事件，通过屏幕输出显示功能选项，用户通过键盘输入完成相应操作。程序的主界面是一个文本方式的菜单，通过键盘方向键控制光标条的上下移动，选取相应的操作指令。

③ 重要数据的数据结构设计

通信录中的记录项用结构体myrecord表示，包含8个属性。num属性是记录项的唯一编号，由系统进行管理和维护，用户可以读，但是不可以写，编号用从某一基数开始的连续整数表示，基数BASE使用宏定义；group标识记录项的组别，从1到10共10组；name、gender、address、phone、email分别代表用户的姓名、性别、地址、联系电话和电子邮件，字符数组的最大长度用宏MAXLEN表示；birthday属性表示的是联系人的生日，类型为自定义的结构date。

```
struct myrecord{
    unsigned int num;
    unsigned int group;
    char name[MAXLEN+1];
    char gender;
    date birthday;
    char address[MAXLEN+1];
    char phone[MAXLEN+1];
    char email[MAXLEN+1];
};
typedef struct myrecord myrecord;
```

日期类型 date 包括三个属性，分别表示年、月、日，程序中需要检查用户输入日期的值以保证通信录中都是合法的数据。

```
struct mydate{
    unsigned int year;
    unsigned int month;
    unsigned int day;
};
typedef struct mydate date;
```

为了更方便地实现查找功能，程序中还定义了名为 mysearch_entry 的共用体（联合体），其中包含了三个查询关键字：记录编号、组别和联系人姓名。查询模块可以根据输入的某一关键字进行查找。

```
union mysearch_entry{
    unsigned int num;
    unsigned int group;
    char name[MAXLEN+1];
};
typedef union mysearch_entry search_entry;
```

④ 函数设计

● 函数功能列表

通信录程序采用了结构化程序设计的思想，由一个.h 文件和三个.c 文件组成。程序中除了主函数外，共设计了 23 个函数，分别包含在三个.c 文件里。这些函数的功能设计及处理描述如表 3.14 所示。

表 3.14　函数功能描述表

文 件 名	函 数 原 型	函 数 功 能	函数处理描述
menu.c 输入/输出处理	void menulist(void)	以文本方式显示程序主菜单，同时响应用户输入	调用 bioske(0)，获取按键的值
	void upbar(int y)	向上滚动光标条	通过改变字体颜色实现光标条移动
	void downbar(int y)	向下滚动光标条	通过改变字体颜色实现光标条移动
	void mydelay(void)	等待用户响应	调用 getch( )实现
	void format(void)	结果输出时打印输出的格式信息	调用 printf( )实现
	void searchmenu(void)	输出查询功能的子菜单	调用 printf( )实现
	void input_search(char ch)	处理查询时用户的输入，将关键字读入	根据输入参数 ch，执行相应的操作
	int input_num(void)	读入一个整型数值（记录编号），进行合法性检查	采用了递归的方法循环读取数据
	int input_new(myrecord *p)	进行数据修改时，读入一个新的记录项，并用它覆盖输入参数所指向的数据记录项。	参数：新记录项的指针 返回值：返回是否进行了修改的信息，已修改返回 1，否则返回 0
	myrecord *input_app(void)	录入信息时处理键盘输入，对输入进行合法性检查	逐项录入通信记录
	int date_legal(int year,int month,int day)	检查日期是否为合法	参数：年、月、日的信息 返回值：合法日期返回为 1，否则返回 0

续表

文件名	函数原型	函数功能	函数处理描述
file.c 文件读写操作	int file_app(myrecord *p)	添加一条新的记录项	参数：要录入的记录项的指针 返回值：操作结果（插入成功返回 1，失败返回 0）
	myrecord *read_record(int n)	从文件中读出下标为 n 的块（记录项）	参数：下标值 返回值：读取结果的指针
	int write_record(myrecord *p,int n)	向文件中写入某一块（如果该块已经存在，将进行覆盖）	参数：指向记录项的指针和要写入的块位置 返回值：操作结果（插入成功返回 1，失败返回 0）
	int file_search(search_entry *s,int f)	对存储文件进行遍历，查找符合输入的记录项并输出	参数：指向查询项的指针和查询类型 返回值：符合条件的记录项总数（如果是 0，则查找失败）
	int file_delete(int n)	删除文件中某个记录块	参数：下标值 返回值：操作结果（插入成功返回 1，失败返回 0）
control.c 控制操作	void append(void)	执行数据录入操作	调用 input_app( )完成数据录入，调用 file_app( )完成数据保存。
	void delet(void)	执行数据记录项删除操作	调用 file_search 查找要删除的记录，然后调用 file_delete( )进行删除
	void search(void)	执行数据查找操作	调用 searchmenu( )进入查找的菜单，调用 input_search(ch)获得要查找的内容，file_search( )进行查找
	void change(void)	执行数据记录项修改操作	调用 input_num( )输入待修改的记录，调用 file_search( )进行查找，调用 input_new( )输入新的内容，调用 write_record( )进行更新
	void list_all(void)	列出当前所有联系人信息	打开文件，遍历所有记录并输出
	void init(void)	系统初试化操作，保证文件的正确性和合法性	调用 fopen( )打开文件，初始化
	void quit(void)	系统退出函数，写回文件以保证数据的一致性	关闭文件，退出系统

● 程序运行的总体视图

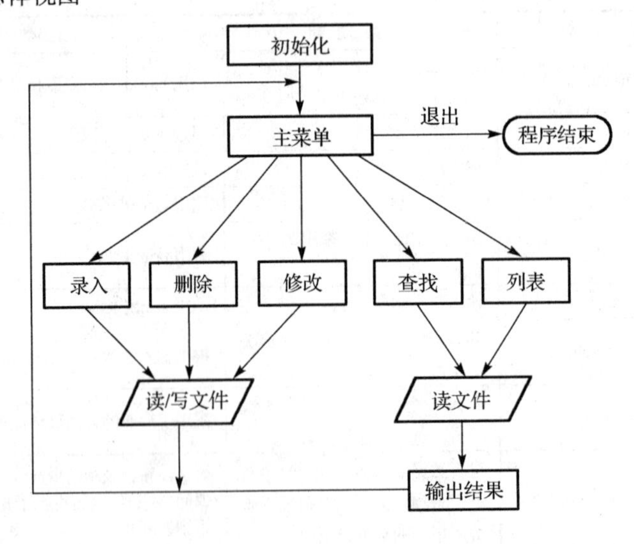

2．产品销售统计

一家公司生产 5 种产品，每种产品在一个月内每周的生产数量和销售价格都要记录下来。并做以下的分析：

- 每种产品每周的生产值和销售值；
- 每种产品一个月的生产值和销售值；
- 所有产品一个月内的生产值；
- 所有产品一个月内的销售值。

下面是一个二维表格，表格的每一行记录了 5 种产品分别在这一周的生产量，每一列记录了每种产品分别在 4 个星期中的生产量：

M_{11}	M_{12}	M_{13}	M_{14}	M_{15}
M_{21}	M_{22}	M_{23}	M_{24}	M_{25}
M_{31}	M_{32}	M_{33}	M_{34}	M_{35}
M_{41}	M_{42}	M_{43}	M_{44}	M_{45}

其中，M_{ij} 表示在第 i 周中第 j 种产品的生产量。

下面是一个二维表格，表格的每一行记录了 5 种产品分别在这一周的销售量，每一列记录了每种产品分别在 4 个星期中的销售量：

S_{11}	S_{12}	S_{13}	S_{14}	S_{15}
S_{21}	S_{22}	S_{23}	S_{24}	S_{25}
S_{31}	S_{32}	S_{33}	S_{34}	S_{35}
S_{41}	S_{42}	S_{43}	S_{44}	S_{45}

其中，S_{ij} 表示在第 i 周中第 j 种产品的销售量。

下面是一个一维表格，表示 5 种产品的单价。

C_1	C_2	C_3	C_4	C_5

其中，C_j 表示第 j 种产品的单价。

根据以上内容，编程要求：

- 计算每种产品每周的生产值和销售值；
- 计算所有产品每周的生产值和销售值；
- 计算每种产品一个月内的生产值和销售值；
- 计算所有产品生产总值和销售总值；
- 按以下要求和格式显示：

当输入数字 1 时，显示每种产品每周生产值和销售值；当输入数字 2 时，显示所有产品每周的生产值和销售值；当输入数字 3 时，显示每种产品一个月内的生产值和销售值；当输入数字 4 时，显示所有产品生产总值和销售总值；当输入数字 5 时，显示退出。

显示格式示例如下：

每种产品每周的生产值

```
Week（1）  110  300  360  210  325
Week（2）  ……………………………
Week（3）  ……………………………
Week（4）  ……………………………
```

每种产品每周的销售值

```
Week（1）  110  300  360  210  325
Week（2）  ……………………………
```

Week（3）	....	
Week（4）	....	

每周所有产品的生产值和销售值

	生产值	销售值
Week（1）	1300	1230
Week（2）	…	…
Week（3）	…	…
Week（4）	…	…

每种产品一个月内的生产值和销售值

	生产值	销售值
Product（1）	500	450
Product（2）	…	…
Product（3）	…	…
Product（4）	…	…

所有产品一个月的生产总值和销售总值

Total product = 5220

Total sales = 4450

3. 成绩管理系统

现有学生成绩信息，内容如下

姓名	学号	高等数学	高级语言程序设计	英语
张明明	01	67	78	82
李成友	02	78	91	88
张辉灿	03	68	82	56
王露	04	56	45	77
陈东明	05	67	38	47
…	…	…	…	…

请编写一系统，实现学生信息管理，软件的入口界面应包括如下几个方面。

（1）功能要求

● 信息维护

要求：学生信息数据要以文件的形式保存，能实现学生信息数据的维护。此模块包括的子模块有：增加学生信息、删除学生信息、修改学生信息。

● 信息查询

要求：查询时可实现按姓名查询、按学号查询。

● 成绩统计

要求：输入任意的一个课程名和一个分数段（如60～70），统计出在此分数段的学生情况。

● 排序：能对用户指定的任意课程名，按成绩升序或降序排列学生数据并显示排序结果（使用表格的形式显示排序后的输出结果）（使用多种方法排序者，加分）。

（2）其他要求

● 只能使用C语言，源程序要有适当的注释，使程序容易阅读。

- 至少采用文本菜单界面（如果能采用图形菜单界面更好）。
- 学生可自动增加新功能模块（视情况可另外加分）。
- 写出课程设计报告，具体要求见相关说明文档。

4．图书管理系统

主要包括管理图书的库存信息、每本书的借阅信息及每个人的借书信息。每种图书的库存信息包括编号、书名、作者、出版社、出版日期、金额、类别、总入库数量、当前库存量、已借出本数等。每本被借阅的书都包括如下信息：编号、书名、金额、借书证号、借书日期、到期日期、罚款金额等。每个人的借书信息包括借书证号、姓名、班级、学号等。

系统功能包括以下方面。

A．借阅资料管理

要求把书籍、期刊、报刊分类管理，这样操作会更加灵活和方便，可以随时对其相关资料进行添加、删除、修改、查询等操作。

B．借阅管理

（1）借出操作　　（2）还书操作　　（3）续借处理

提示：以上处理需要互相配合及赔、罚款金额的编辑等操作完成图书借还业务的各种登记。例如，读者还书时不仅更新图书的库存信息，还应该自动计算该书应罚款金额。并显示该读者所有至当日内到期未还书信息。

C．读者管理

读者等级：对借阅读者进行分类处理，例如，可分为教师和学生两类。并定义每类读者的可借书数量和相关的借阅时间等信息。

读者管理：对读者信息可以录入，并且可对读者进行挂失或注销、查询等服务的作业。

D．统计分析

随时可以进行统计分析，以便及时了解当前的借阅情况和相关的资料状态，统计分析包括借阅排行榜、资料状态统计和借阅统计、显示所有至当日内到期未还书信息等功能分析。

E．系统参数设置

可以设置相关的罚款金额、最多借阅天数等系统服务器参数。

3.7.3　游戏与图形界面类

1．猜数游戏

【目的】

使用 C 语言编写一个猜数游戏，可以判断一个人的反应快慢。要求程序运行后在屏幕上有这样的提示：DO YOU WANT TO PLAY IT.('Y'OR'N')，如果按下键盘上的 Y，就可以进入猜数游戏中，把输入的数和随机产生的数进行比较，并根据比较的结果进行提示，若使用者输入的数字和随机产生的数字相同所用的时间小于 15s，就打印出“你太聪明了”。

【基本要求】

能够掌握随机函数的具体使用，利用它产生随机数进行猜数游戏。

【程序说明】

本例主要是利用时间函数来让游戏者猜一个数。这个数是随机产生的，如果输入的数比这个数小，则它会提示让游戏者输入一个大点的数：PLEASE INPUT A LITTLE BIGGER，当输入的数比这个数小时，则会提示输入一个小点的数：PLEASE INPUT A LITTLE SMALLER，当猜对了这个数时，则问：

DO YOU WANT TO TRY IT AGAIN?(Y OR N)，当刚进入游戏时提示输入一个数：PLEASE INPUT NUMBER YOU GUESS，并开始计时。

【设计方法】

进入程序时显示一个提示语句：do you want to play it('y' or 'n')，根据游戏者的选择进入一个循环，循环内部使用随机函数产生一个随机数，并提示游戏者输入一个数字同这个数比较（在游戏者输入的同时开始计时），根据每次比较的结果给出提示说明，最后显示出游戏者猜中这个随机数所用的时间并给予一定的评价。

使用的头文件和函数：

int rand(viod)　stalib.h　返回一个随机数字；

time_t time(time_t * timer)　time.h 返回当前时间；

double difftime(time_t time2,time_t time1)　time.h 返回从 time1 到 time2 的时间差

2．电子琴

（1）问题描述

设计一个键盘电子琴，通过键盘输入来模拟敲击琴键，并发出对应的琴声，使用户能在计算机上弹奏电子琴。现要求利用 Turbo C 2.0 来实现该游戏。功能要求如下。

① 基本功能

● 图形界面显示

界面分三部分，背景色为蓝色。

中间键盘区：界面中间是一个音乐键盘对应图，共 28 个键，每个键用琴键的形状描绘，并写上与计算键盘对应的键的名字（与计算键盘很相似，只是每个键要画长一点）。高音键和低音键用不同的颜色区分。整个对应图共三排键盘，从上到下，从左至右，音调渐高。

标题栏及菜单栏：标题显示电子琴字样。菜单栏提供 4 个菜单组：文件、编辑、选项、帮助。

界面左边上方曲目列表：显示系统自带曲目，以及用户自编曲目。当前正在播放曲目高亮显示。

● 菜单功能

菜单应该提供菜单项。这些菜单的显示方式是：用户一旦输入某个菜单组的快捷键，则弹出下拉菜单，然后等待输入菜单项的快捷键；如果输入是“Esc”键，则收回下拉菜单。注：以下菜单名建议采用英文。

文件菜单组（Ctrl+f）：打开（Alt + o，打开某个曲目文件，此模式为播放）、新建（Alt +n，新建一个曲目，并指定保存文件，此模式为用户自编曲模式）、暂停（Alt +p，暂停当前播放）、关闭（Alt +c，关闭当前播放或编曲，不保存）、保存（Alt +s，保存当前曲目到某个文件）、退出（Alt +q，推出程序）。

编辑菜单组（Ctrl+f）：后退（Alt +b，回退一个击键）、前进（Alt +f，前进一个击键，仅针对已有回退记录的情况）。

● 电子琴

系统分三种模式：实时模式、播放模式、编辑模式。

实时模式：响应用户输入键，发出琴音。用户每敲击一个键，则发出对应的琴音，高亮显示键盘对应图的该琴键并显示按下效果，同时在波形图上画出该波形。

播放模式：播放已有曲目文件，不响应用户的琴键输入。但仍然高亮显示每个音的琴键，也显示按下效果，同时在波形图上画出该波形。

编辑模式：此模式是实时模式的扩展，用户编曲将会保存到文件中。

这几个模式的设置方式是：系统初始为实时模式，用户通过“打开”菜单打开一个曲目文件后，

进入播放模式；用户通过“新建”菜单新建一个曲目文件后，进入编辑模式；在编辑模式或播放模式下，通过菜单“关闭”进入实时模式。

② 高级功能

- 界面显示：界面左边下方曲调波形图，显示当前播放曲目的波形图。波形图的基本结构是直方图，以音调高低来计算直方的高低。
- 菜单功能中帮助菜单组（Ctrl+h）：帮助文档（Alt+h，显示帮助文档）、关于（Alt+a，显示本程序版权及版本号）。
- 鼠标功能：鼠标输入主要针对系统功能选项。可通过单击选中与按钮对应的系统功能。
- 电子琴中的编辑模式为高级功能。

③ 设计及实现要点

- 难点分析

曲目文件的格式设计。业界广泛采用 midi 文件，但读者在新接触时，需要了解它的格式等技术，解码、编码也都存在难度。可自行设计一种格式，记录键盘按键及时间间隔。这样编码和解码都很简单。

图形描绘。这是本程序最主要的工作。在考虑如何设计出一个美观的图形时，要考虑其他很多方面：背景色、菜单颜色、菜单大小、琴键颜色、琴键的形状、显示琴键被按下、显示波形图等。

响应鼠标事件。在 DOS 环境下响应鼠标操作比较有难度。

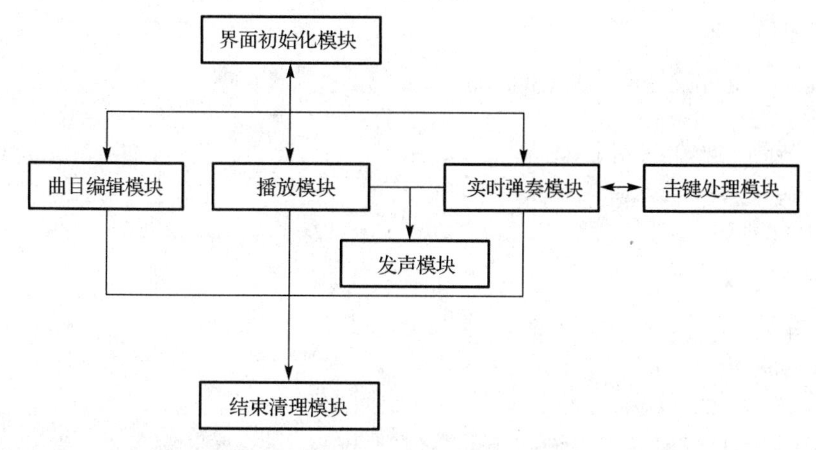

程序中，需要保存的数据主要有系统的状态、模式、控制键，菜单等常量信息。另外，要有一个数据结构来表示键盘的琴键。最后要有一个结构保存系统的配置信息。

- 定义系统常量

```
/*系统状态*/
enum sytem_status{
    system_status_normal,
    system_status_paused
}
/*系统模式*/
enum sytem_modul{
    system_modul_intime,
    system_status_play,
    system_status_edit
}
/*定义颜色枚举*/
```

```
typedef enum color{
    int blue,
    int red,
    …
}COLOR;
```

● 菜单的一些常量定义

```
#define menu_item_height      /*菜单项的高度*/
#define menu_item_width       /*菜单项的宽度*/
#define menu_item_color       /*菜单项的颜色*/
#define menu_group_distance   /*菜单组间间隔*/
```

● 定义控制键（一般是 Ctrl/Alt 和另外一个键的组合）

```
typedef struct ctrlKey{
    char* name;
    int firstkey;
    int secondkey;
}CTRL_KEY;
```

● 一个菜单项

```
typedef struct menu_item_node{
    char * name;
    CTRL_KEY hotkey;
    menu_item_node *next;
}MENU_ITEM;
```

● 定义菜单组

```
typedef struct menu_group{
    char* name;
    CTRL_KEY hotkey;
    menu_item_list itemList; /*文件菜单组下有几个菜单项*/
} MENU_GROUP;
```

● 定义某个点的坐标

```
typedef struct coordinate{
    int x;
    int y;
} POSITION;
```

● 定义一个形状的 4 个位置（注意边线均为直线）

```
typedef struct rectangle {
    POSITION up_start,        //上方的起始位置
    POSITION up_end,          //上方的结束位置
    POSITION down_start,      //下方的起始位置
    POSITION down_start       //下方的结束位置
} RECTANGLE;
```

● 定义一个图形（包括形状、边框色、填充色）

```
typedef struct gragh{
    RECTANGLE shape,
    COLOR frameColor,
    COLOR fillColor
}GRAGH;
```

● 定义一个击键记录

```
typedef struct key_record{
    int keynum,
    int timeinterval
}KEY_RECORD;
```

● 记录所有击键

```
typedef struct key_record_list_node{
    KEY_RECORD key,
    key_record_list_node * next
}LIST_NODE;
```

● 记录配置信息，包括背景色、高亮色、菜单项的长宽等、键盘对应图的位置、波形图的位置、曲目列表的位置、菜单组信息等，自行补充

```
typedef struct config{
    COLOR background,
    COLOR hightlight,
    …
} CONFIG;
```

④ 主要算法提示

主要算法思路已经通过以上详细的程序结构和数据结构表现出来了。参考以下几个主要函数的定义：

● 初始化函数：初始化全局配置信息

```
int initConfig(CONFIG * pConfig);
```

● 描绘界面：此函数可在初始化界面时用，也可在用户设置了选项后重新描绘界面时调用

```
int paintFrame(CONFIG * pConfig);
```

● 画一个图形

```
int paintShape(GRAGH * pShape);
```

● 在指定位置打一个指定大小的字

```
int paintChar(GRAGH * pShape, char* name);
```

● 一些大的处理函数，如处理新建文件，其余请读者补充

```
int onNewOpen();
```

3．生命游戏

20 世纪 70 年代，人们曾经疯魔一种被称为“生命游戏”的小游戏，这种游戏相当简单。假设有

一个像棋盘一样的方格网，每个方格中放置一个生命细胞，生命细胞只有两种状态："生"或"死"。游戏规则如下：

① 如果一个细胞周围有三个细胞为生（一个细胞周围总共有8个细胞），则该细胞为生，即若原先为死，则转为生，若原先为生，则保持不变；

② 如果一个细胞周围有两个细胞为生，则该细胞的生死状态不变；

③ 在其他情况下，该细胞为死，即该细胞若原先为生，则转为死，若原先为死，则保持不变。

依次规则进行迭代变化，使细胞生生死死，会得到一些有趣的结果。该游戏之所以被称为"生命游戏"，是因为其简单的游戏规则反映了自然界中的生存规律：如果一个生命，其周围的同类生命太少，就会因为得不到帮助而死；如果太多，则会因为得不到足够的资源而死亡。用计算机模拟这个"生命游戏"时，可以用一个 $M \times N$ 像素的图像来代表 $M \times N$ 个细胞，其中每个像素代表一个细胞，像素为黑色代表细胞为生，像素为白色代表细胞为死。

【目的】

本题的目的是让学生掌握如何利用所学的函数制作游戏，由于初始状态的迭代次数不同，将会得到令人叹服的优美图案，这个综合性的例子包含一些游戏制作的通用方法。

【基本要求】

弄懂原理，演示100×100个生命细胞初始状态全为生的变化情况，能够随着迭代次数的不同，在屏幕显示精彩纷呈的图案。

【基本原理】

使用一个二维数组存储生命细胞的状态。最初设置全为生，变化时边缘细胞不参与变化。设置迭代次数，每一次计算每个细胞周围的活的细胞数，根据活的细胞数的多少决定该细胞的生死，并设定像素显示的颜色。

【设计重点】

① 使用两个二维数组 orgData[100][100]、resData[100][100]，用于存储初始的状态和结束的状态，初始化时令每个细胞为生；

② 三层循环：外层控制迭代次数，内双重循环控制对二维数组的操作，计算每个细胞周围的活细胞数目：

```
ncount=orgData[nRows-1][nCols-1]+orgData[nRows-1][nCols]+orgData[nRows-1]
[nCols+1]+orgData[nRows][nCols-1]+orgData[nRows][nCols+1]+orgData[nRows+1
][nCols-1]+orgData[nRows+1][nCols]+orgData[nRows+1][nCols+1]
```

并根据活细胞数目决定该细胞的生死，用白色或黑色像素显示。

使用的头文件和函数：

void far putpixel(int x , int y , int color);   graphtics.h

在屏幕上指定位置画一个点。

4．贪吃蛇

贪吃蛇游戏是一个深受人们喜欢的游戏：一条蛇在密闭的围墙内，围墙内随机出现食物，通过按键控制蛇向上下左右4个方向移动，蛇撞到食物，则食物被吃掉，蛇的身体增加一节。如果蛇在移动过程中，撞到墙壁或身体交叉（蛇头撞到自己的身体），则游戏结束。

【设计要求】

- 提供一个图形模式下的界面。
- 开始游戏：空格键或回车键；退出游戏：Esc键。

- 支持用键盘的方向键来控制蛇的移动，蛇可以向上、下、左、右 4 个方向移动。
- 当蛇头碰到食物时，食物被吃掉，蛇的身体增长一节。
- 初始场景内随机出现一个食物，当食物被吃掉时，再随机出现一个食物。
- 要有计分机制，每吃掉一个食物，增加相应分数。
- 蛇碰到墙壁或是自己身体的一部分，则游戏结束。
- 暂停功能：能随时通过按键来暂停游戏，再按一次，则继续游戏。
- 速度调节功能：当分数达到某个值后，对蛇的移动速度进行一定的提升，但会有一个速度上限。
- 奖励机制：增加另一种奖励食物，蛇吃到该种食物后，蛇的身体减少一节（最短不能少于两节），但不增加分数。该食物颜色要区别于普通食物颜色。奖励食物将随机出现，并有时间限制，在一定的时间内没有吃掉则会消失。
- 音效功能：在游戏开始、吃掉食物、撞墙、撞到自己时，提供不同的音效。

5．推箱子游戏

这是个模拟推箱子拾金币的游戏，进入每个关卡后，会发现有一些金币摆放在不同的位置，还有一些相同数量的箱子摆放在不同的位置，可以通过键盘上的方向键，控制关卡中的搬运工人移动到不同位置上，并推动其前方的箱子移动，只要将箱子推到金币所在位置上，就相当于将箱子前方金币装入了箱子内，将关卡内的全部金币都装入箱子内，就算是过了一关，可以进入下一关。注意，搬运工人推箱子只能在位于移动方向上箱子的后面才能推动箱子，而且关卡中的墙体可能会对顺利地推动箱子造成障碍，如果将箱子推到了一个墙角，那么可能就再也无法移动箱子了，所以要像下棋一样全盘考虑。

每个关卡都由 15 行 15 列的数据组成，如图 3.34 所示，对应的关卡图形如图 3.35 所示。

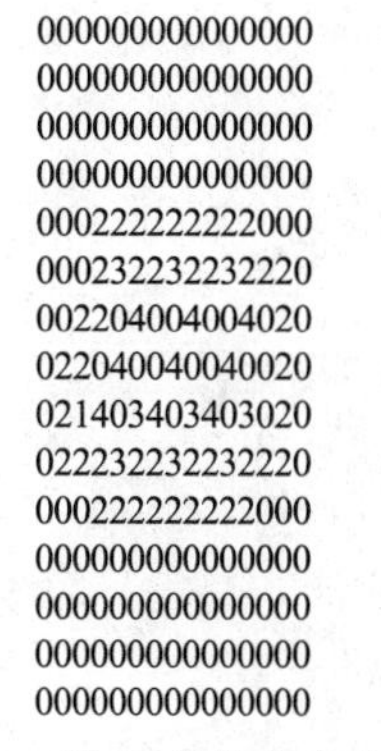

```
000000000000000
000000000000000
000000000000000
000000000000000
000222222222000
000232232232220
002204004004020
022040040040020
021403403403020
022232232232220
000222222222000
000000000000000
000000000000000
000000000000000
000000000000000
```

图 3.34　第 10 关的关卡数据

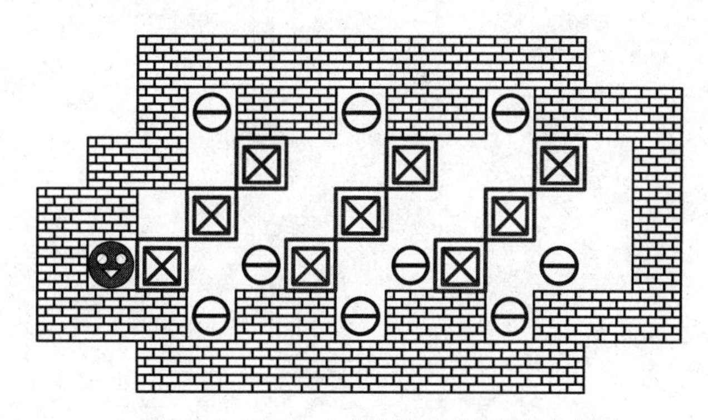

图 3.35　图 3.34 中关卡数据对应的关卡图形

6．计算器

计算器是现代日常生活中使用较为频繁的工具之一，常用的计算器有简易版和科学计算器两种模式。简易版的计算器不支持表达式运算，每次只能输入一个数据或运算符来计算，而科学计算器除了容纳简易版计算器的功能外，还支持表达式运算，用户可以输入一个合法的算术表达式来得到所需的结果。

常用的算术表达式有三种，前缀表达式、中缀表达式和后缀表达式。

中缀表达式：平时书写的表达式就是中缀表达式，形如(a+b)*(c+d)，事实上是运算表达式形成的树的中序遍历，特点是用括号来描述优先级。

后缀表达式：也叫逆波兰表达式，事实上是算数表达式形成的树的后序遍历。中缀表达式(a+b)*(c+d)的后缀表达式是 ab+cd+*，它的特点就是遇到运算符就立刻进行运算。

前缀表达式：算数表达式形成的树的前序遍历。日常所书写的是中缀表达式，但是计算机内部是用后缀表达式计算，所以此程序的用户使用中缀表达式作为输入，程序将中缀表达式转化为后缀表达式后，再进行运算并输出结果。

由于今后工作将使用C语言进行开发，而C语言是一个功能强大并且很灵活的语言，为复习和巩固C编程，故决定用C语言编写一个科学计算器。

本次开发采用C语言，以面对过程思想进行开发，使用的数据结构有队列和栈。

附录A C语言头文件与库函数

A.1 标准头文件

alloc.h	动态地址分配函数
assert.h	定义 assert( )宏
conio.	屏幕操作函数
ctype.h	字符操作函数
dos.h	DOS 接口函数
float.h	定义从属于环境工具的浮点值
graphics.h	图形函数
io.h	UNIX 型 I/O 函数
limits.h	定义从属于环境工具的各种限定
math.h	数字库使用的各种定义
mem.h	内存操作函数
share.h	文件共享
signal.h	定义信号值
stdarg.h	变量长度参数表
stddef.h	定义一些常用常数
stdio.h	以流为基础的 I/O 函数
stdlib.h	其他说明
string.h	字符串函数
sys\stat.h	定义用于打开和创建文件的符号常量
sys\types.h	说明函数 ftime 和 timeb 结构
sys\time.h	定义时间的类型 time_t
time.h	系统时间函数
values.h	从属于机器的常数

A.2 时间转换和操作函数

涉及系统时间和日期的函数在 time.h 中定义。time.h 还定义有两个类型：time_t 和 tm。tm 结构的定义为：

```
struct tm{
int tm_sec;
int tm_min;
int tm_hour;
int tm_mday;
int tm_mon;
int tm_year;
```

```
    int tm_wday;
    int tm_yday;
    int tm_isdst;
    };
```

有一些非标准的时间和日期函数，不属于常规的时间和日期系统，与DOS有联系，在dos.h中定义，使用time和date类型的结构。定义如下：

```
    struct date{
        int da_year;
        char da_day;
        char da_mon;
    };
    struct time{
        unsigned char ti_min;
        unsigned char ti_hour;
        unsigned char ti_hand;
        unsigned char ti_sec;
    };
```

函数名：asctime
用　法：char *asctime(struct tm *ptr);
功　能：转换日期和时间为ASCII码。将ptr所指向的结构中的时间信息转换成“星期 月 日 小时：分：秒 年\n\0”的字符串形式。传给asctime的结构指针一般通过localtime或gmtime来获取。

函数名：clock
用　法：clock_t clock(void);
功　能：确定处理器时间。确定两个事件之间的间隔时间，把该值除以CLK_TCK就转换为秒值。

函数名：ctime
用　法：char *ctime(time_t *time);
功　能：把日期和时间转换为字符串。把参数time转换成“星期 月 日 小时：分：秒 年\n\0”的字符串形式。相当于asctime。

函数名：difftime
用　法：double difftime(time_t time2, time_t time1);
功　能：计算两个时刻time1和time2之间的时间差，用秒表示。

函数名：getdate
用　法：void getdate(struct date *d);
功　能：取DOS日期。把DOS形式的系统当前日期填入由d指向的结构date中。

函数名：gettime
用　法：void gettime(struct time *t);
功　能：取得系统时间。把DOS形式的系统当前时间填入由t指向的结构time中。

函数名：gmtime
用　法：struct tm *gmtime(const time_t *timer);
功　能：把日期和时间转换为格林尼治标准时间（GMT）。

函数名：localtime
用　法：struct tm *localtime(const time_t *timer);
功　能：把日期和时间转变为结构。timer 的值通过调用 time 函数来获得。

函数名：setdate
用　法：void setdate(struct date *d);
功　能：按照 d 指向的结构中指定的值设置 DOS 日期。

函数名：settime
用　法：void settime(struct time *t);
功　能：按照 t 指向的结构中指定的值设置 DOS 系统时间。

函数名：stime
用　法：int stime(time_t *tp);
功　能：设置系统的日期和时间，tp 指向从 1997 年 1 月 1 日格林尼治时间 00：00：00 算起的以秒为单位的时间值。

函数名：time
用　法：time_t time(time_t *timer);
功　能：获取以秒为单位的，以格林尼治时间 1997 年 1 月 1 日 00：00：00 算起的当前时间值，并把它存在 timer 所指的区域中。

A.3　部分接口函数

函数名：delay
用　法：void delay(unsigned milliseconds);
功　能：将程序的执行暂停一段时间，中断时间由 milliseconds 指定，milliseconds 的单位为毫秒。例子如下：

```
#include<dos.h>
main()
{
  printf("this is a test\n");
  printf("please wait 5 seconds\n");
  delay(5000);
  printf("press any key to abort\n");
  getch();
}
```

函数名：sleep

用　法：void sleep(unsigned time);

功　能：程序暂停运行 time（秒）时间。例子如下：

```
#include<dos.h>
main()
{
    printf("this is a test\n");
    printf("please wait 10 seconds\n");
    sleep(10);
    printf("press any key to abort\n");
    getch();
}
```

A.4 部分过程控制函数

过程控制函数用来控制程序执行、中止或调用其他程序执行的方式，在 process.h 中定义。

函数名：abort

用　法：void abort( );

功　能：使程序立即中止运行，文件没有被清除。将数值 3 返回到调用过程。例子如下：

```
#include<process.h>
main()
{
    printf("input q to terminate\n");
    while(1)
    if(getch()=='q'|getch()=='Q')
            abort();
}
```

函数名：atexit

用　法：int atexit(atexit_t func);

功　能：函数使得由 func 所指向的函数作为程序正常中止的调用函数，即指定的函数在程序结束运行时被调用。被调用的函数是 atexit_t 型，该类函数在 stdlib.h 中的 typedef 中已定义。

函数名：exit

用　法：void exit(int status);

功　能：函数使得程序立即正常终止。状态值（status）被传递到调用过程。如果状态值为 0，则认为程序正常中止；若为非零值，则说明存在执行错误。例子如下：

```
#include<process.h>
#include<stdio.h>
main()
{
    char c;
    while(1)
    {
        printf("\nInput the character(q to quit):");
```

```
        c=getch();
        if(c=='q'||c=='Q') exit(0);
        printf("\nYour enter %c\n",c);
    }
}
```

A.5　基本图形功能函数

基本图形功能函数包括画点、线及其他基本图形的函数。

A.5.1　画点

（1）画点函数

```
void far putpixel(int x, int y, int color);
```

该函数表示有指定的象元画一个按color所确定颜色的点。

在图形模式下，是按象元来定义坐标的。对VGA适配器，它的最高分辨率为640×480，其中640为整个屏幕从左到右所有象元的个数，480为整个屏幕从上到下所有象元的个数。屏幕的左上角坐标为(0, 0)，右下角坐标为(639,479)，水平方向从左到右为x轴正向，垂直方向从上到下为y轴正向。Turbo C的图形函数都是相对于图形屏幕坐标，即象元来说的。

关于点的另外一个函数是：int far getpixel(int x, int y);它获得当前点(x, y)的颜色值。

（2）有关坐标位置的函数

```
int far getmaxx(void);
```

返回x轴的最大值。

```
int far getmaxy(void);
```

返回y轴的最大值。

```
int far getx(void);
```

返回游标在x轴的位置。

```
void far gety(void);
```

返回游标在y轴的位置。

```
void far moveto(int x, int y);
```

移动游标到(x, y)点，不是画点，在移动过程中亦画点。

```
void far moverel(int dx, int dy);
```

移动游标从现行位置(x, y)移动到(x+dx, y+dy)的位置，移动过程中不画点。

A.5.2　画线

（1）画线函数

Turbo C提供了一系列画线函数，下面分别叙述：

```
void far line(int x0, int y0, int x1, int y1);
```

画一条从点(x0, y0)到(x1, y1)的直线。

```
void far lineto(int x, int y);
```

画一条从现行游标到点(x, y)的直线。

```
void far linerel(int dx, int dy);
```

画一条从现行游标(x, y)到按相对增量确定的点(x+dx, y+dy)的直线。

```
void far circle(int x, int y, int radius);
```

以(x, y)为圆心，radius 为半径，画一个圆。

```
void far arc(int x, int y, int stangle, int endangle, int radius);
```

以(x, y)为圆心，radius 为半径，从 stangle 开始到 endangle 结束（用度表示），画一段圆弧线。在 Turbo C 中规定 x 轴正向为 0°，逆时针方向旋转一周，依次为 90°、180°、270°和 360°（其他有关函数也按此规定，不再重述）。

```
void ellipse(int x, int y, int stangle, int endangle, int xradius,int yradius);
```

以(x, y)为中心，xradius、yradius 为 x 轴和 y 轴半径，从角 stangle 开始到 endangle 结束，画一段椭圆线，当 stangle=0, endangle=360 时，画出一个完整的椭圆。

```
void far rectangle(int x1, int y1, int x2, inty2);
```

以(x1, y1)为左上角，(x2, y2)为右下角，画一个矩形框。

```
void far drawpoly(int numpoints, int far *polypoints);
```

画一个顶点数为 numpoints，各顶点坐标由 polypoints 给出的多边形。polypoints 整型数组必须至少有两倍顶点数个无素。每个顶点的坐标都定义为 x,y，并且 x 在前。值得注意的是，当画一个封闭的多边形时，numpoints 的值取实际多边形的顶点数加一，并且数组 polypoints 中第一个和最后一个点的坐标相同。

下面举一个用 drawpoly( )函数画箭头的例子。

```
#include<stdlib.h>
#include<graphics.h>
int main()
{
    int gdriver, gmode, i;
    int arw[16]={200, 102, 300, 102, 300, 107, 330,
    100, 300, 93, 300, 98, 200, 98, 200, 102};
    gdriver=DETECT;
    registerbgidriver(EGAVGA_driver);
    initgraph(&gdriver, &gmode, "");
    setbkcolor(BLUE);
    cleardevice();
    setcolor(12);          /*设置作图颜色*/
    drawpoly(8, arw);      /*画一箭头*/
    getch();
    closegraph();
    return 0;
}
```

（2）设定线型函数

在没有对线的特性进行设定之前，Turbo C 用其默认值，即一点宽的实线，但 Turbo C 也提供了可以改变线型的函数。线型包括：宽度和形状。其中宽度只有两种选择：一点宽和三点宽。而线的形状则有5种。下面介绍有关线型的设置函数。

```
void far setlinestyle(int linestyle, unsigned upattern, int thickness);
```

该函数用来设置线的有关信息，其中linestyle是线形状的规定，如表A.1所示。

表A.1　有关线的形状（linestyle）

符号常数	数　值	含　义
SOLID_LINE	0	实线
DOTTED_LINE	1	点线
CENTER_LINE	2	中心线
DASHED_LINE	3	点画线
USERBIT_LINE	4	用户定义线

thickness是线的宽度，如表A.2所示。

表A.2　有关线宽（thickness）

符号常数	数　值	含　义
NORM_WIDTH	1	一点宽
THIC_WIDTH	3	三点宽

对于upattern，只有linestyle选USERBIT_LINE 时才有意义（选其他线型，upattern取0即可）。此进upattern的16位二进制数的每一位代表一个象元，如果那位为1，则该象元打开，否则，该象元关闭。

```
void far getlinesettings(struct linesettingstype far *lineinfo);
```

该函数将有关线的信息存放到由lineinfo指向的结构中，表中linesettingstype的结构如下：

```
struct linesettingstype{
int linestyle;
unsigned upattern;
int thickness;  }
```

例如，以下两句程序可以读出当前线的特性：

```
struct linesettingstype *info;
getlinesettings(info);
void far setwritemode(int mode);
```

该函数规定画线的方式。如果mode=0，则表示画线时将所画位置的原来信息覆盖了（这是Turbo C的默认方式）。如果mode=1，则表示画线时用现在特性的线与所画之处原有的线进行异或（XOR）操作，实际上画出的线是原有线与现在规定的线进行异或后的结果。因此，若线的特性不变，进行两次画线操作相当于没有画线。

有关线型设定和画线函数的例子如下。

```
#include<stdlib.h>
#include<graphics.h>
int main()
{
    int gdriver, gmode, i;
```

```
    gdriver=DETECT;
    registerbgidriver(EGAVGA_driver);
    initgraph(&gdriver, &gmode, "");
    setbkcolor(BLUE);
    cleardevice();
    setcolor(GREEN);
    circle(320, 240, 98);
    setlinestyle(0, 0, 3);                  /*设置三点宽实线*/
    setcolor(2);
    rectangle(220, 140, 420, 340);
    setcolor(WHITE);
    setlinestyle(4, 0xaaaa, 1);             /*设置一点宽用户定义线*/
    line(220, 240, 420, 240);
    line(320, 140, 320, 340);
    getch();
    closegraph();
    return 0;
}
```

A.5.3 封闭图形的填充

填充就是用规定的颜色和图模填满一个封闭图形。

（1）先画轮廓再填充

Turbo C 提供了一些先画基本图形轮廓，再按规定图模和颜色填充整个封闭图形的函数。在没有改变填充方式时，Turbo C 以默认方式填充。下面介绍这些函数。

```
void far bar(int x1, int y1, int x2, int y2);
```

确定一个以(x1, y1)为左上角，(x2, y2)为右下角的矩形窗口，再按规定图模和颜色填充。

说明：此函数不画出边框，所以填充色为边框。

```
void far bar3d(int x1, int y1, int x2, int y2,  int  depth,  int topflag);
```

当 topflag 为非 0 时，画出一个三维的长方体。当 topflag 为 0 时，三维图形不封顶，实际上很少这样使用。

说明：bar3d( )函数中，长方体第三维的方向不随任何参数而变，即始终为 45° 的方向。

```
void far pieslice(int x, int y, int stangle, int  endangle, int radius);
```

画一个以(x, y)为圆心，radius 为半径，stangle 为起始角度，endangle 为终止角度的扇形，再按规定方式填充。当 stangle=0，endangle=360 时，变成一个实心圆，并在圆内从圆点沿 x 轴正向画一条半径。

```
void far sector(int x, int y, int stanle, int endangle, int xradius, int yradius);
```

画一个以(x, y)为圆心，分别以 xradius、yradius 为 x 轴和 y 轴半径，stangle 为起始角，endangle 为终止角的椭圆扇形，再按规定方式填充。

（2）设定填充方式

Turbo C 有 4 个与填充方式有关的函数。下面分别介绍：

```
void far setfillstyle(int pattern, int color);
```

color 的值是当前屏幕处于图形模式时的有效颜色值。pattern 的值及与其等价的符号常数如表 A.3 所示。

表 A.3　关于填充式样 pattern 的规定

符号常数	数值	含义	符号常数	数值	含义
EMPTY_FILL	0	以实填充	HATCH_FILL	7	以直方网格填充
SOLID_FILL	1	以背景颜色填充	XHATCH_FILL	8	以斜网格填充
LINE_FILL	2	以直线填充	INTTERLEAVE_FILL	9	以间隔点填充
LTSLASH_FILL	3	以斜线填充（阴影线）	WIDE_DOT_FILL	10	以稀疏点填充
SLASH_FILL	4	以粗斜线填充（粗阴影线）	CLOSE_DOS_FILL	11	以密集点填充
BKSLASH_FILL	5	以粗反斜线填充（粗阴影线）	USER_FILL	12	以用户定义式样填充
LTBKSLASH_FILL	6	以反斜线填充（阴影线）			

除 USER_FILL（用户定义填充式样）以外，其他填充式样均可由 setfillstyle( )函数设置。当选用 USER_FILL 时，该函数对填充图模和颜色不做任何改变。之所以定义 USER_FILL，主要因为在获得有关填充信息时用到此项。

```
void far setfillpattern(char * upattern,int color);
```

设置用户定义的填充图模的颜色，以供对封闭图形填充。

其中 upattern 是一个指向 8 字节的指针。这 8 字节定义了 8×8 点阵的图形。每字节的 8 位二进制数表示水平 8 点，8 字节表示 8 行，然后以此为模型向各封闭区域填充。

```
void far getfillpattern(char * upattern);
```

该函数将用户定义的填充图模存入 upattern 指针指向的内存区域。

```
void far getfillsetings(struct fillsettingstype far * fillinfo);
```

获得现行图模的颜色并将存入结构指针变量 fillinfo 中。其中，fillsettingstype 结构定义如下：

```
struct fillsettingstype{
    int pattern;           /* 现行填充模式 * /
    int color;             /* 现行填充模式 * /
};
```

有关图形填充图模的颜色的选择，请看下面例程。

```
#include<graphics.h>
main()
{
    char str[8]={10,20,30,40,50,60,70,80}; /*用户定义图模*/
    int gdriver,gmode,i;
    struct fillsettingstype save;        /*定义一个用来存储填充信息的结构变量*/
    gdriver=DETECT;
    initgraph(&gdriver,&gmode,"c:\\tc");
    setbkcolor(BLUE);
    cleardevice();
    for(i=0;i<13;i++)
    {
        setcolor(i+3);
        setfillstyle(i,2+i);                           /*设置填充类型*/
        bar(100,150,200,50);                           /*画矩形并填充*/
```

```
        bar3d(300,100,500,200,70,1);            /*画长方体并填充*/
        pieslice(200, 300, 90, 180, 90);        /*画扇形并填充*/
        sector(500,300,180,270,200,100);        /*画椭圆扇形并填充*/
        delay(1000);                            /*延时1s*/
    }
    cleardevice();
    setcolor(14);
    setfillpattern(str, RED);
    bar(100,150,200,50);
    bar3d(300,100,500,200,70,0);
    pieslice(200,300,0,360,90);
    sector(500,300,0,360,100,50);
    getch();
    getfillsettings(&save);         /*获得用户定义的填充模式信息*/
    closegraph();
    clrscr();
    printf("The pattern is %d, The color of filling  is  %d",
    save.pattern, save.color);    /*输出目前填充图模和颜色值*/
    getch();
}
```

以上程序运行结束后，在屏幕上显示出现行填充图模和颜色的常数值。

A.5.4 任意封闭图形的填充

截至目前，我们只能对一些特定形状的封闭图形进行填充，但还不能对任意封闭图形进行填充。为此，Turbo C 提供了一个可对任意封闭图形填充的函数，其调用格式如下：

```
void far floodfill(int x, int y, int border);
```

其中，x,y 为封闭图形内的任意一点。border 为边界的颜色，也就是封闭图形轮廓的颜色。调用该函数后，将用规定的颜色和图模填满整个封闭图形。

注意：

- 如果 x 或 y 取在边界上，则不进行填充；
- 如果不是封闭图形，则填充会从没有封闭的地方溢出去，填满其他地方；
- 如果 x 或 y 在图形外面，则填充封闭图形外的屏幕区域；
- 由 border 指定的颜色值必须与图形轮廓的颜色值相同，但填充色可选任意颜色。

下面是有关 floodfill( )函数的用法，该程序填充了 bar3d( )所画长方体中其他两个未填充的面。

```
#include<stdlib.h>
#include<graphics.h>
main()
{
    int gdriver, gmode;
    strct fillsettingstype save;
    gdriver=DETECT;
    initgraph(&gdriver, &gmode, "");
    setbkcolor(BLUE);
    cleardevice();
```

```
        setcolor(LIGHTRED);
        setlinestyle(0,0,3);
        setfillstyle(1,14);                    /*设置填充方式*/
        bar3d(100,200,400,350,200,1);          /*画长方体并填充*/
        floodfill(450,300,LIGHTRED);           /*填充长方体另外两个面*/
        floodfill(250,150, LIGHTRED);
        rectanle(450,400,500,450);             /*画一矩形*/
        floodfill(470,420, LIGHTRED);          /*填充矩形*/
        getch();
        closegraph();
    }
```

A.5.5 有关图形窗口和图形屏幕操作函数

（1）图形窗口操作

像文本方式下可以设定屏幕窗口一样，图形方式下也可以在屏幕上某一区域设定窗口，只是设定的为图形窗口而已，其后的有关图形操作都将以这个窗口的左上角(0,0)作为坐标原点，而且可通过设置使窗口之外的区域为不可接触。这样，所有的图形操作就被限定在窗口内进行。

```
void far setviewport(int xl,int yl,int x2, int y2,int clipflag);
```

设定一个以(xl,yl)象元点为左上角，(x2,y2)象元为右下角的图形窗口，其中 x1,y1,x2,y2 是相对于整个屏幕的坐标。若 clipflag 为非 0，则设定的图形以外的部分不可接触，若 clipflag 为 0，则图形窗口以外可以接触。

```
void far clearviewport(void);
```

清除现行图形窗口的内容。

```
void far getviewsettings(struct viewporttype far * viewport);
```

获得关于现行窗口的信息，并将其存于 viewporttype 定义的结构变量 viewport 中，其中 viewporttype 的结构说明如下：

```
struct viewporttype{
    int left, top, right, bottom;
    int cliplag;
};
```

注明：

① 窗口颜色的设置与前面讲过的屏幕颜色设置相同，但屏幕背景色和窗口背景色只能是一种颜色，如果窗口背景色改变，整个屏幕的背景色也将改变，这与文本窗口不同；

② 可以在同一个屏幕上设置多个窗口，但只能有一个现行窗口工作，要对其他窗口操作，通过将定义那个窗口的 setviewport( )函数再用一次即可；

③ 前面讲过的图形屏幕操作的函数均适合于对窗口的操作。

（2）屏幕操作

除了清屏函数以外，关于屏幕操作还有以下函数：

```
void far setactivepage(int pagenum);
void far setvisualpage(int pagenum);
```

这两个函数只用于 EGA、VGA 及 HERCULES 图形适配器。setactivepage( )函数是为图形输出选择激活页。所谓激活页，是指后续图形的输出被写到函数选定的 pagenum 页面，该页面并不一定可见。setvisualpage( )函数使 pagenum 所指定的页面变成可见页。页面从 0 开始（Turbo C 默认页）。如果先用 setactivepage( )函数在不同页面上画出一幅幅图像，再用 setvisualpage( )函数交替显示，就可以实现一些动画的效果。

```
void far getimage(int xl,int yl, int x2,int y2, void far *mapbuf);
void far putimge(int x,int,y,void * mapbuf, int op);
unsined far imagesize(int xl,int yl,int x2,int y2);
```

这三个函数用于将屏幕上的图像复制到内存，然后再将内存中的图像送回到屏幕上。首先通过函数 imagesize()测试要保存左上角为(xl,yl)，右上角为(x2,y2)的图形屏幕区域内的全部内容需多少字节，然后再给 mapbuf 分配一个所测数字节内存空间的指针。通过调用 getimage( )函数就可将该区域内的图像保存在内存中，需要时可用 putimage( )函数将该图像输出到左上角为点(x，y)的位置上，其中 getimage( )函数中的参数 op 规定如何释放内存中的图像。

表 A.4 putimage( )函数中的 op

符号常数	数值	含　义
COPY_PUT	0	复制
XOR_PUT	1	与屏幕图像异或的复制
OR_PUT	2	与屏幕图像或后复制
AND_PUT	3	与屏幕图像与后复制
NOT_PUT	4	复制反像的图形

关于这个参数的定义参见表 A.4。

对于 imagesize( )函数，只能返回字节数小于 64K 字节的图像区域，否则将会出错，出错时返回−1。本节介绍的函数在图像动画处理、菜单设计技巧中非常有用。

下面程序模拟两个小球动态碰撞过程。

```
#include<stdio.h>
#include<graphics.h>
int main()
{
    int i, gdriver, gmode, size;
    void *buf;
    gdriver=DETECT;
    initgraph(&gdriver, &gmode, "");
    setbkcolor(BLUE);
    cleardevice();
    setcolor(LIGHTRED);
    setlinestyle(0,0,1);
    setfillstyle(1, 10);
    circle(100, 200, 30);
    floodfill(100, 200, 12);
    size=imagesize(69, 169, 131, 231);
    buf=malloc(size);
    getimage(69, 169, 131, 231,buf);
    putimage(500, 269, buf, COPY_PUT);
    for(i=0; i<185; i++){
        putimage(70+i, 170, buf, COPY_PUT);
        putimage(500-i, 170, buf, COPY_PUT);
    }
    for(i=0;i<185; i++){
        putimage(255-i, 170, buf, COPY_PUT);
```

```
        putimage(315+i, 170, buf, COPY_PUT);
    }
    getch();
    closegraph();
}
```

A.5.6 图形模式下的文本输出

在图形模式下，只能用标准输出函数，如printf( )、puts( )、putchar( )函数输出文本到屏幕。除此之外，其他输出函数（如窗口输出函数）不能使用，即使可以输出的标准函数，也只以前景色为白色，按80列、25行的文本方式输出。

Turbo C也提供了一些专门用于在图形显示模式下的文本输出函数。下面将分别进行介绍。

（1）文本输出函数

```
void far outtext(char far *textstring);
```

该函数输出字符串指针textstring所指的文本在现行位置。

```
void far outtextxy(int x, int y, char far *textstring);
```

该函数输出字符串指针textstring所指的文本在规定的(x, y)位置。其中x和y为象元坐标。说明：这两个函数都是输出字符串，但经常会遇到输出数值或其他类型的数据，此时就必须使用格式化输出函数sprintf( )。sprintf( )函数的调用格式为：

```
int sprintf(char *str, char *format, variable-list);
```

它与printf( )函数的不同之处是将按格式化规定的内容写入str 指向的字符串中，返回值等于写入的字符个数。例如：

```
sprintf(s, "your TOEFL score is %d", mark);
```

这里s应是字符串指针或数组，mark为整型变量。

（2）有关文本字体、字型和输出方式的设置

有关图形方式下的文本输出函数，可以通过setcolor( )函数设置输出文本的颜色。另外，也可以改变文本字体大小及选择是水平方向输出还是垂直方向输出。

```
void far settexjustify(int horiz, int vert);
```

该函数用于定位输出字符串。

对使用outtextxy(int x, int y, char far *str textstring) 函数所输出的字符串，其中哪个点对应于定位坐标(x,y)在Turbo C2.0中是有规定的。如果把一个字符串视为一个长方形的图形，在水平方向显示时，字符串长方形按垂直方向可分为顶部、中部和底部三个位置，水平方向可分为左、中、右三个位置，两者结合就有9个位置。

settextjustify( )函数的第一个参数horiz指出水平方向三个位置中的一个，第二个参数vert指出垂直方向三个位置中的一个，二者就确定了其中一个位置。当规定了这个位置后，用outtextxy( )函数输出字符串时，字符串长方形的这个规定位置就对准函数中的(x, y)位置。而对用outtext( )函数输出字符串时，这个规定的位置就位于现行游标的位置。有关参数horiz和vert的取值如表A.5所示。

表A.5 参数horiz和vert的取值

符号常数	数值	用于
LEFT_TEXT	0	水平
RIGHT_TEXT	2	水平
BOTTOM_TEXT	0	垂直
TOP_TEXT	2	垂直
CENTER_TEXT	1	水平或垂直

```
void far settextstyle(int font, int direction, int charsize);
```

该函数用来设置输出字符的字形（由 font 确定）、输出方向（由 direction 确定）和字符大小（由 charsize 确定）等特性。Turbo C 对函数中各个参数的规定如表 A.6～表 A.8 所示。

表 A.6 font 的取值

符号常数	数值	含义
DEFAULT_FONT	0	8×8 点阵字（默认值）
TRIPLEX_FONT	1	三倍笔画字体
SMALL_FONT	2	小号笔画字体
SANSSERIF_FONT	3	无衬线笔画字体
GOTHIC_FONT	4	黑体笔画字

表 A.7 direction 的取值

符号常数	数值	含义	符号常数	数值	含义
HORIZ_DIR	0	从左到右	VERT_DIR	1	从底到顶

表 A.8 charsize 的取值

符号常数或数值	含义	符号常数或数值	含义
1	8×8 点阵	7	56×56 点阵
2	16×16 点阵	8	64×64 点阵
3	24×24 点阵	9	72×72 点阵
4	32×32 点阵	10	80×80 点阵
5	40×40 点阵	USER_CHAR_SIZE=0	用户定义的字符大小
6	48×48 点阵		

有关图形屏幕下文本输出和字体字型设置函数的用法如下。

```
#include<graphics.h>
#include<stdio.h>
int main()
{
    int i, gdriver, gmode;
    char s[30];
    gdriver=DETECT;
    initgraph(&gdriver, &gmode, "");
    setbkcolor(BLUE);
    cleardevice();
    setviewport(100, 100, 540, 380, 1);  /*定义一个图形窗口*/
    setfillstyle(1, 2);                  /*绿色以实填充*/
    setcolor(YELLOW);
    rectangle(0, 0, 439, 279);
    floodfill(50, 50, 14);
    setcolor(12);
    settextstyle(1, 0, 8);               /*三重笔画字体, 水平放大 8 倍*/
    outtextxy(20, 20, "Good Better");
    setcolor(15);
    settextstyle(3, 0, 5);               /*无衬笔画字体, 水平放大 5 倍*/
```

```
        outtextxy(120, 120, "Good Better");
        setcolor(14);
        settextstyle(2, 0, 8);
        i=620;
        sprintf(s, "Your score is %d", i);    /*将数字转化为字符串*/
        outtextxy(30, 200, s);                 /*指定位置输出字符串*/
        setcolor(1);
        settextstyle(4, 0, 3);
        outtextxy(70, 240, s);
        getch();
        closegraph();
        return 0;
    }
```

（3）用户对文本字符大小的设置

前面介绍的 settextstyle( )函数，可以设定图形方式下输出文本字符的字体和大小，但对于笔画型字体（除 8×8 点阵字以个的字体），只能在水平和垂直方向以相同的放大倍数放大。为此 Turbo C2.0 又提供了另外一个 setusercharsize()函数，对笔画字体可以分别设置水平和垂直方向的放大倍数。该函数的调用格式为：

```
    void far setusercharsize(int mulx, int divx, int muly, int divy);
```

该函数用来设置笔画型字和放大系数，它只有在 settextstyle( )函数中的 charsize 为 0（或 USER_CHAR_SIZE）时才起作用，并且字体为函数 settextstyle()规定的字体。调用函数 setusercharsize( )后，每个显示在屏幕上的字符都以其默认大小乘以 mulx/divx 为输出字符宽，乘以 muly/divy 为输出字符高。该函数的用法如下。

```
    #include<stdio.h>
    #include<graphics.h>
    int main()
    {
        int gdirver, gmode;
        gdriver=DETETC;
        initgraph(&gdriver, &gmode, "");
        setbkcolor(BLUE);
        cleardevice();
        setfillstyle(1, 2);                /*设置填充方式*/
        setcolor(WHITE);                   /*设置白色作图*/
        rectangle(100, 100, 330, 380);
        floodfill(50, 50, 14);             /*填充方框以外的区域*/
        setcolor(12);                      /*作图色为淡红*/
        settextstyle(1, 0, 8);             /*三重笔画字体, 放大 8 倍*/
        outtextxy(120, 120, "Very Good");
        setusercharsize(2, 1, 4, 1);       /*水平放大两倍, 垂直放大 4 倍*/
        setcolor(15);
        settextstyle(3, 0, 5);             /*无衬字笔画, 放大 5 倍*/
        outtextxy(220, 220, "Very Good");
        setusercharsize(4, 1, 1, 1);
```

```
        settextstyle(3, 0, 0);
        outtextxy(180, 320, "Good");
        getch();
        closegraph();
        return 0;
    }
```

A.6 其他函数

函数名：atof
用　法：double atof(char *str);
功　能：把字符串转换成浮点数，在 stdlib.h 中定义。

函数名：atoi
用　法：int atoi(char *str);
功　能：把字符串转换成整型数，在 stdlib.h 中定义。

函数名：atol
用　法：long atol(char *str);
功　能：把字符串转换成长整型数，在 stdlib.h 中定义。

函数名：itoa
用　法：char *itoa(int num, char *str, int radix);
功　能：把一整数 num 转换为与其等价的字符串，且把其结果放在由 str 所指向的字符串中，字符串输出的进制由 radix 确定，可以在 2～36 范围内变化。在 stdlib.h 中定义。

函数名：nosound
用　法：void nosound(void);
功　能：关闭计算机扬声器。

函数名：rand
用　法：int rand(void);
功　能：随机数发生器，产生一系列伪随机数。每调用一次，就返回一个 0～RAND_MAX 之间的整数。在 stdlib.h 中定义。

函数名：random
用　法：int random(int num);
功　能：返回一个 0～num 范围内的随机数。在 stdlib.h 中定义。

函数名：randomize
用　法：void randomize(void);
功　能：通过初始化随机数发生器使之产生一个随机数。要使用 time 函数，要包含 time.h。

函数名：sound

用　法：void sound(unsigned frequency);

功　能：以指定频率 frequency 打开计算机扬声器，参数 frequency 以赫兹为单位表示频率。调用后若想关闭扬声器，可以调用 nosound 函数。在 dos.h 中定义。

函数名：strtod

用　法：double strtod(char *start, char **end);

功　能：将存放在由 start 所指向的数字形式的字符串转换为 double 型值，并返回其结果。

函数名：strtol

用　法：long strtol(char *start, char **end, int radix);

功　能：将存放在由 start 所指向的数字形式的字符串转换为长整数，并返回其结果。数值的进制由 radix 确定。

函数名：ultoa

用　法：char *ultoa(unsigned long value, char *str, int radix);

功　能：转换一个无符号长整型数为字符串，把结果存入由 str 所指向的字符串中。字符串输出的进制由 radix 确定，一般在 2～36 之间取值。

附录B　常用C语言集成开发环境

B.1　Turbo C 2.0 集成开发环境

Turbo C 是一个集程序编辑、编译、连接、调试为一体的C语言程序开发软件，具有速度快、效率高、功能强等优点，使用非常方便。C语言程序人员可在 Turbo C 环境下进行全屏幕编辑，利用窗口功能进行编译、连接、调试、运行、环境设置等工作。Turbo C 是目前国内用户广泛使用的一种 C 编译系统。

如果采用系统提供的默认方案，则在安装完成后，用户的磁盘（一般为C盘）上将会增加以下子目录和文件：

- C:\TC：其中包括 tc.exe、tcc.exe、make.exe 等执行文件。
- C:\TC\INCLUDE：其中包括 stdio.h、math.h、malloc.h、string.h 等头文件。
- C: \TC\LIB：其中包括 maths.lib、mathl.lib、graphics.1ib 等库函数文件。
- C: \TC\BGI 和 C:\TC\C：其中包括 TC 运行时所需的信息。

运行 Turbo C 2.0 时，只要在 TC 子目录下输入 TC 并回车，即可进入 Turbo C 2. 0 集成开发环境。

（1）Turbo C 2.0 集成开发环境的使用

进入 Turbo C 2.0 集成开发环境后，屏幕上有显示界面。界面包括 Turbo C 2.0 主菜单、编辑区、信息窗口和参考行。这4个窗口构成了 Turbo C 2.0 的主屏幕，以后的编程、编译、调试及运行都将在这个主屏幕中进行。除 Edit 外，其他各项均有子菜单，只要用 Alt 加上某项中第一个字母（大写字母），就可进入该项的子菜单中。

（2）File（文件）菜单

按 Alt+F 可进入 File 菜单，该菜单包括以下内容。

- .Load（加载）

装入一个文件，可用类似 DOS 的通配符（如*.C）来进行列表选择，也可装入其他扩展名的文件，只要给出文件名（或只给路径）即可。该项的快捷键为 F3，即只要在主菜单中按 F3 即可进入该项，而无须先进入 File 菜单再选此项。

- .Pick（选择）

将最近装入编辑窗口的8个文件列成一个表让用户选择，选择后将该程序装入编辑区，并将光标置在上次修改过的地方。其快捷键为 Alt+F3。

- .New（新文件）

说明文件是新的，默认文件名为 NONAME.C，存盘时可改名。

- .Save（存盘）

将编辑区中的文件存盘，若文件名是 NONAME.C，将询问是否更改文件名，其快捷键为 F2。

- .Write to（存盘）

可由用户给出文件名将编辑区中的文件存盘，若该文件已存在，则询问要不要覆盖。

- .Directory（目录）

显示目录及目录中的文件，并可由用户选择。

- .Change dir（改变目录）

显示当前目录，用户可以改变显示的目录。

- .Os shell（暂时退出）

暂时退出Turbo C 2.0到DOS提示符下，此时可以运行DOS 命令，若想回到Turbo C 2.0中，只要在DOS状态下输入EXIT即可。

- .Quit（退出）

退出Turbo C 2.0，返回到DOS操作系统中，其快捷键为Alt+X。

以上各项可用光标键移动色棒进行选择，回车则执行，也可用每一项的第一个大写字母直接选择。若要退到主菜单或从它的下一级菜单列表框退回，均可用Esc键，Turbo C 2.0所有菜单均采用这种方法进行操作，以下不再说明。

（3）Edit（编辑）菜单

按Alt+E可进入编辑菜单，若再回车，则光标出现在编辑窗口，此时用户可以进行文本编辑。

与编辑有关的功能键如下：

- F1 获得Turbo C 2.0编辑命令的帮助信息
- F5 扩大编辑窗口到整个屏幕
- F6 在编辑窗口与信息窗口之间进行切换
- F10 从编辑窗口转到主菜单

编辑命令简介：

- PageUp 向前翻页
- PageDn 向后翻页
- Home 将光标移到所在行的开始
- End 将光标移到所在行的结尾
- Ctrl+Y 删除光标所在的一行
- Ctrl+T 删除光标所在处的一个词
- Ctrl+KB 设置块开始
- Ctrl+KK 设置块结尾
- Ctrl+KV 块移动
- Ctrl+KC 块复制
- Ctrl+KY 块删除
- Ctrl+KR 读文件
- Ctrl+KW 存文件
- Ctrl+KP 块文件打印
- Ctrl+F1 如果光标所在处为Turbo C 2.0库函数，则获得有关该函数的帮助信息
- Ctrl+Q[查找Turbo C 2.0双界符的后匹配符
- Ctrl+Q] 查找Turbo C 2.0双界符的前匹配符

Turbo C 2.0的双界符包括以下几种符号：

- 花括符 {和}
- 尖括符 <和>
- 圆括符（和）
- 方括符 [和]
- 注释符 /*和*/
- 双引号

● 单引号

Turbo C 2.0 在编辑文件时还有一种功能，就是能够自动缩进，即光标定位和上一个非空字符对齐。在编辑窗口中，Ctrl+OL 为自动缩进开关的控制键。

（4）Run（运行）菜单

按 Alt+R 可进入 Run 菜单，该菜单有以下各项。

● .Run（运行程序）

运行由 Project/Project name 项指定的文件名或当前编辑区的文件。如果对上次编译后的源代码未做过修改，则直接运行到下一个断点（没有断点则运行到结束）。否则先进行编译、连接后才运行，其快捷键为 Ctrl+F9。

● .Program reset（程序重启）

中止当前的调试，释放分给程序的空间，其快捷键为 Ctrl+F2。

● .Go to cursor（运行到光标处）

调试程序时使用，选择该项可使程序运行到光标所在行。光标所在行必须为一条可执行语句，否则提示错误。其快捷键为 F4。

● .Trace into（跟踪进入）

在执行一条调用其他用户定义的子函数时，若用 Trace into 项，则执行长条将跟踪到该子函数内部去执行，其快捷键为 F7。

● .Step over（单步执行）

执行当前函数的下一条语句，即使用户函数调用，执行长条也不会跟踪进函数内部，其快捷键为 F8。

● .User screen（用户屏幕）

显示程序运行时在屏幕上显示的结果。其快捷键为 Alt+F5。

（5）Compile（编译）菜单

按 Alt+C 可进入 Compile 菜单，该菜单有以下几个内容。

● .Compile to OBJ（编译生成目标码）

将一个 C 源文件编译生成.OBJ 目标文件，同时显示生成的文件名。其快捷键为 Alt+F9。

● .Make EXE file（生成执行文件）

此命令生成一个.EXE 的文件，并显示生成的.EXE 文件名。其中.EXE 文件名是下面几项之一：

- ✧ 由 Project/Project name 说明的项目文件名；
- ✧ 若没有项目文件名，则由 Primary C file 说明的源文件；
- ✧ 若以上两项都没有文件名，则为当前窗口的文件名。

● .Link EXE file（连接生成执行文件）

把当前.OBJ 文件及库文件连接在一起生成.EXE 文件。

● .Build all（建立所有文件）

重新编译项目中的所有文件，并进行装配生成.EXE 文件。该命令不做过时检查（上面的几条命令要做过时检查，即如果目前项目中源文件的日期和时间与目标文件相同或更早，则拒绝对源文件进行编译）。

● .Primary C file（主 C 文件）

当在该项中指定了主文件后，在以后的编译中，如没有项目文件名，则编译此项中规定的主 C 文件，如果编译中有错误，则将此文件调入编辑窗口，不论目前窗口中是不是主 C 文件。

.Get info 获得有关当前路径、源文件名、源文件字节大小、编译中的错误数目、可用空间等信息。

（6）Project（项目）菜单

按 Alt+P 可进入 Project 菜单，该菜单包括以下内容。

- .Project name（项目名）

项目名具有.PRJ 的扩展名，其中包括将要编译、连接的文件名。例如，有一个程序由 file1.c、file2.c、file3.c 组成，要将这三个文件编译装配成一个 file.exe 的执行文件，可以先建立一个 file.prj 的项目文件，其内容如下：

```
file1.c
file2.c
file3.c
```

此时将 file.prj 放入 Project name 项中，以后进行编译时将自动对项目文件中规定的三个源文件分别进行编译，然后连接成 file.exe 文件。

如果其中有些文件已经编译成.OBJ 文件，而又没有修改过，可直接写上.obj 扩展名。此时将不再编译而只进行连接。例如：file1.obj

```
file2.c
file3.c
```

将不对 file1.c 进行编译，而直接连接。

说明：

当项目文件中的每个文件无扩展名时，均按源文件对待，另外，其中的文件也可以是库文件，但必须写上扩展名.LIB。

- .Break make on（中止编译）

由用户选择是否在有 Warining（警告）、Errors（错误）、Fatal Errors（致命错误）时或 Link（连接）之前退出 Make 编译。

- .Auto dependencies（自动依赖）

若开关置为 on，编译时将检查源文件与对应的.OBJ 文件日期和时间，否则不进行检查。

- .Clear project（清除项目文件）

清除 Project/Project name 中的项目文件名。

- .Remove messages（删除信息）

将错误信息从信息窗口中清除掉。

（7）Options（选择菜单）

按 Alt+O 可进入 Options 菜单，该菜单对初学者来说要谨慎使用。

- .Compiler（编译器）

本项选择有许多子菜单，可以让用户选择硬件配置、存储模型、调试技术、代码优化、对话信息控制和宏定义。这些子菜单如下。

Model　共有 Tiny、small、medium、compact、large、huge 这 6 种不同模式可由同户选择。

Define　打开一个宏定义框，同户可输入宏定义。多重定义可用分号，赋值可用等号。

Code generation　它有许多任选项，这些任选项告诉编译器产生什么样的目标代码。

Calling convention　可选择 C 或 Pascal 方式传递参数。

Instruction set　可选择 8088/8086 或 80186/80286 指令系列。

Floating point　可选择仿真浮点、数学协处理器浮点或无浮点运算。

Default char type　规定 char 的类型。

Alignonent　规定地址对准原则。

Merge duplicate strings　作优化用，将重复的字符串合并在一起。

Standard stack frame　产生一个标准的栈结构。

Test stack overflow　产生一段程序运行时检测堆栈溢出的代码。

Line number　在.OBJ 文件中放进行号以供调试时用。

OBJ debug information　在.OBJ 文件中产生调试信息。

Optimization　Optimize for 选择是对程序小型化还是对程序速度进行优化处理；Use register variable 用来选择是否允许使用寄存器变量；Register optimization 尽可能使用寄存器变量以减少过多的取数操作；Jump optimization 通过去除多余的跳转和调整循环与开关语句的办法，压缩代码。

Source　Indentifier length 说明标识符有效字符的个数，默认为 32 个；Nested comments 是否允许嵌套注释；ANSI keywords only 是只允许 ANSI 关键字还是也允许 Turbo C 2.0 关键字。

Error　Error stop after 多少个错误时停止编译，默认为 25 个；Warning stop after 多少个警告错误时停止编译，默认为 100 个。

Display warning　Portability warning 移植性警告错误；ANSI Violations 侵犯了 ANSI 关键字的警告错误；Common error 常见的警告错误；Less common error 少见的警告错误。

Names　用于改变段（segment）、组（group）和类（class）的名字，默认值为 CODE,DATA,BSS。

● .Linker（连接器）

本菜单设置有关连接的选择项，它有以下内容:

Map file menu　选择是否产生.MAP 文件。

nitialize segments　是否在连接时初始化没有初始化的段。

Devault libraries　是否在连接其他编译程序产生的目标文件时去寻找其默认库。

Graphics library　是否连接 graphics 库中的函数。

Warn duplicate symbols　当有重复符号时，产生警告信息。

Stack warinig　是否让连接程序产生 No stack 的警告信息。

Case-sensitive link　是否区分大、小写。

● .Environment（环境）

本菜单规定是否对某些文件自动存盘及制表键和屏幕大小的设置。

Message tracking　消息跟踪，编译时会跟踪编辑器中的语法错误。

Current file　跟踪在编辑窗口中的文件错误。

All files　跟踪所有文件错误。

Off　不跟踪。

Keep message　编译前是否清除 Message 窗口中的信息。

Config auto save　选 on 时，在 Run、Shell 或退出集成开发环境之前，如果 Turbo C 2.0 的配置被改过，则所做的改动将存入配置文件中。选 off 时不存。

Edit auto save　是否在 Run 或 Shell 之前，自动存储编辑的源文件。

Backup file　是否在源文件存盘时产生后备文件（.BAK 文件）。

Tab size　设置制表键大小，默认为 8。

Zoomed windows　将现行活动窗口放大到整个屏幕，其快捷键为 F5。

Screen size　设置屏幕文本大小。

● .Directories（路径）

规定编译、连接所需文件的路径，有下列各项:

Include directories　包含文件的路径，多个子目录用“;”分开。

Library directories　库文件路径，多个子目录用“;”分开。

Output directoried　输出文件（.OBJ、.EXE、.MAP 文件）的目录。

Turbo C directoried　Turbo C 所在的目录。

Pick file name　定义加载的 pick 文件名，如不定义，则从 current pick file 中取。

- .Arguments（命令行参数）

允许用户使用命令行参数。

- .Save options（存储配置）

保存所有选择的编译、连接、调试和项目到配置文件中，默认的配置文件为 TCCONFIG.TC。

- .Retrive options

装入一个配置文件到 TC 中，TC 将使用该文件的选择项。

（8）Debug（调试）菜单

按 Alt+D 可选择 Debug 菜单，该菜单主要用于查错，它包括以下内容：

Evaluate　测试或修改一个变量或表达式的值。

Expression　要计算结果的表达式。

Result　显示表达式的计算结果。

New value　赋给新值。

Call stack　该项不可接触，而在 Turbo C debuger 时用于检查堆栈情况。

Find function　在运行 Turbo C debugger 时用于显示规定的函数。

Refresh display　如果编辑窗口偶然被用户窗口重写了，可用此恢复编辑窗口的内容。

（9）Break/watch（断点及监视表达式）

按 Alt+B 可进入 Break/watch 菜单，该菜单有以下内容：

Add watch　向监视窗口插入监视表达式。

Delete watch　从监视窗口中删除当前的监视表达式。

Edit watch　在监视窗口中编辑一个监视表达式。

Remove all watches　从监视窗口中删除所有的监视表达式。

Toggle breakpoint　对光标所在的行设置或清除断点。

Clear all breakpoints　清除所有断点。

View next breakpoint　将光标移动到下一个断点处。

（10）Turbo C 2.0 配置

所谓配置文件，是包含 Turbo C 2.0 有关信息的文件，其中存有编译、连接的选择和路径等信息。可以用下述方法建立 Turbo C 2.0 的配置。

- 建立用户自命名的配置文件可以从 Options 菜单中选择 Options→Save options 命令，将当前集成开发环境的所有配置存入一个由用户命名的配置文件中。下次启动 TC 时只要在 DOS 下输入：tc/c<用户命名的配置文件名>，就会按这个配置文件中的内容作为 Turbo C 2.0 的选择。
- 若设置 Options→Environment→Config auto save 为 on，则退出集成开发环境时，当前的设置会自动存放到 Turbo C 2.0 配置文件 TCCONFIG.TC 中。Turbo C 在启动时会自动寻找这个配置文件。
- 用 TCINST 设置 Turbo C 的有关配置，并将结果存入 TC.EXE 中。Turbo C 在启动时，若没有找到配置文件，则取 TC.EXE 中的默认值。

（11）Turbo C 2.0 调试

程序的编译和连接没有错误，不等于运行结果一定正确。编译系统能检查出语法错误，但无法检查出逻辑错误。下面介绍两种动态调试方法。

● 按步执行方法

这种方法的特点是：程序一次执行一行。每执行完一行后，就停下来，用户可以检查此时各有关变量和表达式的值，以便发现问题所在。

开始运行程序时，按 F7 键，可以看到在编辑窗口中的源程序中的主函数 main( )处，用高亮度显示，表示准备进入 main 函数。同时可以看到屏幕下部的 message 窗口变成了 Watch 窗口，它是观察数据用的。想检查程序执行过程中某个变量的值，按 Ctrl+F7 键，在编辑窗口中出现一个观察数据的输入框。如果想查看变量 a 的值，就在此框中输入字符 a。按回车键后，该输入框消失，在屏幕下部的 Watch 窗口显示出 a 的当前值。如果还想查看其他变量的值，按同样的方法按 Ctrl+F7 键加入。

以上是用功能键实现按步执行的方法，也可以通过选择菜单命令来实现按步执行。用 Run 下拉菜单中的 Trace into 命令也能使程序按步执行，相当于按一次 F7 键。

选择主菜单条中的 Break→Watch 后按回车键，得到下拉菜单。从中选择 Add watch，并按回车键，也可得到 Add watch 输入对话框，相当于按一次 Ctrl+F7 键。显然，用功能键比用菜单选择方便得多。

● 设置断点方法

按步执行法能有效地、一行一行地检查感兴趣的数据的值，但是如果程序很长，是难以逐行进行检查的。对于一个较长的程序，常用的方法是在程序中设若干断点，程序执行到断点时暂停，用户可以检查此时有关变量或表达式的值。如果未发现错误，就使程序继续执行到下一个断点，如此一段一段地检查。这种方法实质上是把一个程序分割成几个分区，逐区检查有无错误，这样就可以将找错的范围从整个程序缩小到一个分区，然后集中精力检查有问题的分区。再在该分区内设若干断点，把一个分区分成几个小区，然后寻找有错的小区。用这种方法可不断缩小找错范围，直到找到出错点。

设断点的方法是：将光标移到某一行上，然后按 Ctrl+F8 键，此行就以颜色条覆盖，作为断点行。如果想取消断点行，则将光标移到断点行上，再按一次 Ctrl+F8 键，颜色条消失，该行就不再是断点行。运行时遇断点行暂停，此时，用户可以用前面介绍过的方法查看有关变量和表达式的值。如果想继续运行，再按一次 Ctrl+F9 键即可。

在用按步执行方法或设置断点方法找错的过程中，还可以使用 TC 的 Debug 菜单提供的调试工具。从菜单中可以看到 Ctrl+F4 键与 Evaluate 命令等价，它不仅可以查看有关变量和表达式的值，还可以修改它们的值，以帮助用户调试程序。

B.2 Visual C++ 6.0 集成开发环境

（1）Visual C++ 6.0 简介

Visual C++是 Microsoft 公司的 Visual Studio 开发工具箱中的一个 C++程序开发包。VisualStudio 提供了一整套开发 Internet 和 Windows 应用程序的工具，包括 Visual C++、Visual Basic、Visual Foxpro、Visual InterDev、Visual J++及其他辅助工具，如代码管理工具 Visual SourceSafe 和联机帮助系统 MSDN。Visual C++包中除包括 C++编译器外，还包括所有的库、例子和为创建 Windows 应用程序所需要的文档。

【Visual C++集成开发环境】

集成开发环境（IDE）是一个将程序编辑器、编译器、调试工具和其他建立应用程序的工具集成在一起的用于开发应用程序的软件系统。Visual C++软件包中的 Developer Studio 就是一个集成开发环境，它集成了各种开发工具和 VC 编译器。程序员可以在不离开该环境的情况下编辑、编译、调试和运行一个应用程序。IDE 还提供大量在线帮助信息协助程序员做好开发工作。Developer Studio 中除了程序编辑器、资源编辑器、编译器、调试器外，还有各种工具和向导（如 AppWizard 和 ClassWizard），以及 MFC 类库，这些都可以帮助程序员快速而正确地开发出应用程序。

【向导（Wizard）】

向导是一个通过一步步的帮助引导工作的工具。Developer Studio 中包含三个向导，用来帮助程序员开发简单的 Windows 程序。

① AppWizard：用来创建一个 Windows 程序的基本框架结构。AppWizard 向导会一步步向程序员提出问题，询问他所创建的项目的特征，然后 AppWizard 会根据这些特征自动生成一个可以执行的程序框架，程序员然后可以在这个框架下进一步填充内容。AppWizard 支持三类程序：基于视图/文档结构的单文档应用程序、基于视图/文档结构的多文档应用程序和基于对话框的应用程序。也可以利用 AppWizard 生成最简单的控制台应用程序（类似于 DOS 下用字符输入/输出的程序）。

② ClassWizard：用来定义 AppWizard 所创建的程序中的类。可以利用 ClassWizard 在项目中增加类、为类增加处理消息的函数等。ClassWizard 也可以管理包含在对话框中的控件，它可以将 MFC 对象或者类的成员变量与对话框中的控件联系起来。

③ ActiveX Control Wizard：用于创建一个 ActiveX 控件的基本框架结构。ActiveX 控件是用户自定义的控件，它支持一系列定义的接口，可以作为一个可再利用的组件。

【MFC 库】

库（library）是可以重复使用的源代码和目标代码的集合。MFC（Microsoft Fundamental Classes）是 Visual C++开发环境所带的类库，在该类库中提供了大量的类，可以帮助开发人员快速建立应用程序。这些类可以提供程序框架、进行文件和数据库操作、建立网络连接、进行绘图和打印等各种通用的应用程序操作。使用 MFC 库开发应用程序可以减少很多工作量。

（2）Visual C++ 6.0 项目开发过程

在一个集成的开发环境中开发项目非常容易。一个项目的通用开发过程如图 B.1 所示。

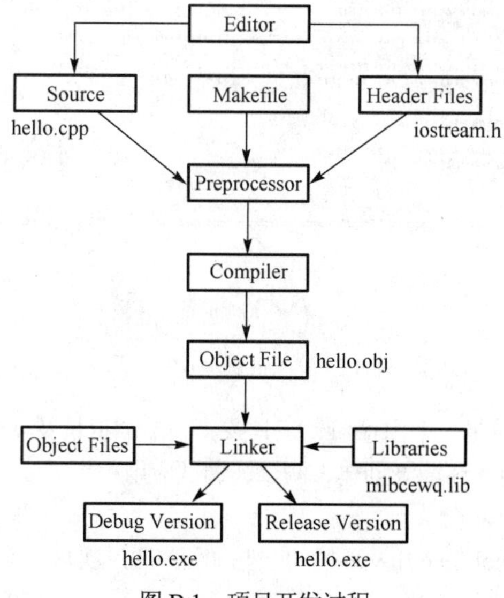

图 B.1　项目开发过程

建立项目的第一步是利用编辑器建立程序代码文件，包括头文件、代码文件、资源文件等。然后，启动编译程序，编译程序首先调用预处理程序处理程序中的预处理命令（如#include、#define 等），经过预处理程序处理的代码将作为编译程序的输入。编译对用户程序进行词法和语法分析，建立目标文件，文件中包括机器代码、连接指令、外部引用及从该源文件中产生的函数和数据名。此后，连接程序将所有的目标代码和用到的静态连接库的代码连接起来，为所有的外部变量和函数找到其提供地点，最后产生一个可执行文件。一般有一个 makefile 文件来协调各个部分产生可执行文件。

可执行文件分为两种版本：Debug 和 Release。Debug 版本用于程序的开发过程，该版本产生的可执行程序带有大量的调试信息，可以供调试程序使用，而 Release 版本作为最终的发行版本，没有调试信息，并且带有某种形式的优化。学员在上机实习过程中可以采用 Debug 版本，便于调试。

选择是产生 Debug 版本还是 Release 版本的方法是：在 Developer Studio 中选择菜单 Build|Set Active Configuration，在弹出的对话框中选择所要的类型，然后单击 OK 按钮关闭对话框。Visual C++集成开发环境中集成了编辑器、编译器、连接器及调试程序，覆盖了开发应用程序的整个过程，程序员无须脱离这个开发环境就可以开发出完整的应用程序。

（3）Visual C++ 6.0 IDE

如果使用的是 Visual C++ 6.0，则要进入 Developer Studio，需要单击任务栏中“开始”后选择“程序”，找到 Microsoft Visual Studio 6.0 文件夹后，单击其中的 Microsoft Visual C++6.0 图标，则可以启动 Developer Studio，如图 B.2 所示。

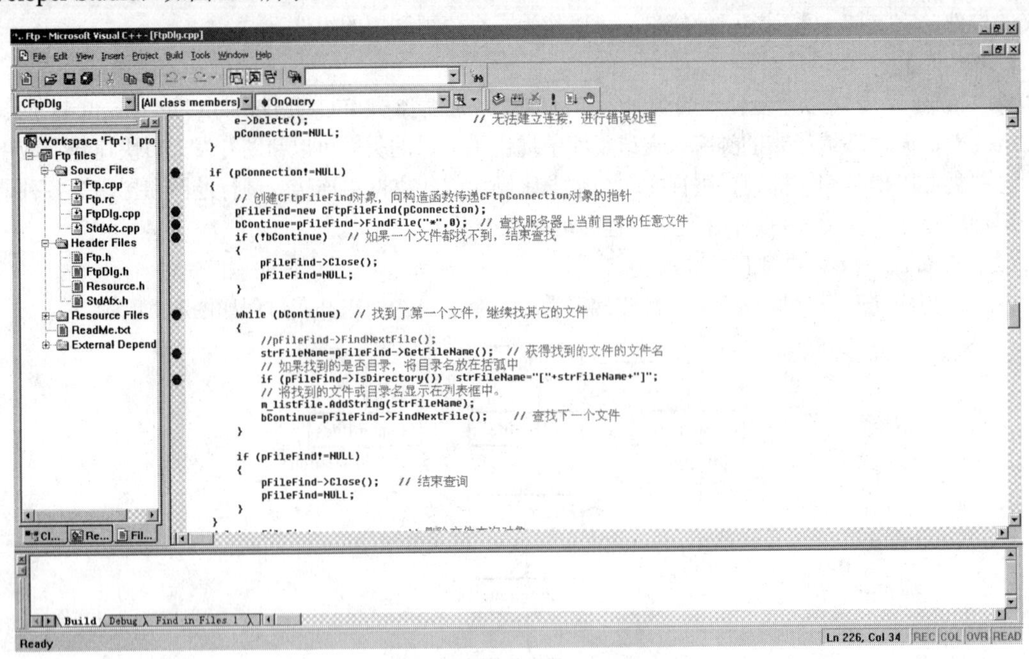

图 B.2 Visual C++ 6.0 界面

Developer Studio 用户界面是一个由窗口、工具条、菜单、工具及其他部分组成的一个集成界面。通过这个界面，用户可以在同一环境下创建、测试、调试应用程序。

（4）Visual C++ 6.0 编程步骤

本部分内容介绍有关 Visual C++开发环境的一些知识，通过实现一个简单的 DOS 程序，可以了解用 Visual C++开发 C++应用程序的过程。

【编程练习】

用 AppWizard 建立一个控制台应用，在终端上输出“Hello，world!”。

“控制台应用程序”是一个在 DOS 窗口中运行的基于字符的程序。由于这种模式的应用程序比

Windows程序简单，先选择利用Visual C++来建立这样一个应用，这样可以将精力先投入到学习使用C++编程语言，而无须把过多的精力投入到学习复杂的Windows编程中去。

【编程步骤】

- 创建项目（project）。项目将代表你的应用，存放应用的所有信息，包括源文件、资源文件、编译连接设置等。创建项目的步骤如下。
  - ✧ 启动Developer Studio；
  - ✧ 从主菜单中选择File→New，将显示New对话框；
  - ✧ 选择Projects标签，并从列表中单击Win32 Console Application；
  - ✧ 在Location编辑框中输入工作目录名称，如d:\ your_ID；
  - ✧ 在对话框的右上角的project name编辑框内键入项目的名字，如“Hello”，系统将自动为项目分配一个默认的目录；
  - ✧ 单击OK按钮继续；
  - ✧ 如果是VC++ 6.0，系统将显示一个询问项目类型的程序向导，选择“an empty project”；
  - ✧ 单击Finish或OK按钮结束配置，创建应用程序。

这时系统为你创建一个新的项目，并且在左边的工作区窗口中将出现项目的名称。ClassView从类的角度显示项目中建立的各个类，双击某个类名将会在右边的文档显示区显示类的定义文件，并把文件的当前位置定位到所选的类；FileView显示构成项目的各个文件，选择某一文件将会在右边的文档显示区显示文件内容。

- 添加源文件。按照以下的步骤在创建的项目中添加一个文件：
  - ✧ 在主菜单上选择File→New；
  - ✧ 在New对话框中选择File标签，单击“C++ Source File”按钮；
  - ✧ 选中Add to Project复选框；
  - ✧ 在右边的File name编辑框中为文件指定一个名字，如Hello，系统将自动加上后缀.cpp，新的空白文件将自动打开，显示在文档显示区。在文件中输入以下内容：

```
//hello world example
#include <stdio.h>
int main() {
    printf("hello, world!\n");
    return 0;
}
```

- 保存源文件。单击工具栏中的save图标，或者选择File→Save来保存你的文件。
- 编译连接。仔细检查输入的内容，确认没有错误之后，选择主菜单的Build→Build Hello.exe来编译项目（也可按功能键F7）。如果输入的内容没有错误，那么，在屏幕下方的输出窗口将会显示：

```
hello.exe -0 error(s), 0 warning(s)
```

如果在编译时得到错误或警告，则是源文件出现错误，再次检查源文件，看是否有错误，改正它，之后重新编译连接。

- 运行程序。可以有三种方式运行程序。
  - ✧ 在开发环境中运行程序。选择Build→Execute hello.exe（或Ctrl+F5），在开发环境中执行程序。程序运行以后将显示一个类似于DOS的窗口，在窗口中输出一行“hello”，紧接着在下面显示“Press any key to continue”，这句话是系统提示你按任意键退出当前运行的程序，回到开发环境中。按任意键，窗口关闭，退回到 Visual C++开发环境。

- ✧ 在 DOS 环境下运行程序。打开 DOS 窗口，改变工作路径到项目目录，该目录是你在创建目录时指定的。如果你不记得了，可以在 Developer Studio 中的工作区窗口中选择项目名称（这里是“hello files”），然后选择菜单 View→Properties，将可以显示出项目路径。切换到 debug 子目录下，运行 hello.exe，程序将输出“hello”。
- ✧ 在 Windows 环境下运行程序。打开 Windows 的资源管理器，找到程序所在的目录，运行它。

（5）Visual C++ 6.0 数据类型

不论是在 C 语言，还是在 C++中，short、int、long 等整型数据的位数都没有规定，只是规定了 short≤int≤long。这样，在基于 DOS 的 C++编译器中一般将 short、int 类型的数据定义为 16 位有符号整数，将 long 类型的数据定义为 32 位有符号整数；但在基于 Windows 的 C++编译器中，一般将 short 类型的数据定义为 16 位有符号整数，int、long 类型的数据定义为 32 位有符号整数。这样会给程序员造成许多混乱，为了避免这种混乱，同是也为了更好地进行类型检查，在 Visual C++中用 typedef 语句自定义了一些仅可以在 Visual C++中使用的数据类型，建议在 Visual C++下开发 Windows 应用程序时尽可能地使用这些数据类型。Visual C++中自定义的常用数据类型如下。

- BOOL：一个布尔值。
- BSTR：32 位字符指针。
- BYTE：无符号的 8 位整数。
- COLORREF：用于颜色值的 32 位数。
- DWORD：32 位无符号整数或地址。
- LONG：32 位带符号整数。
- LPARAM：用做窗口过程或回调函数的参数的 32 位值。
- LPCSTR：指向字符串常量的 32 位指针。
- LPSTR：指向字符串的 32 位指针。
- LPCTSTR：指向常 Unicode 或 DBCS 字符串常量的 32 位指针。
- LPTSTR：指向常 Unicode 或 DBCS 字符串的 32 位指针。
- LPVOID：指向不定类型数据的 32 位指针。
- LRESULT：从窗口过程或回调函数返回的 32 位值。
- UINT：在 Windows 3.0/3.1 下，这是一个 16 位无符号整数；在 Win32 下，这是一个 32 位无符号整数。
- WNDPROC：指向窗口过程的 32 位指针。
- WORD：16 位无符号整数。
- WPARAM：窗口过程或回调函数的参数值，在 Windows 3.0/3.1 下为 16 位而在 Win32 下为 32 位。

（6）Visual C++ 6.0 调试方法

下面以一个程序案例为例，介绍如何在 VC++ 6.0 下进行程序调试。

案例：一个数如果恰好等于它的因子之和，这个数就称为“完数”。例如，6 的因子为 1、2、3、而 6=1+2+3，因此是“完数”。编程找出 1000 之内的所有完数，并按下面的格式输出其因子：

6 its factors are 1, 2, 3

例 B.2.1 是某同学编写的源程序。在 VC++ 6.0 下建立 Win32 Console Application 类型工程后，进行编译链接的结果如图 B.3 所示。对于例 B.2.1 中的程序功能，在其源代码中相应注释已给出说明。对于该源代码编写是否合理、简洁，目前不做任何评论。

【例B.2.1】 求1000以内的所有完数C源代码

```
#include<stdio.h>
main()
{
    int n,a,b,c,d,sum=0;
    for (a=0;a<=8;a++)                  //a表示一个三位数中的百位
    {
        for (b=0;b<=8;b++)              //b表示一个三位数中的十位
        {
            for (c=1;c<=8;c++)          //c表示一个三位数中的个位
            {
                n=100*a+b*10+c;         //n表示一个1000以内的数
                for (d=1;d<n;d++)
                {
                    if (n%d==0)  //d表示1～n-1之间的数，如果n能整除d，则d是n
                                     的一个因子
                    sum=sum+d;   //sum表示n的因子之和
                }
                if (n==sum)          //如果n与n的因子之和相等，则表明n是一个完数
                {
                    printf(" \n");
                    printf( "%d" ,n);
                    printf(" its factors are " );
                    for (d=1;d<n;d++)
                    {
                        if (n%d==0)
                            printf("%d" ,d);
                    }
                }
            }
        }
    }
    printf(" \n");
    return  0;
}
```

从图B.3的编译、连接结果可知，该程序不存在语法错误。该程序的运行结果如图B.4所示。从图B.4及例B.2.1中的代码可看出，程序运行后并没有输出1000以内的所有完数及其因子。从而可知程序结果与开发者预期不一致（也就是说，程序存在逻辑错误），这时需要通过调试的手段来找出逻辑错误，并加以修改。

在进行程序调试时，通常需要在某一行代码设置断点、断点可理解为中断或暂停。当程序运行时，若遇到设置的断点，则会在断点所在的代码行暂停下来。其功能是使得开发者在特定的某行代码位置，查看程序运行的状态（变量值、逻辑关系等）是否符合开发者的预期要求，从而找出程序逻辑错误所在。

在介绍程序调试时，首先介绍如何在程序中插入断点，如图B.5所示。编译微型栏最右边一个工

具按钮为插入断点（或删除断点）按钮，每单击该按钮一次，则会在当前光标所在行中插入断点（如果当前光标所在行存在断点，则单击该按钮一次将会把已存在的断点删除）。如果某一行存在断点，则该行最左端会有红色圆点表示，如图 B.5 所示。

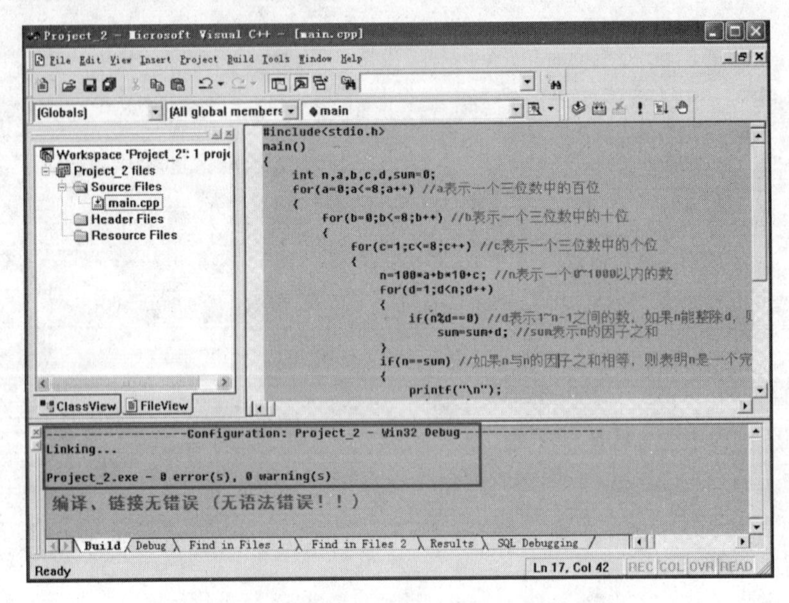

图 B.3　对程序源代码编译、连接后的结果

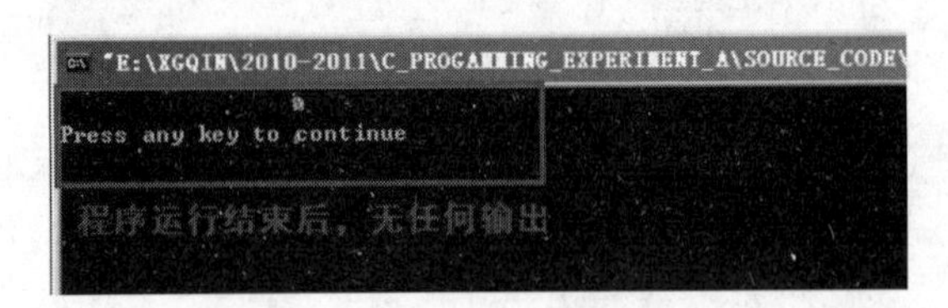

图 B.4　程序的运行结果

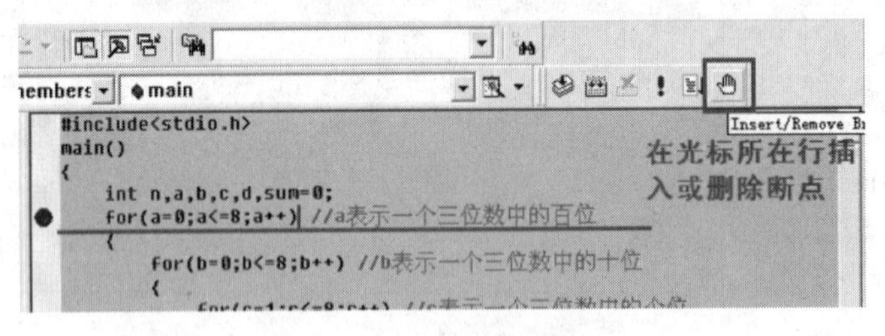

图 B.5　在程序中插入断点

如何选择在哪一行程序设置断点，这需要开发者的经验和对程序逻辑错误表象的理解（亦即对程序运行结果不正确的判断）。一般原则是将断点设置在可能存在逻辑错误代码段的前几行。如果无法把握，则最“笨”的一种方式是将其设置在程序的开始，如图 B.5 所示。在本例中，由于无法从程序运行结果得知程序逻辑错误可能所在的位置，因此将断点设置在代码的第一行（注意，应该将断点设置在可执行代码行上，而不应该将其设置在变量定义或是花括号等代码行）。

在设置了断点后，便可进行程序调试。要开始调试，可单击编译微型栏中的开始调试按钮（或快捷键 F5），如图 B.6 所示。单击开始调试按钮后，VC++ 6.0 由编辑环境变为调试环境，并出现一个调试工具栏。

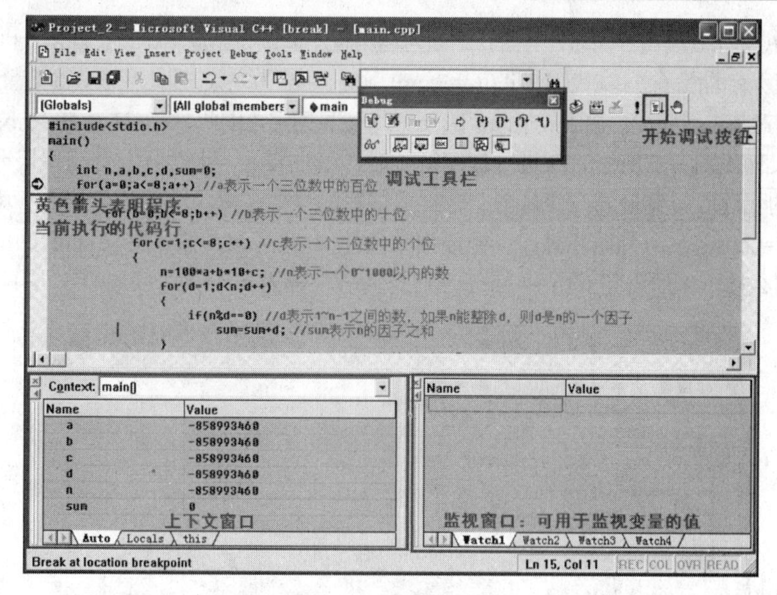

图B.6　开始程序调试

下面简要介绍VC++ 6.0的调试环境。与代码编辑环境不一样的是，调试环境下方由上下文窗口和监视窗口组成。上下文窗口会列举出与程序当前所执行到的代码行上下几行所对应的变量的值，图B.6中，上下文窗口显示了与黄色箭头指向的代码行上下几行对应的变量值（由图中看出a 、b、c 、d、n、sum的值，其中除了sum 的值为0 外，其他变量值均为–858993460。这是因为除sum 变量外，其他变量均未进行初始化或赋值，因此都为随机数）。监视窗口则可对开发者所关注的变量或表达式的值进行监视，需要监视某一变量，则可在监视窗口空白栏中双击，输入某一变量名即可。

调试工具栏包含用于程序调试的工具按钮，每一按钮功能如下所述（仅介绍调试工具栏中的第一行工具按钮）。

重新开始调试（Restart）：重新开始调试按钮将结束本次调试，并重新开始新的调试，快捷键为Ctrl + Shift + F5。在当前本次调试无效果或无法找到错误时，可单击此按钮，开始新的调试。

停止调试（Stop Debugging）：停止调试按钮将停止程序调试，返回至VC++ 6.0代码编辑环境，快捷键为Shift + F5。在进行调试后，如发现逻辑错误需要进行改正，则可单击该按钮。

应用代码更改：如果在VC++ 6.0调试环境中对代码进行了更改，可单击该按钮将更改应用于当前调试，而不必重新编译、连接便能继续进行调试，快捷键为Alt + F10。

单步进入（Step Into）：每单击一次单步进入，程序将执行一行代码，快捷键为F11。当需要执行的代码中包含函数调用时，单击单步进入则会进入被调用的函数中执行。

单步越过（Step Over）：单步越过与单步进入功能相似，每单击一次单步越过，程序将执行一行代码，快捷键为 F10。二者的不同是：当需要执行的代码中包含函数调用时，单击单步越过不会进入被调用函数中执行（简而言之，单步越过将函数仅视为一条语句，而单步进入则将函数调用展开）。

单步跳出（Step Out）：单击单步跳出，程序将执行当前所在函数的所有代码后，并返回至调用该函数的代码中，快捷键为Shift + F11。该功能与单步进入配合使用（例如，如果不小心单击了单步进入后，可不必单步执行完所进入的某一函数，直接单击单步跳出即可返回至调用该函数的代码处，特别是单步进入了库函数时，该按钮非常管用）。

执行至光标所在行（Run to Cursor）：单击该按钮，程序将执行至光标所在的行后暂停下来，快捷键为Ctrl + F10。使用该按钮可不必在某个代码行设置断点，便可使程序在该行暂停下来。

在介绍了 VC++ 6.0 调试界面后，下面介绍如何运用程序调试找出逻辑错误。首先分析程序可知，sum 用于保存一个数所有的因子之和，代码行 if (n == sum) 则表明n 为完数。因此应该关注变量n 及变量 sum，可在监视窗口中对其进行监视。由于n 由a、b、c 三个变量确定，因此可在 n = a* 100 + b * 10 + c 代码行中设置断点，具体如图 B.7 所示。在进行程序调试时，最重要的一点是开发者需要根据当前变量的值判断当前执行的代码段对变量的改变是否符合程序编写的预期逻辑。例如，在图 B.7 中，由于 n=1，则在执行 for(d = 1; d < n; d++)循环时，该循环判断条件 d<n 应该为假，所以 sum 的值不会发生改变（仍然为 0）。那么接下来的语句 if (n == sum)也应该为假（因为 n = 1 而 sum = 0），因此 1 不为完数。

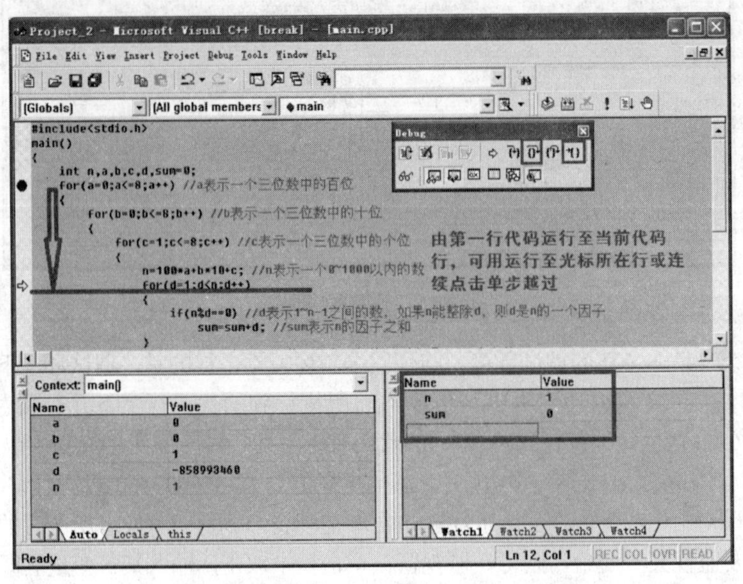

图 B.7　运行至 n = a * 100 + b* 10 + c 代码行

接着进行调试时，由于我们关注 n 的值，因此在 n = a* 100 + b* 10 + c;这行代码中设置断点，并删除原来在 for(a = 0; a <=8; a++) 所在行的断点，具体如图 B.8 所示。变量 n 的值现在为 2，程序在 for (d = 1; d < n; d++) 行停下，由于 for 循环的条件是 d<n ，因此该 for 循环总共能执行一次，而在 for 循环内，if(n % d == 0)条件在 d = 1 时为真，因此 sum 的值在执行完该 for 循环后应变为 1，如图 B.9 所示。从目前看，并没有发现其逻辑错误所在，可以接着进行下一步调试。

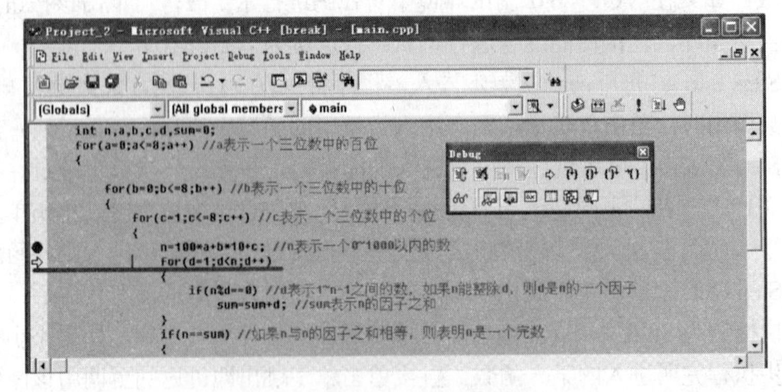

图 B.8　变量 n=2 时的调试界面

因为数字 6 是完数，所以可以尝试查看当 n=6 时，for(d = 1; d< n; d++)循环的执行过程。这时可以按快捷键 F5 继续调试，由于在 n = a* 100 + b* 10 + c 代码行存在断点，因此每按一次 F5，程序会

在该行停下，并且每次 n 的值会发生变化，当在监视窗口中查看得知n=6 时，应再次进行单步调试，进入 for(d = 1; d < n; d++)循环中，此时调试界面如图 B.10 所示。

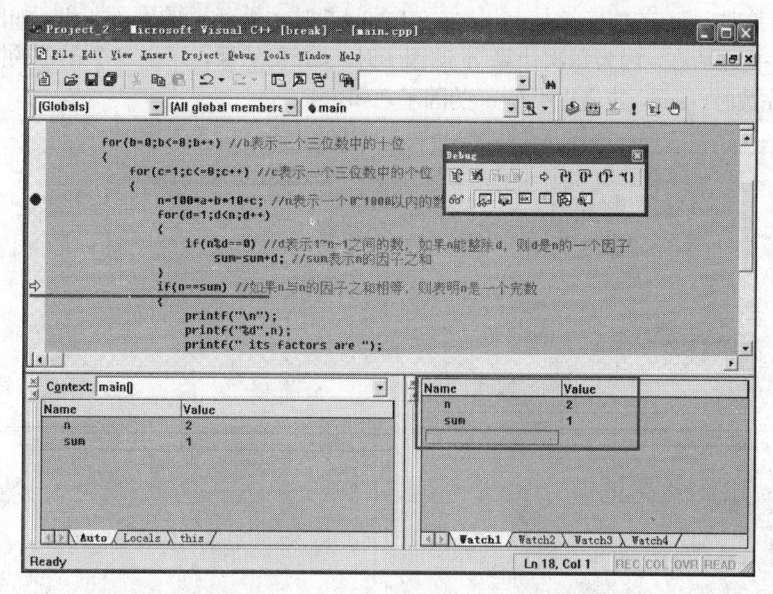

图 B.9　变量 n=2 时，执行完内层 for 循环后调试界面

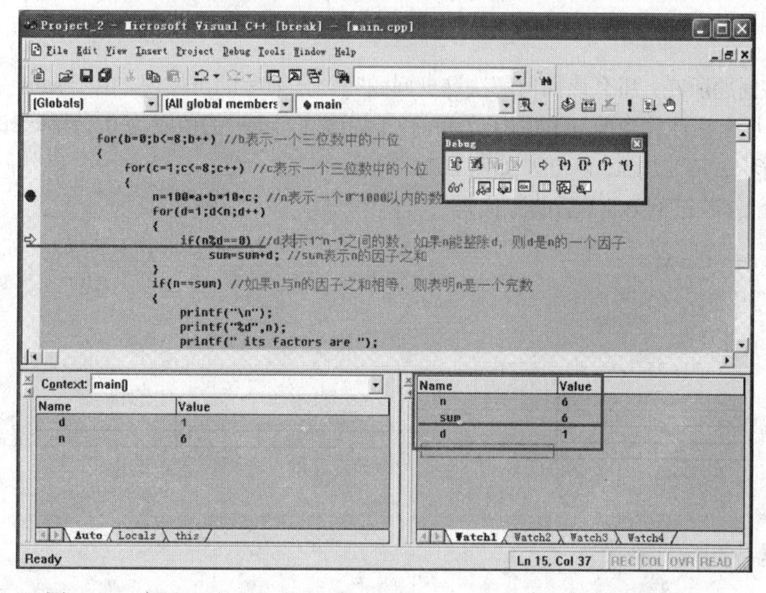

图 B.10　变量 n=6 时，执行完 n=a*100 + b*10 + c 语句后的调试界面

图 B.10 所示为 n=6，d=1 时的程序调试界面，由于 d<6 在 d =1、2、3、4、5 的条件下为真，因此 for 循环应该能执行 5 次，而 n=6 的所有因子为 1、2、3，因此执行完这个 for 循环后，sum 的值应该为 6。请注意 d=1 时，sum 的值为多少？sum=6，也就是说在未执行 for 循环时，sum 值就已为 6。那么执行完 for 循环后，sum 的值将会是 sum=6+1+2+3=12。在 n=6 时，执行完 for 循环后，变量值如图 B.11 所示。

请注意 sum 变量的值为 12，n 变量的值为 6。因为 sum 变量中保存的是 n 的因子，因此如果程序正确，sum的值应与n 的值一致。从而可判断出，逻辑错误出现在for 循环语句附近，仔细观察应该发现，当n为6时，在执行 for(d = 1; d < n; d++)循环前，sum 的值已经为6，如图B.10所示。细心的读者应该明白，这时sum 的值应该是上几次n = 1,2,3,4,5时，所有n 的因子之和，如例B.2.1所示。

这便是程序问题所在，因为每次计算 n 的因子时，sum仍然保存了上一个n 值的因子之和。因此导致即便n 为完数时，sum 的值也不是n 的因子之和。

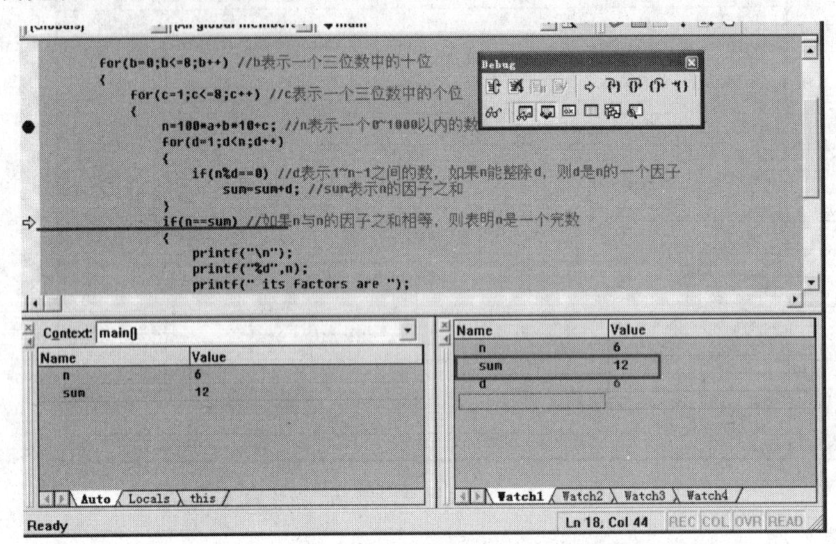

图B.11 变量n=6 时，执行完for (d = 1; d < n; d++) 语句后的调试界面

既然找到该问题所在，那么该如何解决这一问题呢？仔细考虑可发现，由于sum 保存的是上一个数的因子之和，那么在计算当前n 的因子之和前，因首先将sum 的值赋为0。具体修改应为在for(d = 1; d < n; d++) 循环语句前加sum = 0;，如例B.2.2所示。

【例B.2.2】 修改过例B.2.1后的源代码

```
#include<stdio.h>
main()
{
    int  n,a,b,c,d,sum=0;
    for (a=0;a<=8;a++)               //a 表示一个三位数中的百位
    {
        for (b=0;b<=8;b++)           //b 表示一个三位数中的十位
        {
            for (c=1;c<=8;c++)       //c 表示一个三位数中的个位
            {
                n=100*a+b*10+c;      //n 表示一个1000以内的数
                sum = 0;             //每次求n的因子时，首先将sum赋值为0
                for (d=1;d<n;d++)
                {
                    if(n%d==0)       //d表示1~n-1之间的数，如果n能整除d，则d是n的
                                       一个因子
                        sum=sum+d;  //sum表示n的因子之和
                }
                if (n==sum)          //如果n与n的因子之和相等，则表明n是一个完数
```

```
                {
                printf(" \n");
                printf("%d" ,n);
                printf(" its factors are " );
                for (d=1;d<n;d++)
                {
                    if (n%d==0)
                        printf("% 4d",d);
                }
            }
        }
    }
  }
  printf(" \n");
  return  0;
}
```

重新对程序进行编译、连接，这时不必急于再开始调试，而应运行此程序，查看修改过后的程序运行结果是否正确，运行结果如图B.12所示。

图B.12　改正逻辑错误后，程序的运行结果

查看图B.12可知，6、28均为完数。现在的疑问是1000以内的完数是否只有6 及28？实际上，1000以内的完数还应包括496。因此可判定，程序虽然经过修改，但其仍然存在逻辑错误。仔细观察例B.2.2中的代码发现，n 的值由a、b、c三个变量组成，而a、b、c 三个变量的范围为0～8，因此n的范围并不是1～999。从而使得在计算1000以内的完数时，遗漏了一些数，而这些数当中包括完数496。

此外，若要求1000以内的完数，并没有必要用三层循环生成数 n，而用一个 for循环便可实现。进一步修改过的程序源代码如例B.2.3所示。

需要说明的一点是，在例B.2.3中求n 变量的因子时，内层for循环for(d = 1; d <n; d++) 被改为了 for(d = 1; d<= n/2; d++)。这是为什么呢？举例说明，假设n=500，那么当d 取值为大于250 时，如251、252等，这些值不可能为n=500的因子（很显然，251×2 = 502 大于500）。因此在例B.2.3中做此修改，可减少内层for 循环的不必要执行次数，从而提高程序的效率。

【例B.2.3】 最终改正的程序源代码

```
#include<stdio.h>
main()
{
    int n,d,sum=0;
    for (n = 1; n < 1000; n++)   //n 表示一个1000以内的数
    {
        sum = 0;                  //每次求n的因子时，首先将sum赋值为0
        for (d=1;  d<=n/2;  d++)
```

```
        {
            if (n%d==0)  //d表示1~n-1之间的数，如果n能整除d，则d是n的一个因子
                sum=sum+d;   //sum表示n的因子之和
        }
        if (n==sum)              //如果n与n的因子之和相等，则表明n是一个完数
        {
            printf(" \n");
            printf("%d" ,n);
            printf(" its factors are " );
            for (d=1;d<n;d++)
            {
                if (n%d==0)
                    printf("% 4d",d);
            }
        }
    }
    printf(" \n");
    return 0;
}
```

图 B.13 所示为程序最终的运行结果。

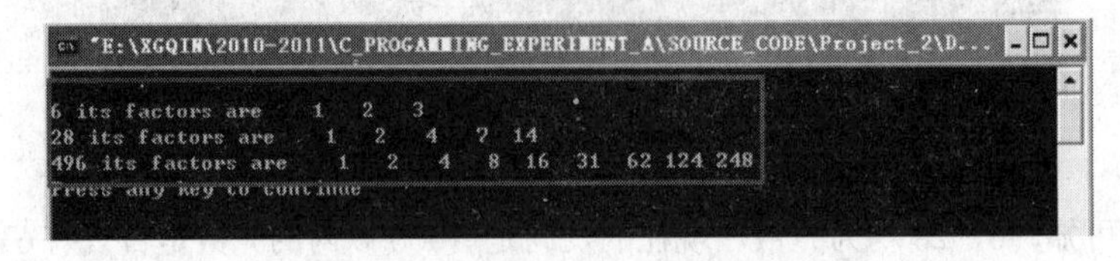

图 B.13 最终修改的程序运行结果图

进行程序调试是程序开发无法绕过的一个过程，然而程序调试对于初学者而言都存在较大障碍。如何学习并掌握程序调试确实是一件较复杂的事，很多时候往往不得其法，对于一个较简单的程序调试都花费颇多时间。然而，学习没有任何捷径，只有多练习，细心发现和挖掘，不断积累经验，最终寻得其入门的诀窍。因此，希望阅读本书的读者能不断坚持，多练习，不要惧怕进行程序调试，早日能掌握这一开发技能。

附录 C ASCII 码表

Bin	Dec	Hex	缩写/字符	解　释
00000000	0	00	NUL(null)	空字符
00000001	1	01	SOH(start of headling)	标题开始
00000010	2	02	STX (start of text)	正文开始
00000011	3	03	ETX (end of text)	正文结束
00000100	4	04	EOT (end of transmission)	传输结束
00000101	5	05	ENQ (enquiry)	请求
00000110	6	06	ACK (acknowledge)	收到通知
00000111	7	07	BEL (bell)	响铃
00001000	8	08	BS (backspace)	退格
00001001	9	09	HT (horizontal tab)	水平制表符
00001010	10	0A	LF (NL line feed, new line)	换行键
00001011	11	0B	VT (vertical tab)	垂直制表符
00001100	12	0C	FF (NP form feed, new page)	换页键
00001101	13	0D	CR (carriage return)	回车键
00001110	14	0E	SO (shift out)	不用切换
00001111	15	0F	SI (shift in)	启用切换
00010000	16	10	DLE (data link escape)	数据链路转义
00010001	17	11	DC1 (device control 1)	设备控制 1
00010010	18	12	DC2 (device control 2)	设备控制 2
00010011	19	13	DC3 (device control 3)	设备控制 3
00010100	20	14	DC4 (device control 4)	设备控制 4
00010101	21	15	NAK (negative acknowledge)	拒绝接收
00010110	22	16	SYN (synchronous idle)	同步空闲
00010111	23	17	ETB (end of trans. block)	传输块结束
00011000	24	18	CAN (cancel)	取消
00011001	25	19	EM (end of medium)	介质中断
00011010	26	1A	SUB (substitute)	替补
00011011	27	1B	ESC (escape)	溢出
00011100	28	1C	FS (file separator)	文件分割符
00011101	29	1D	GS (group separator)	分组符
00011110	30	1E	RS (record separator)	记录分离符
00011111	31	1F	US (unit separator)	单元分隔符
00100000	32	20	(space)	空格
00100001	33	21	!	
00100010	34	22	"	
00100011	35	23	#	
00100100	36	24	$	
00100101	37	25	%	
00100110	38	26	&	

续表

Bin	Dec	Hex	缩写/字符	解　释
00100111	39	27	'	
00101000	40	28	(	
00101001	41	29	)	
00101010	42	2A	*	
00101011	43	2B	+	
00101100	44	2C	,	
00101101	45	2D	-	
00101110	46	2E	.	
00101111	47	2F	/	
00110000	48	30	0	
00110001	49	31	1	
00110010	50	32	2	
00110011	51	33	3	
00110100	52	34	4	
00110101	53	35	5	
00110110	54	36	6	
00110111	55	37	7	
00111000	56	38	8	
00111001	57	39	9	
00111010	58	3A	:	
00111011	59	3B	;	
00111100	60	3C	<	
00111101	61	3D	=	
00111110	62	3E	>	
00111111	63	3F	?	
01000000	64	40	@	
01000001	65	41	A	
01000010	66	42	B	
01000011	67	43	C	
01000100	68	44	D	
01000101	69	45	E	
01000110	70	46	F	
01000111	71	47	G	
01001000	72	48	H	
01001001	73	49	I	
01001010	74	4A	J	
01001011	75	4B	K	
01001100	76	4C	L	
01001101	77	4D	M	
01001110	78	4E	N	
01001111	79	4F	O	
01010000	80	50	P	
01010001	81	51	Q	
01010010	82	52	R	

续表

Bin	Dec	Hex	缩写/字符	解　释
01010011	83	53	S	
01010100	84	54	T	
01010101	85	55	U	
01010110	86	56	V	
01010111	87	57	W	
01011000	88	58	X	
01011001	89	59	Y	
01011010	90	5A	Z	
01011011	91	5B	[	
01011100	92	5C	\	
01011101	93	5D	]	
01011110	94	5E	^	
01011111	95	5F	_	
01100000	96	60	`	
01100001	97	61	a	
01100010	98	62	b	
01100011	99	63	c	
01100100	100	64	d	
01100101	101	65	e	
01100110	102	66	f	
01100111	103	67	g	
01101000	104	68	h	
01101001	105	69	i	
01101010	106	6A	j	
01101011	107	6B	k	
01101100	108	6C	l	
01101101	109	6D	m	
01101110	110	6E	n	
01101111	111	6F	o	
01110000	112	70	p	
01110001	113	71	q	
01110010	114	72	r	
01110011	115	73	s	
01110100	116	74	t	
01110101	117	75	u	
01110110	118	76	v	
01110111	119	77	w	
01111000	120	78	x	
01111001	121	79	y	
01111010	122	7A	z	
01111011	123	7B	{	
01111100	124	7C	|	
01111101	125	7D	}	
01111110	126	7E	~	
01111111	127	7F	DEL (delete)	删除

参 考 文 献

[1] 何钦铭，颜晖. C 语言程序设计（第 2 版）. 北京：高等教育出版社，2012.

[2] 颜晖，柳俊. C 语言程序设计实验与习题指导（第 2 版）. 北京：高等教育出版社，2012.

[3] 裘宗燕. 从问题到程序：程序设计与 C 语言引论（第 2 版）. 北京：机械工业出版社，2011.

[4] [美] Brian W.Kernighan，[美] Dennis M.Ritchie，著. 徐宝文，李志，译. C 程序设计语言（第 2 版）. 北京：机械工业出版社，2004.

[5] 苏小红，陈惠鹏，孙志岗. C 语言大学实用教程（第 2 版）. 北京：电子工业出版社，2007.

[6] 苏小红. C 语言大学实用教程学习指导（第 3 版）. 北京：电子工业出版社，2012.

[7] [美] Randal E. Bryant，David R.O Hallaren，著. 龚奕利，雷迎春，译. 深入理解计算机系统（第 2 版）. 北京：机械工业出版社，2011.

[8] 郎建昭. 边用边学 C 语言. 北京：清华大学出版社，2008.

[9] 郑莉，董渊，何江舟. C++语言程序设计（第 4 版）. 北京：清华大学出版社，2014.

[10] 周肆清，等. 软件技术基础教程. 北京：清华大学出版社，2005.

[11] 杨朝霞. 程序设计基础（C++）. 北京：清华大学出版社，2011.

[12] [美]Nell Dale ，[美]John Lewis，著. 张欣，胡伟，译. 计算机科学概论. 北京：机械工业出版社，2009.

[13] 杨将新. C 语言开发全程指南. 北京：电子工业出版社，2008.